2024
浙江科技统计年鉴

浙江省科学技术厅
浙江省统计局 编

ZHEJIANG UNIVERSITY PRESS
浙江大学出版社
·杭州·

图书在版编目（CIP）数据

2024浙江科技统计年鉴 / 浙江省科学技术厅，浙江
省统计局编. -- 杭州 : 浙江大学出版社，2024. 12.
ISBN 978-7-308-25769-5

Ⅰ. G322.755-66

中国国家版本馆CIP数据核字第20244CS632号

2024浙江科技统计年鉴

浙江省科学技术厅
　　　　　　　　　编
浙 江 省 统 计 局

责任编辑	范洪法　樊晓燕	
责任校对	王　波	
装帧设计	雷建军	
出版发行	浙江大学出版社	
	（杭州市天目山路148号　邮政编码310007）	
	（网址：http://www.zjupress.com）	
排　　版	浙江时代出版服务有限公司	
印　　刷	杭州宏雅印刷有限公司	
开　　本	889mm×1194mm　1/16	
印　　张	21.25	
字　　数	555千	
版 印 次	2024年12月第1版　2024年12月第1次印刷	
书　　号	ISBN 978-7-308-25769-5	
定　　价	180.00元	

《2024 浙江科技统计年鉴》编辑委员会

编 辑 说 明

为反映浙江科技进步状况和区域创新能力，满足宏观管理部门制定科技发展规划和调整科技政策的需要，浙江省科技厅、浙江省统计局在征询有关部门意见的基础上，共同整理编辑了这本科技统计资料书。

本书收集了浙江各类科技活动的投入产出等方面的统计数据，较为全面、系统地描述了浙江区域科技活动的规模、水平、布局、构成与发展，是有关管理部门和社会各界了解、研究和分析浙江科技政策以及科技活动情况的主要工具书。

本书共分六个部分。第一部分为全省社会科技活动的综合统计资料，主要有科技活动人员构成与投入情况、科技活动经费构成与投入情况、地方财政科技拨款情况、科技成果产出及获奖、技术市场成交等指标的综合资料；第二、三、四、五部分则依次为研究与开发机构、规模以上工业企业、大中型工业企业、高等院校的科技活动统计资料，主要有机构情况、科技活动人员情况、科技活动经费筹集与支出情况、科技项目（课题）情况、成果和知识产权等科技产出情况的内容；第六部分为浙江高技术产业发展状况的综合资料。本书的最后还附了主要指标解释，便于读者了解科技统计数据资料的统计定义、口径范围和统计方法。

目 录

三、规模以上工业企业

四、大中型工业企业

五、高等院校

六、高技术产业

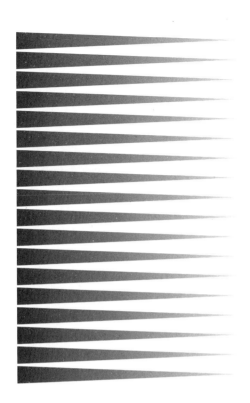

一、综　合

1-1 各市土地面积和行政区划（2023）

城市	土地面积 （平方公里）	市辖区 （个）	县（县级市） （个）	建制镇 （个）	乡 （个）	街道 （个）
杭州市	16850	10	3	75	23	93
宁波市	9816	6	4	73	10	73
温州市	12103	4	8	92	26	67
嘉兴市	4237	2	5	42		30
湖州市	5820	2	3	38	6	28
绍兴市	8279	3	3	49	7	47
金华市	10942	2	7	74	30	42
衢州市	8845	2	4	43	39	18
舟山市	1520	2	2	17	5	14
台州市	10050	3	6	61	24	45
丽水市	17275	1	8	54	88	31

1-2 全省生产总值（1978—2023）

年份	全省生产总值 （亿元）	第一产业 （亿元）	第二产业 （亿元）	第三产业 （亿元）	工业产值 （亿元）	人均生产总值 （元）
1978	123.72	47.09	53.52	23.11	46.97	332
1979	157.75	67.56	64.07	26.12	55.59	418
1980	179.92	64.61	84.07	31.24	73.71	472
1981	204.86	69.06	94.68	41.12	84.08	532
1982	234.01	84.88	98.44	50.69	87.21	600
1983	257.09	82.89	113.12	61.08	102.55	652
1984	323.25	104.40	141.48	77.37	127.91	813
1985	429.16	123.88	198.91	106.37	178.68	1070
1986	502.47	136.29	230.89	135.29	206.63	1241
1987	606.99	159.41	281.47	166.11	249.69	1482
1988	770.25	195.68	354.39	220.18	315.36	1858
1989	849.44	210.95	386.25	252.24	346.50	2028
1990	904.69	225.04	408.18	271.47	363.74	2143
1991	1089.33	245.22	494.11	350.00	438.36	2564
1992	1375.70	262.67	652.26	460.77	581.73	3209
1993	1925.91	315.97	982.19	627.75	876.26	4459
1994	2689.28	438.65	1395.61	855.02	1243.37	6183
1995	3563.90	549.95	1856.32	1157.63	1650.60	8144
1996	4195.76	594.93	2233.98	1366.85	1989.68	9534
1997	4695.93	618.90	2557.87	1519.16	2293.10	10615
1998	5065.50	609.30	2772.28	1683.92	2495.25	11395
1999	5461.27	606.32	2983.27	1871.68	2693.52	12229
2000	6164.79	630.97	3287.10	2246.72	2964.69	13467
2001	6927.70	659.78	3590.07	2677.85	3205.39	14726
2002	8040.66	685.20	4112.87	3242.59	3670.38	16918
2003	9753.37	717.85	5126.27	3909.25	4501.61	20249
2004	11482.11	803.83	6160.40	4517.87	5428.69	23476
2005	13028.33	881.47	6953.67	5193.19	6177.64	26277
2006	15302.68	913.16	8295.66	6093.87	7418.99	30415
2007	18639.95	969.27	10122.74	7547.94	9093.98	36453
2008	21284.58	1073.30	11512.68	8698.60	10317.04	41061
2009	22833.74	1134.68	11882.36	9816.70	10491.27	43543
2010	27399.85	1322.85	14140.90	11936.10	12432.05	51110
2011	31854.80	1535.20	16271.04	14048.56	14277.77	57828
2012	34382.39	1610.81	17040.53	15731.05	14853.27	61097
2013	37334.64	1718.74	18162.78	17453.12	15835.77	65105
2014	40023.48	1726.57	19580.72	18716.19	16955.25	68569
2015	43507.72	1771.36	20606.55	21129.81	17803.30	73276
2016	47254.04	1890.43	21571.25	23792.36	18661.48	78384
2017	52403.13	1933.92	23246.72	27222.48	20038.67	85612
2018	58002.84	1975.89	25308.13	30718.83	21621.19	93230
2019	62462.00	2086.70	26299.51	34075.77	22520.94	98770
2020	64689.06	2166.26	26361.50	36161.30	22627.82	100738
2021	74040.78	2211.70	31173.99	40655.09	26995.99	113839
2022	77715.36	2324.77	33205.17	42185.42	28871.28	118496
2023	82553.21	2331.97	33952.67	46268.57	29412.06	125043

注：1. 本表按当年价格计算。2000 年以后人均生产总值均按常住人口计算。

2. 从 2004 年起第一产业包括农林牧渔服务业。

3. 2013 年起三次产业分类依据国家统计局 2012 年制定的《三次产业划分规定》，后表同。

4. 2016 年起研发支出计入地区生产总值，后表同。

1-3 历年总户数和总人口数（1978—2023，年底数）

年份	总户数 （万户）	总人口数 （万人）	按性别分（万人）	
			男性	女性
1978	897.62	3750.96	1948.29	1802.67
1979	905.32	3792.33	1967.40	1824.93
1980	923.58	3826.58	1985.59	1840.99
1981	965.92	3871.51	2007.55	1863.96
1982	990.66	3924.32	2034.98	1889.34
1983	1014.03	3963.10	2056.06	1907.04
1984	1038.85	3993.09	2071.46	1921.63
1985	1081.20	4029.56	2090.69	1938.87
1986	1122.09	4070.07	2112.05	1958.02
1987	1167.30	4121.19	2137.38	1983.81
1988	1211.08	4169.85	2161.26	2008.59
1989	1240.41	4208.88	2180.83	2028.05
1990	1259.49	4234.91	2193.71	2041.20
1991	1276.80	4261.37	2206.65	2054.72
1992	1297.81	4285.91	2218.72	2067.19
1993	1311.07	4313.30	2232.72	2080.58
1994	1321.54	4341.20	2246.57	2094.63
1995	1339.82	4369.63	2259.54	2110.09
1996	1353.99	4400.09	2273.54	2126.55
1997	1369.79	4422.28	2282.85	2139.43
1998	1389.44	4446.86	2293.29	2153.57
1999	1410.25	4467.46	2302.64	2164.82
2000	1440.40	4501.22	2316.54	2184.68
2001	1447.67	4519.84	2323.87	2195.97
2002	1466.19	4535.98	2330.30	2205.68
2003	1485.72	4551.58	2335.61	2215.97
2004	1509.29	4577.22	2345.26	2231.96
2005	1534.16	4602.11	2354.19	2247.91
2006	1556.53	4629.43	2364.97	2264.46
2007	1578.85	4659.34	2377.12	2282.22
2008	1595.70	4687.85	2388.98	2298.87
2009	1604.17	4716.18	2400.16	2316.02
2010	1607.86	4747.95	2413.13	2334.83
2011	1618.04	4781.31	2426.93	2354.38
2012	1616.25	4799.34	2433.68	2365.66
2013	1622.44	4826.89	2445.04	2381.86
2014	1630.49	4859.18	2458.69	2400.49
2015	1642.42	4873.34	2462.76	2410.58
2016	1652.99	4910.85	2479.23	2431.62
2017	1672.00	4957.63	2499.50	2458.13
2018	1694.80	4999.84	2517.95	2481.89
2019	1715.29	5038.91	2535.05	2503.86
2020	1741.09	5069.00	2547.06	2521.94
2021	1764.71	5095.78	2556.86	2538.91
2022	1778.02	5110.51	2561.04	2549.47
2023	1790.58	5120.45	2561.25	2559.20

注：本表资料为公安年报数。

1-4 按三次产业分的就业人员总数（1985—2023，年底数）

年份	就业人员总数（万人）	第一产业	第二产业	第三产业	构成（以合计为100）		
					第一产业	第二产业	第三产业
1985	2318.56	1273.25	735.22	310.09	54.9	31.7	13.4
1986	2386.42	1275.22	765.13	346.07	53.4	32.1	14.5
1987	2444.73	1272.01	802.04	370.68	52.0	32.8	15.2
1988	2502.73	1282.16	803.67	416.90	51.2	32.1	16.7
1989	2522.86	1330.74	770.12	422.00	52.7	30.5	16.7
1990	2554.46	1358.28	762.48	433.70	53.2	29.8	17.0
1991	2579.36	1366.99	770.86	441.51	53.0	29.9	17.1
1992	2600.38	1359.49	770.81	470.08	52.3	29.6	18.1
1993	2615.89	1248.22	886.90	480.77	47.7	33.9	18.4
1994	2640.51	1193.56	917.87	529.08	45.2	34.8	20.0
1995	2621.47	1152.15	882.82	586.50	44.0	33.7	22.3
1996	2625.06	1129.34	886.02	609.70	43.0	33.8	23.2
1997	2619.66	1113.27	881.42	624.97	42.5	33.6	23.9
1998	2612.54	1108.81	854.14	649.59	42.4	32.7	24.9
1999	2625.17	1078.16	784.29	762.73	41.0	29.9	29.1
2000	2726.09	969.97	966.30	789.82	35.6	35.5	29.0
2001	2796.65	935.24	1009.55	851.86	33.4	36.1	30.5
2002	2858.56	885.29	1070.13	903.14	31.0	37.4	31.6
2003	2918.74	826.03	1201.30	891.41	28.3	41.2	30.5
2004	2991.95	779.65	1304.94	907.36	26.1	43.6	30.3
2005	3100.76	759.53	1397.69	943.54	24.5	45.1	30.4
2006	3172.38	717.81	1452.29	1002.28	22.6	45.8	31.6
2007	3220.29	680.23	1465.91	1074.15	21.1	45.5	33.4
2008	3252.35	645.02	1480.50	1126.83	19.8	45.5	34.7
2009	3288.29	610.32	1492.13	1185.84	18.6	45.4	36.1
2010	3352.00	573.83	1508.77	1269.40	17.1	45.0	37.9
2011	3385.00	535.77	1523.40	1325.83	15.8	45.0	39.2
2012	3407.00	498.99	1539.02	1368.99	14.7	45.2	40.2
2013	3436.00	460.98	1553.63	1421.39	13.4	45.2	41.4
2014	3459.00	425.50	1569.26	1464.24	12.3	45.4	42.3
2015	3505.00	387.66	1588.73	1528.61	11.1	45.3	43.6
2016	3552.00	351.64	1609.18	1591.18	9.9	45.3	44.8
2017	3613.00	319.22	1629.66	1664.12	8.8	45.1	46.1
2018	3691.00	278.13	1649.05	1763.82	7.5	44.7	47.8
2019	3771.00	244.41	1673.08	1853.51	6.5	44.4	49.2
2020	3857.00	208.00	1692.00	1957.00	5.4	43.9	50.7
2021	3897.00	206.00	1727.00	1964.00	5.3	44.3	50.4
2022	3885.00	203.00	1726.00	1956.00	5.2	44.4	50.3
2023	3921.00	197.00	1744.00	1980.00	5.0	44.5	50.5

注：2011年起就业人口数据按照人口普查和住户失业率调查数据测算。

1-5　地方财政科技拨款情况（1990—2023）

年份	财政科技拨款（亿元）	科技三项费	科学事业费	财政科技拨款占财政支出比重（%）
1990	1.50	0.77	0.73	1.87
1991	1.73	0.91	0.81	2.03
1992	1.93	0.96	0.95	2.03
1993	2.26	1.11	1.11	1.80
1994	2.78	1.32	1.37	1.82
1995	3.49	1.78	1.63	1.94
1996	4.42	2.04	2.19	2.07
1997	5.57	2.94	2.41	2.32
1998	7.30	4.08	2.98	2.55
1999	9.46	5.59	3.39	2.80
2000	13.98	9.18	3.95	3.24
2001	18.55	12.05	5.12	3.10
2002	24.94	16.05	6.12	3.33
2003	29.41	19.52	7.17	3.28
2004	38.35	25.18	9.15	3.61
2005	50.01	34.10	10.56	3.95
2006	62.88	41.52	12.81	4.29
2007	72.88			4.03
2008	88.19			3.99
2009	99.30			3.74
2010	121.40			3.78
2011	143.90			3.74
2012	165.98			3.99
2013	191.87			4.06
2014	207.99			4.03
2015	250.79			3.77
2016	269.04			3.86
2017	303.50			4.03
2018	379.66			4.40
2019	516.06			5.13
2020	472.13			4.68
2021	578.60			5.25
2022	680.89			5.67
2023	787.48			6.37

1—6　省本级财政科技拨款情况（1999—2023）

年份	省本级地方财政科技拨款（亿元）	科技三项费	科学事业费	科技基建费	占本级财政支出比重（%）
1999	3.32	1.37	1.93	0.02	5.94
2000	3.97	1.76	2.20	0.01	5.99
2001	5.13	2.23	2.89	0.01	5.71
2002	6.52	3.33	3.12	0.07	6.19
2003	7.52	3.87	3.58	0.06	6.52
2004	10.01	5.53	4.48	0.01	7.29
2005	12.96	7.90	4.79	0.01	8.10
2006	16.48	9.09	5.58	0.01	9.04
2007	16.99				8.50
2008	18.86				7.50
2009	20.42				6.27
2010	22.02				6.29
2011	24.16				6.04
2012	27.00				6.27
2013	30.34				6.30
2014	23.77				4.94
2015	25.47				3.08
2016	24.40				4.79
2017	24.77				2.38
2018	28.42				4.93
2019	33.67				5.26
2020	31.68				4.68
2021	51.62				7.91
2022	67.65				9.38
2023	62.39				8.09

1-7 R&D人员投入情况（1990—2023）

单位：万人年

年份	R&D人员	按执行部门分			
		研究机构	高等院校	工业企业	其他部门
1990	1.23				
1991	1.30				
1992	1.39				
1993	1.49				
1994	1.56				
1995	1.63				
1996	1.71				
1997	1.76				
1998	2.31				
1999	2.74				
2000	2.86	0.29	0.53	1.62	0.43
2001	3.92	0.27	0.57	2.43	0.65
2002	4.46	0.28	0.77	2.66	0.74
2003	4.96	0.29	0.82	3.13	0.72
2004	5.85	0.28	1.03	3.98	0.56
2005	8.01	0.32	1.06	6.11	0.52
2006	10.81	0.34	1.05	8.80	0.63
2007	13.05	0.45	1.08	10.55	0.96
2008	16.03	0.41	1.13	13.03	1.46
2009	18.51	0.40	1.20	15.09	1.81
2010	22.35	0.42	1.30	18.57	2.05
2011	26.29	0.46	1.29	21.71	2.82
2012	27.81	0.54	1.34	22.86	3.07
2013	31.10	0.51	1.42	26.35	2.82
2014	33.84	0.56	1.41	29.03	2.84
2015	36.47	0.71	1.61	31.67	2.48
2016	37.66	0.71	1.77	32.18	2.99
2017	39.81	0.78	2.00	33.36	3.66
2018	45.80	0.89	2.07	39.41	3.43
2019	53.47	0.88	2.68	45.18	4.73
2020	58.30	0.98	2.89	48.05	6.38
2021	57.53	1.09	3.17	48.21	5.06
2022	64.23	1.18	3.47	51.92	7.66
2023	80.85	1.31	4.02	72.96	2.56

1-8 R&D 经费投入情况（1990—2023）

年份	R&D 活动经费 （亿元）	占 GDP 比重 （%）
1990	2.04	0.23
1991	2.27	0.21
1992	3.46	0.25
1993	4.43	0.23
1994	7.88	0.30
1995	9.14	0.26
1996	10.5	0.25
1997	15.19	0.33
1998	19.7	0.39
1999	27.05	0.50
2000	36.59	0.59
2001	44.74	0.65
2002	57.65	0.72
2003	77.76	0.80
2004	115.55	0.99
2005	163.29	1.25
2006	224.03	1.43
2007	286.32	1.53
2008	345.76	1.61
2009	398.84	1.73
2010	494.23	1.80
2011	612.93	1.90
2012	722.59	2.08
2013	817.27	2.18
2014	907.85	2.26
2015	1011.18	2.32
2016	1130.63	2.39
2017	1266.34	2.42
2018	1445.69	2.49
2019	1669.80	2.67
2020	1859.90	2.88
2021	2157.69	2.91
2022	2416.77	3.10
2023	2640.19	3.20

注：2016 年起研发支出计入地区生产总值。

1-9 研究与试验发展经费情况（1990—2023）

单位：亿元

年份	R&D 经费支出	按执行部门分				按经费来源分			
		研究机构	高等院校	工业企业	其他部门	政府资金	企业资金	国外资金	其他资金
1990	2.04	0.96	0.51	0.52	0.05				
1991	2.27	0.87	0.69	0.64	0.06				
1992	3.46	1.21	1.25	0.90	0.09				
1993	4.43	1.48	1.77	1.04	0.13				
1994	7.88	1.33	1.82	4.52	0.21				
1995	9.14	1.85	2.42	4.63	0.24				
1996	10.50	2.23	2.43	5.56	0.29				
1997	15.19	2.96	3.04	7.85	1.34				
1998	19.70	3.10	3.00	11.80	1.80				
1999	27.05	3.04	3.71	17.80	2.50				
2000	36.59	3.21	3.33	26.54	3.51	5.73	26.93	0.53	3.40
2001	44.74	3.32	5.09	32.04	4.29	6.59	32.73	0.64	4.78
2002	57.65	2.97	6.58	42.58	5.52	6.77	42.20	0.17	8.51
2003	77.76	4.35	7.88	59.62	5.91	9.46	57.70	0.32	10.28
2004	115.55	4.62	13.33	91.10	6.50	13.78	97.42	0.63	3.72
2005	163.29	11.58	13.90	130.41	7.40	24.12	134.74	0.55	3.88
2006	224.03	12.38	15.99	183.39	12.27	28.00	190.28	1.12	4.63
2007	286.32	13.63	18.18	235.55	18.96	30.94	246.39	2.50	6.49
2008	345.76	13.89	19.15	283.73	28.99	37.08	296.46	4.39	7.83
2009	398.84	12.85	23.91	330.10	31.98	36.63	354.22	2.48	5.51
2010	494.23	15.36	34.55	407.43	36.89	48.00	435.45	3.27	7.53
2011	612.93	18.07	40.81	501.87	52.18	53.56	539.41	9.51	10.45
2012	722.59	21.83	44.72	588.61	67.43	60.41	644.37	3.13	14.68
2013	817.27	24.17	47.28	684.36	61.46	66.16	733.62	2.38	15.12
2014	907.85	27.12	49.76	768.15	62.83	70.65	817.35	2.58	17.27
2015	1011.18	30.28	56.14	853.57	71.19	75.29	911.30	2.00	22.60
2016	1130.63	35.03	54.65	935.79	105.16	78.72	1033.25	2.10	16.56
2017	1266.34	36.24	62.19	1030.14	137.77	91.58	1151.55	1.56	21.66
2018	1445.69	47.41	72.36	1147.39	178.53	113.89	1302.68	2.18	26.94
2019	1669.80	55.22	93.00	1274.23	247.35	136.33	1506.98	0.34	26.15
2020	1859.90	56.02	103.60	1395.90	304.38	164.95	1676.28	1.57	17.09
2021	2157.69	67.67	114.54	1591.66	383.82	201.35	1920.96	1.26	34.13
2022	2416.77	78.53	133.26	1768.06	436.92	249.76	2127.37	0.93	38.70
2023	2640.19	91.96	153.81	1827.58	566.84	296.47	2289.41	1.06	53.24

1-10 按行业分的事业单位专业技术人员数（2023）

单位：人

行　业	合计	按职务分		
		高级岗位	中级岗位	初级岗位
总计	1203858	342106	440894	347288
教育	621458	207332	257743	166909
科研	8027	2810	2305	938
文化	14611	3893	4868	3762
卫生	403107	96713	126326	122309
体育	2093	572	725	720
新闻出版	3348	882	1081	679
广播电视	13949	2713	4182	3573
社会福利	4214	459	1124	1259
救助减灾	354	37	103	131
统计调查	688	72	211	336
技术推广与实验	8940	2887	3651	2905
公共设施与管理	28043	7422	10375	9017
物资仓储	88	13	30	42
监测	2876	898	1038	668
勘探与勘察	1582	934	868	200
测绘	1874	462	422	137
检验检测与鉴定	3095	823	974	656
法律服务	1104	50	203	363
资源管理事务	4830	1181	1727	1473
质量技术监督事务	5304	1184	1292	797
经济监管事务	2084	421	855	856
知识产权事务	313	67	103	117
公证与认证	937	84	140	222
信息与咨询	2215	557	889	801
人才交流	288	75	114	109
机关后勤服务	2902	266	762	824
其他服务	65534	9299	18783	27485

1-11 按行业分的企业单位专业技术人员数（2023）

单位：人

项　目	总数	按职务分				
		高级职务	#正高级职务	中级职务	初级职务	未聘任专业技术职务
总计	235288	25238	1865	70467	66218	73365
农、林、牧、渔业	1506	122	9	499	564	321
采矿业	279	49	1	102	112	16
制造业	19180	2228	132	5414	4333	7205
电力、热力、燃气及水生产和供应业	20816	2055	85	7193	8102	3466
建筑业	32730	4985	329	12002	9253	6490
批发和零售业	32515	1041	33	4558	7218	19698
交通运输、仓储及邮政业	49752	5676	516	14260	15672	14144
住宿和餐饮业	975	129	21	269	330	247
信息传输、软件和信息技术服务业	4792	214	5	652	601	3325
金融业	21276	1019	39	6848	4907	8502
房地产业	6925	1215	35	3000	1806	904
租赁和商务服务业	8590	828	30	3538	2739	1485
科学研究和技术服务业	10297	2973	325	3427	1932	1965
水利、环境和公共设施管理业	8130	1259	87	3003	2831	1037
居民服务、修理和其他服务业	2633	168	4	819	1102	544
教育	557	59	3	318	155	25
卫生和社会工作	1727	267	48	715	696	49
文化、体育与娱乐业	12472	950	163	3847	3855	3820
公共管理、社会保障和社会组织	136	1		3	10	122

注：#表示其中主要项，后表同。

单位：人

项　目	按专业分				
	#工程技术人员	#科学技术人员	#卫生技术人员	#经济专业人员	#其他专技人员
总计	**117224**	**996**	**5698**	**71187**	**40183**
农、林、牧、渔业	637	4		178	687
采矿业	169		5	56	49
制造业	14446	53	159	2962	1560
电力、热力、燃气及水生产和供应业	14279	333	11	4144	2049
建筑业	27037	181		2665	2847
批发和零售业	1179	52	3789	20034	7461
交通运输、仓储及邮政业	27318	141	109	16152	6032
住宿和餐饮业	194	10	5	386	380
信息传输、软件和信息技术服务业	3038			.1086	668
金融业	1858	31	4	15712	3671
房地产业	4141	41	2	1636	1105
租赁和商务服务业	3315	52	12	3010	2201
科学研究和技术服务业	9509	20		410	358
水利、环境和公共设施管理业	6345	29	6	810	940
居民服务、修理和其他服务业	1168	26	7	797	635
教育	35		19	60	443
卫生和社会工作	65	7	1565	29	61
文化、体育与娱乐业	2482	16	5	1060	8909
公共管理、社会保障和社会组织	9				127

注：#表示其中主要项，后表同。

1-12 技术市场成交合同数量与成交金额（1990—2023）

年份	合同项数（项）	技术开发	技术转让	技术咨询	技术服务	技术许可	成交金额（亿元）	技术开发	技术转让	技术咨询	技术服务	技术许可
1990	8336	1375	526	1436	4999		1.36	0.40	0.13	0.10	0.74	
1991	9200	1014	538	1502	6146		1.62	0.41	0.28	0.16	0.78	
1992	12670	1788	671	2188	8023		3.08	0.55	0.41	0.42	1.71	
1993	15769	876	437	3824	10632		7.15	0.75	0.44	1.22	4.74	
1994	14436	550	458	4387	9041		7.20	0.69	0.53	1.85	4.13	
1995	17954	467	491	5206	11790		9.78	1.05	1.04	2.22	5.47	
1996	19031	759	360	4554	13358		10.73	1.22	0.48	2.25	6.78	
1997	19808	849	378	5296	13285		13.32	1.40	0.85	2.79	8.28	
1998	21774	1094	314	5294	15072		16.23	2.14	0.70	3.45	9.93	
1999	25479	1713	542	6435	16789		18.85	3.57	1.21	4.24	9.63	
2000	31218	4391	395	11163	15269		27.63	7.38	1.34	6.94	11.97	
2001	33728	4014	510	10328	18876		31.67	8.85	1.21	8.40	13.20	
2002	38400	4143	458	13975	19824		38.94	9.14	1.75	12.48	15.58	
2003	50861	5886	489	21046	23440		53.04	12.06	2.41	20.77	17.79	
2004	39974	6862	562	18825	13725		58.15	17.02	2.74	23.39	15.00	
2005	20628	6788	816	8361	4663		38.70	19.75	3.47	8.74	6.74	
2006	17734	6900	682	6908	3244		39.96	24.17	2.70	7.37	5.73	
2007	16400	6508	830	5711	3351		45.42	28.24	3.86	6.96	6.36	
2008	17391	6313	739	7048	3291		58.92	39.31	6.41	9.23	3.97	
2009	12786	6221	717	3871	1977		56.51	43.41	5.83	4.43	2.83	
2010	12826	7135	536	3223	1932		60.35	45.32	8.02	3.71	3.30	
2011	13857	8761	335	2746	2015		68.30	57.53	4.17	2.58	4.01	
2012	13551	9594	285	1995	1677		81.31	66.46	9.17	2.16	3.52	
2013	12095	8360	312	1737	1686		81.41	55.70	9.85	1.92	13.94	
2014	11955	8189	376	1871	1519		89.16	61.75	16.05	2.60	8.75	
2015	11283	8176	530	1070	1507		99.29	64.81	24.44	2.17	7.87	
2016	14826	8191	548	1251	4836		198.37	132.90	28.15	4.35	32.98	
2017	13704	9154	625	910	3015		324.73	214.45	49.19	5.09	56.00	
2018	16142	10544	715	939	3944		539.39	413.93	43.34	16.58	65.55	
2019	18996	11869	913	1302	4912		888.01	519.53	94.55	24.43	249.50	
2020	25724	14333	1159	1304	8928		1403.32	757.11	94.30	103.81	448.11	
2021	36970	19031	1712	2468	13759		1438.24	780.96	151.27	38.52	467.49	
2022	43356	21633	1856	2068	17696	103	2435.07	1313.98	192.41	44.52	858.81	25.36
2023	75361	27041	2498	3622	41697	503	4323.71	1695.74	268.21	77.69	2130.07	152.00

注：本表数据为技术输出口径。

1-13 科协系统科技活动情况（2022—2023）

项 目	单位	科协合计		省科协		市科协		县级科协	
		2022	2023	2022	2023	2022	2023	2022	2023
机构数	个	102	102	1	1	11	11	90	90
人员数	人	1596	1642	195	205	550	559	851	878
学术活动									
学术会议									
次数	次	186	249	5	4	117	173	64	72
参加人数	人	978975	5347349	2500	4700	747190	5098328	229285	244321
干部教育培训									
办培训班	个	94	132	11	15	13	16	70	101
培训人数	人次	12561	14919	7300	9500	840	1018	4421	4401
科普活动									
宣讲活动	次	18788	28889	675	877	6369	11745	11744	16267
受众	人次	23908690	29607129	8549326	8733070	8425343	8381364	6934021	12492695
出版									
编著科技图书	种	91	39	1		9	8	81	31
年发行总量	册	282550	157900	500	1500	79000	41000	203050	115400

1-14 科协系统省级学会情况（2014—2023）

项 目	单位	2014	2015	2016	2017	2018	2019	2020	2021	2022	2023
机构数	个	169	170	173	173	175	176	175	176	175	175
会员数	人	219027	231067	220897	235037	274195	276952	241186	257596	271643	288437
学术活动											
学术会议											
次数	次	927	1105	1058	780	829	852	610	701	784	970
参加人数	人	127614	173171	182818	223252	223508	264382	575103	863366	7153365	3504010
交流论文数	篇	33283	35226	39773	26284	24887	34355	16067	20963	29113	24349
科技培训											
继续教育	个	344	443	334	326	239	456	436	2703	728	810
培训人数	人次	51386	82564	59965	76936	73540	70106	86157	1118783	69812	34488
科普活动											
宣讲活动	次	1455	1967	1254	452	342	2183	1897	3097	3844	5442
受众人数	人次	323308	352079	1984109	1863481	3561227	5307130	18351392	7678049	14035508	15174045
青少年科技竞赛次数	次	39	48	49	26	30	33	50	51	45	47
出版											
主办科技期刊	种	54	56	53	60	54	35	42	42	37	3
年发行总数	册	2144011	2109891	995120	1862500	1929077	887280	485589	512605	523328	6443
编著科技图书	种	51	51	70	34	37	49	46	65	55	81
年发行总量	册	291400	306300	362232	362730	318750	242700	144551	272901	275401	390921

1-15　专利申请量和授权量（1990—2023）

单位：件

年份	申请量合计	发明	实用新型	外观设计	授权量合计	发明	实用新型	外观设计
1990	2243	256	1754	233	989	43	882	64
1991	2571	300	1965	306	1217	49	1006	162
1992	3194	377	2382	435	1577	63	1343	171
1993	3343	423	2353	567	2946	129	2404	413
1994	3495	389	2373	733	2028	62	1612	354
1995	4042	357	2323	1362	2131	54	1455	622
1996	5162	403	2845	1914	2410	45	1377	988
1997	6262	493	3062	2707	3167	64	1487	1616
1998	7074	571	3309	3194	4470	47	1967	2456
1999	8177	587	3465	4125	7071	108	3524	3439
2000	10316	859	4439	5018	7495	184	3439	3872
2001	12828	1093	5216	6519	8312	174	3549	4589
2002	17265	1843	6390	9032	10479	188	3860	6431
2003	21463	2750	7758	10955	14402	398	4928	9076
2004	25294	3578	9021	12695	15249	785	5492	8972
2005	43221	6776	12723	23722	19056	1110	6778	11168
2006	52980	8333	15940	28707	30968	1424	10503	19041
2007	68933	9532	19270	40131	42069	2213	16108	23748
2008	89965	12063	25168	52734	52955	3269	20002	29684
2009	108563	15655	40436	52472	79945	4818	25295	49832
2010	120783	18027	50249	52507	114643	6410	47617	60616
2011	177081	24745	75875	76461	130190	9135	56030	65025
2012	249373	33265	108599	107509	188431	11459	84897	92075
2013	294014	42744	127122	124148	202350	11139	106238	84973
2014	261434	52405	116011	93018	188544	13372	99508	75664
2015	307263	67674	150172	89417	234983	23345	124465	87173
2016	393147	93254	199244	100649	221456	26576	123744	71136
2017	377115	98975	191372	86768	213805	28742	114311	70752
2018	455526	143064	219176	93286	284592	32550	172435	79607
2019	435824	112974	218590	104260	285325	33963	168331	83031
2020					391700	49888	231693	110119
2021					465468	56796	292944	115728
2022					443985	61286	271100	111599
2023					381835	64760	211193	105882

注：2020 年及后续年份数据来源于《浙江省市场监督管理局关于印发全省专利授权量等统计数据的通知》。其中，专利申请量相关数据自 2020 年起不再公布。

1-16 测绘部门主要指标完成情况（2012—2023）

项　目	单位	2012	2013	2014	2015	2016	2017	2018	2019	2020	2021	2022	2023
测绘资质单位数	家						723	799	837	845	689	805	921
测绘服务总值	亿元	27.95	32.39	33.64	37.43	50.40	54.13	66.18	81.41	85.20	91.71	104.98	122.07
年末测绘人数	人	11742	12488	14587	16061	18576	20011	21939	23332	22529	19027	19847	12208
1：1万地形图测制与更新	幅	1657	1639	1502	1446	1446	1446	4336	1504	4336	4336	1444	1447
1：2千地形图测制与更新	幅						22076	12262	50200	105000	105000	105000	105000

1-17 标准计量、特种设备和质量监督情况（2021—2023）

项　目	单位	2021	2022	2023
国家质检中心	家	52	54	58
省级质检中心	家	85	86	86
各级政府质量奖获奖企业数	家	4096	4694	5310
现行有效地方标准数	项	996	1121	1172
企业产品标准自我声明公开数	项	243940	283027	328547
依法设置的计量检定机构数	所	75	75	75
省级检定机构数	所	1	1	1
市级检定机构数	所	12	12	12
县（市、区）级检定机构数	所	62	62	62
依法授权的计量检定机构数	个	88	102	106
省级授权机构数	个	15	22	22
市级授权机构数	个	73	80	84
全省最高等级社会公用计量标准数	个	366	396	412
全省其他等级社会公用计量标准数	个	3512	3583	3709
强制检定计量器具实际检出数	万台件	978	1232	1199.6
全省检验检测机构数	个	2337	2483	2475
产品质量监督抽查批次数	批次	41945	42974	47062
特种设备综合检验机构数	个	19	19	-
省特种设备检验机构数	个	1	1	-
市特种设备检验机构数	个	11	11	-
行业特种设备检验机构数	个	7	7	-
固定资产总值	万元	179567	190448	203765.07
打击假冒伪劣案件立案数	个	10714	13039	13768

1-18　高新技术产品进出口贸易情况（2021—2023）

单位：万美元

项　目	出口			进口			进出口		
	2021	2022	2023	2021	2022	2023	2021	2022	2023
高新技术产品	**4211267**	**5196005**	**4554036**	**1905912**	**1746575**	**1757350**	**6117180**	**6942580**	**63113857**
生物技术	31247	33613	34993	333	178	331	31580	33791	35324
生命科学技术	1250163	1356364	748224	266084	264142	211133	1516248	1620506	959357
光电技术	148108	146503	159713	181225	150055	156569	329333	296558	316281
计算机与通信技术	1341406	1423072	1277816	383403	241805	288953	1724809	1664877	1566768
电子技术	952807	1626084	1608093	752652	681764	609827	1705459	2307848	2217920
计算机集成制造技术	393924	473854	557709	277190	337915	441852	671114	811769	999561
材料技术	66788	104300	135769	21484	35450	27145	88272	139750	162914
航空航天技术	16368	20888	22971	23069	34132	19899	39437	55020	42870
其他技术	10457	11328	8747	472	1133	1643	10929	12461	10390

1-19 分地区工业制成品、高新技术产品进出口情况（2021—2023）

单位：万美元

地 区	出口								
	2021			2022			2023		
	总 值	工业制成品	高新技术产品	总 值	工业制成品	高新技术产品	总 值	工业制成品	高新技术产品
合计	**49382726**	**45171458**	**4211267**	**54411571**	**49215566**	**5196005**	**52689394**	**48135359**	**4554036**
杭州地区	8456207	7050874	1405333	8949648	7374756	1574892	8239749	7051183	1188566
宁波地区	12487139	11632218	854921	13074640	12159677	914963	12401794	11475201	926594
温州地区	3224305	3112409	111896	3828144	3705781	122364	4283688	3290094	993594
嘉兴地区	4982937	4275845	707091	5725195	4702664	1022530	5191048	4567687	623361
湖州地区	2312352	2074818	237535	2480909	2221682	259227	2400286	2087692	312594
绍兴地区	4324462	4210608	113854	5132738	5007093	125645	5404587	5272680	131907
金华地区	8641060	8206640	434420	9689012	8919023	769989	9572518	9388010	184508
衢州地区	505547	477822	27725	619214	580065	39149	722801	609786	113015
舟山地区	334383	330736	3647	377221	373514	3707	523399	470427	52972
台州地区	3670446	3372753	297694	4106469	3762762	343707	3547115	3526607	20508
丽水地区	443889	426736	17153	428381	408550	19832	402408	395992	6416

地 区	进口								
	2021			2022			2023		
	总 值	工业制成品	高新技术产品	总 值	工业制成品	高新技术产品	总 值	工业制成品	高新技术产品
合计	**11308998**	**9403086**	**1905912**	**11001435**	**9254860**	**1746575**	**10506949**	**8749599**	**1757350**
杭州地区	3014215	2241507	772708	2621137	1895386	725750	2557028	1802640	754388
宁波地区	4745432	4093419	652013	4200943	3715458	485485	3798675	3278228	520447
温州地区	459332	452071	7262	545430	526797	18632	734316	541963	192353
嘉兴地区	1472674	1215308	257367	1600007	1396253	203754	1206284	1156702	49582
湖州地区	181664	152117	29547	150060	129995	20065	133274	110803	22471
绍兴地区	292048	237838	54210	397829	284887	112942	561380	424955	136425
金华地区	589503	515870	73633	946972	840576	106396	995012	978690	16321
衢州地区	157140	132309	24831	119668	97584	22084	85543	72465	13078
舟山地区	164405	159708	4697	179392	161700	17692	184433	172900	11533
台州地区	1243726	1215308	28418	206434	178286	28148	176475	143529	32947
丽水地区	38284	37056	1228	33564	27937	5627	74528	66725	7804

1-20 全省科技成果获奖情况（1990—2023）

单位：项

年份	国家自然科学奖	国家技术发明奖	国家科技进步奖	省科技进步奖	浙江科技大奖
1990	—	3	16	297	—
1991	2	7	14	299	—
1992	—	4	6	297	—
1993	1	4	24	300	—
1994	—	—	—	299	—
1995	5	5	19	—	—
1996	—	3	12	300	—
1997	2	6	22	300	—
1998	—	1	16	299	—
1999	1	0	11	299	—
2000	0	0	13	300	—
2001	0	1	8	300	—
2002	2	0	4	279	—
2003	0	1	8	280	3
2004	0	2	13	280	—
2005	3	0	11	280	2
2006	1	2	9	280	—
2007	2	6	21	273	3
2008	0	6	17	279	—
2009	0	8	31	277	3
2010	1	2	15	279	—
2011	—	2	28	280	3
2012	2	6	21	277	—
2013	4	8	14	281	3
2014	2	5	27	291	—
2015	1	0	7	291	3
2016	2	4	6	280	—
2017	0	2	8	252	3
2018	0	3	4	259	—
2019	—	2	9	240	2
2020	2	5	12	240	1
2021	—	—	—	234	2
2022	—	—	—	214	—
2023	3	0	2	233	1

注：1. 国家级成果获奖数据为浙江省主持奖项。
　　2. 2019年度开始省重大科技贡献奖更名为浙江科技大奖。
　　3. 2021、2022年度国家科学技术奖未开展。
　　4. 2022年度浙江科技大奖空缺。
　　5. 2022、2023年度省科技进步奖包含专用成果获奖。

二、研究
与开发机构

2-1　科学研究和技术服务业事业单位机构、人员和经费概况（2023）

指标	机构数（个）	从业人员年末人数（人）	#科技活动人员（不含外聘的流动学者和在读研究生）	#本科及以上学历	经费收入总额（万元）	#科技活动收入	经费内部支出总额（万元）	#科技经费内部支出
总计	**384**	**41539**	**38539**	**35457**	**3046697**	**2907357**	**2934210**	**2761340**
按机构所属地域分布								
杭州市	79	18155	17014	15789	1600729	1539292	1395406	1313079
宁波市	54	6056	5661	5192	492497	476278	530834	512127
温州市	62	4578	4104	3713	248734	235929	284510	268923
嘉兴市	28	3526	3129	2984	185331	168728	206450	184310
湖州市	16	1309	1206	1115	71723	65263	65426	59547
绍兴市	33	2209	2092	1967	114238	106498	125230	120071
金华市	19	1559	1420	1245	70860	63462	85461	75217
衢州市	27	1325	1283	1150	106978	104277	101062	99370
舟山市	22	906	861	753	55595	52648	44023	39547
台州市	18	998	897	811	55168	52975	53660	48566
丽水市	26	918	872	738	44845	42007	42149	40583
按机构所属隶属关系分布								
中央部门属	12	3664	3437	3063	331324	319837	312418	301831
中国科学院	1	1231	1231	1118	113890	113890	108280	108262
非中央部门属	372	37875	35102	32394	2715373	2587520	2621792	2459510
省级部门属	48	12940	11908	10928	1082803	1023621	959994	881343
副省级城市属	39	4984	4432	4104	357981	337223	377271	353826
地市级部门属	90	8060	7536	6930	426328	403559	452437	430738
按机构从事的国民经济行业分布								
科学研究和技术服务业	384	41539	38539	35457	3046697	2907357	2934210	2761340
研究和试验发展	202	28624	26961	25232	2295599	2208745	2188044	2066977
专业技术服务业	96	9195	8080	7146	534389	490983	500239	460565
科技推广和应用服务业	86	3720	3498	3079	216709	207629	245927	233798
按机构服务的国民经济行业分布								
农、林、牧、渔业	41	4795	4358	3704	335915	309722	343155	285938
农业	21	2152	1922	1628	130358	118201	137203	125124
林业	6	429	402	324	26382	23785	23634	22931
渔业	7	432	400	370	36761	31989	36925	30324
农、林、牧、渔专业及辅助性活动	7	1782	1634	1382	142414	135747	145393	107560

指标	机构数（个）	从业人员年末人数（人）	#科技活动人员（不含外聘的流动学者和在读研究生）	#本科及以上学历	经费收入总额（万元）	#科技活动收入	经费内部支出总额（万元）	#科技经费内部支出
制造业	67	5263	4947	4540	334311	324893	351927	340702
农副食品加工业	2	95	95	78	3465	3421	4450	4440
食品制造业	3	50	47	44	1891	1891	1944	1642
酒、饮料和精制茶制造业	2	82	73	65	3446	2194	3647	3210
纺织业	2	357	357	354	22621	22105	24049	24049
皮革、毛皮、羽毛及其制品和制鞋业	1	81	64	59	4800	4800	6512	6400
文教、工美、体育和娱乐用品制造业	1	23	22	22	431	431	850	849
化学原料和化学制品制造业	10	780	740	641	74322	71667	77429	76550
医药制造业	7	742	685	667	30676	30062	48796	47002
金属制品业	1	15	10	10	344	344	326	320
通用设备制造业	9	323	295	205	12715	12291	14918	13988
专用设备制造业	4	294	286	270	22434	21904	15114	15004
汽车制造业	3	93	88	84	18509	18395	14810	13979
铁路、船舶、航空航天和其他运输设备制造业	3	303	234	230	46949	45657	20433	20348
电气机械和器材制造业	3	164	162	133	5830	5830	4382	4308
计算机、通信和其他电子设备制造业	11	1369	1318	1236	52703	51962	78309	73009
仪器仪表制造业	3	422	403	377	29039	27806	32650	32320
其他制造业	2	70	68	65	4134	4134	3309	3286
电力、热力、燃气及水生产和供应业	1	117	100	89	5570	4882	5251	4558
电力、热力生产和供应业	1	117	100	89	5570	4882	5251	4558
批发和零售业	1	70	70	54	3387	3387	3324	3324
批发业	1	70	70	54	3387	3387	3324	3324
交通运输、仓储和邮政业	1	234	231	217	25643	25093	20864	20386
道路运输业	1	234	231	217	25643	25093	20864	20386
信息传输、软件和信息技术服务业	12	574	555	516	67384	66074	68947	67562
软件和信息技术服务业	12	574	555	516	67384	66074	68947	67562
租赁和商务服务业	1	76	75	73	6113	6013	4074	4023
商务服务业	1	76	75	73	6113	6013	4074	4023
科学研究和技术服务业	237	28328	26466	24634	2110814	2021000	1996879	1909585
研究和试验发展	92	16312	15746	15015	1407695	1369093	1329490	1293148
专业技术服务业	86	8547	7696	6819	549248	516624	498469	465172
科技推广和应用服务业	59	3469	3024	2800	153871	135284	168920	151265
水利、环境和公共设施管理业	14	1686	1376	1298	126980	116281	109353	97242

指标	机构数（个）	从业人员年末人数（人）	#科技活动人员（不含外聘的流动学者和在读研究生）	#本科及以上学历	经费收入总额（万元）	#科技活动收入	经费内部支出总额（万元）	#科技经费内部支出
水利管理业	3	751	606	570	59081	55400	48558	44890
生态保护和环境治理业	11	935	770	728	67899	60881	60795	52352
卫生和社会工作	3	246	221	213	24774	24271	24595	22293
卫生	3	246	221	213	24774	24271	24595	22293
文化、体育和娱乐业	2	81	71	58	3436	3412	3442	3328
体育	2	81	71	58	3436	3412	3442	3328
公共管理、社会保障和社会组织	4	69	69	61	2371	2329	2399	2399
国家机构	4	69	69	61	2371	2329	2399	2399
按机构所属学科分布								
自然科学	52	6820	6578	6315	608054	581416	563173	552102
信息科学与系统科学	10	3259	3237	3168	373550	358884	320072	318911
力学	1	115	115	111	8818	8818	9803	9803
物理学	1	20	11	11	35		373	299
化学	13	917	871	791	58590	56540	60147	59374
地球科学	18	1417	1301	1216	110696	103015	101364	94443
生物学	9	1092	1043	1018	56366	54159	71415	69272
农业科学	59	6313	5687	4856	428131	392719	431828	365402
农学	34	4663	4246	3584	311445	289570	316513	264983
林学	12	1031	865	732	71231	62690	66228	58184
畜牧、兽医科学	1	49	49	49	100	100	12	12
水产学	12	570	527	491	45355	40359	49075	42222
医药科学	21	2770	2656	2587	195533	193013	209962	201721
基础医学	8	1706	1636	1613	122289	120792	126195	122184
临床医学	3	235	221	219	17468	17468	17855	16716
预防医学与公共卫生学	1	17	17	15	3502	3483	3587	3575
药学	7	640	624	589	32869	32034	44840	42911
中医学与中药学	2	172	158	151	19404	19236	17484	16335
工程与技术科学	235	24405	22418	20672	1693409	1621028	1637858	1558706
工程与技术科学基础学科	38	3319	3106	2864	238073	231228	224529	217942
信息与系统科学相关工程与技术	6	1382	1079	1019	60075	46205	61823	51567
自然科学相关工程与技术	13	1068	978	908	86143	81113	84235	78374
测绘科学技术	4	1305	1262	1010	109424	106972	101696	97887
材料科学	26	3288	3119	2921	224913	217147	231374	224114

指标	机构数（个）	从业人员年末人数（人）	#科技活动人员（不含外聘的流动学者和在读研究生）	#本科及以上学历	经费收入总额（万元）	#科技活动收入	经费内部支出总额（万元）	#科技经费内部支出
机械工程	23	2085	1820	1624	129864	120540	124751	111136
动力与电气工程	6	776	732	684	72687	70852	67624	66057
能源科学技术	3	160	160	138	6315	6290	3959	3937
电子与通信技术	23	2841	2687	2624	188674	183190	205349	193234
计算机科学技术	12	845	839	810	72676	72404	57829	57661
化学工程	9	679	653	569	69661	67366	70866	70743
产品应用相关工程与技术	13	1799	1628	1483	86227	81640	90830	86347
纺织科学技术	2	357	357	354	22621	22105	24049	24049
食品科学技术	17	811	670	559	28024	24696	29004	27045
土木建筑工程	1	20	20	12	622	622	580	580
水利工程	4	870	718	665	64416	60878	53574	50045
交通运输工程	2	262	259	242	26307	25205	21697	21218
航空、航天科学技术	6	663	594	561	97113	95884	82094	78624
环境科学技术及资源科学技术	18	1235	1143	1077	76102	73891	72171	68932
安全科学技术	3	470	424	392	26708	26190	22769	22469
管理学	6	170	170	156	6765	6612	7055	6747
人文与社会科学	17	1231	1200	1027	121570	119182	91390	83409
马克思主义	1	153	143	140	8350	8335	10486	10158
考古学	1	287	287	156	47297	46824	24549	18506
经济学	3	204	202	199	27954	26895	17776	17189
法学	1	9	9	9	276	276	258	258
社会学	3	209	204	196	15580	15148	14669	14589
图书馆、情报与文献学	6	288	284	269	18677	18291	20210	19380
体育科学	2	81	71	58	3436	3412	3442	3328
按机构从业人员规模分								
≥1000 人	4	6466	6341	5761	623302	601652	564652	527882
500～999 人	10	6015	5402	5145	404643	377795	394908	365561
300～499 人	15	5558	5153	4920	326694	311260	367917	352535
200～299 人	21	5143	4760	4336	392875	381900	356281	337976
100～199 人	64	9102	8367	7638	659446	627063	644922	605067
50～99 人	75	5288	4902	4425	358717	342730	353480	338387
30～49 人	50	2014	1824	1653	152725	142399	131960	123601
20～29 人	34	779	711	615	42981	39928	42450	39366
10～19 人	62	893	812	721	55846	53630	58766	53189
0～9 人	49	281	267	243	29468	29001	18875	17777

2-2 科学研究和技术服务业事业单位人员概况（2023）

单位：人

指标	从业人员	#科技活动人员（不含外聘的流动学者和在读研究生）	#女性	外聘的流动学者	非本单位在读研究生	离退休人员
总计	**41539**	**38539**	**13391**	**5739**	**9061**	**8440**
按机构所属地域分布						
杭州市	18155	17014	6594	1775	2657	4394
宁波市	6056	5661	1846	1346	2243	1356
温州市	4578	4104	1357	854	882	935
嘉兴市	3526	3129	813	708	912	112
湖州市	1309	1206	333	201	798	108
绍兴市	2209	2092	622	174	436	126
金华市	1559	1420	478	161	502	217
衢州市	1325	1283	445	289	414	440
舟山市	906	861	284	33	56	281
台州市	998	897	299	126	157	223
丽水市	918	872	320	72	4	248
按机构所属隶属关系分布						
中央部门属	3664	3437	1185	369	1103	1367
中国科学院	1231	1231	395	245	529	10
非中央部门属	37875	35102	12206	5370	7958	7073
省级部门属	12940	11908	4615	1096	984	4330
副省级城市属	4984	4432	1593	316	1026	1012
地市级部门属	8060	7536	2449	1133	1962	1282
按机构从事的国民经济行业分布						
科学研究和技术服务业	41539	38539	13391	5739	9061	8440
研究和试验发展	28624	26961	9588	4710	7746	4931
专业技术服务业	9195	8080	2644	142	156	3199
科技推广和应用服务业	3720	3498	1159	887	1159	310
按机构服务的国民经济行业分布						
农、林、牧、渔业	4795	4358	1888	148	934	2272
农业	2152	1922	782	36	65	978
林业	429	402	160	2	105	234
渔业	432	400	137		60	250
农、林、牧、渔专业及辅助性活动	1782	1634	809	110	704	810

指标	从业人员	#科技活动人员（不含外聘的流动学者和在读研究生）	#女性	外聘的流动学者	非本单位在读研究生	离退休人员
制造业	5263	4947	1580	631	1413	456
农副食品加工业	95	95	51			13
食品制造业	50	47	20	30	72	
酒、饮料和精制茶制造业	82	73	38	1	1	39
纺织业	357	357	41	13	40	6
皮革、毛皮、羽毛及其制品和制鞋业	81	64	25	12		
文教、工美、体育和娱乐用品制造业	23	22	9			1
化学原料和化学制品制造业	780	740	273	130	663	148
医药制造业	742	685	354	116	110	29
金属制品业	15	10	1	1	3	
通用设备制造业	323	295	89	122	286	8
专用设备制造业	294	286	125	8		21
汽车制造业	93	88	21	17	85	
铁路、船舶、航空航天和其他运输设备制造业	303	234	69	21		
电气机械和器材制造业	164	162	55	13	72	
计算机、通信和其他电子设备制造业	1369	1318	264	130	61	4
仪器仪表制造业	422	403	126	12	20	187
其他制造业	70	68	19	5		
电力、热力、燃气及水生产和供应业	117	100	24			68
电力、热力生产和供应业	117	100	24			68
批发和零售业	70	70	28			15
批发业	70	70	28			15
交通运输、仓储和邮政业	234	231	77			15
道路运输业	234	231	77			15
信息传输、软件和信息技术服务业	574	555	122	36	6	6
软件和信息技术服务业	574	555	122	36	6	6
租赁和商务服务业	76	75	38			2
商务服务业	76	75	38			2
科学研究和技术服务业	28328	26466	8987	4689	6403	4737
研究和试验发展	16312	15746	5460	3566	5338	1300
专业技术服务业	8547	7696	2553	211	81	3265
科技推广和应用服务业	3469	3024	974	912	984	172
水利、环境和公共设施管理业	1686	1376	449	140	225	738

指标	从业人员	#科技活动人员（不含外聘的流动学者和在读研究生）	#女性	外聘的流动学者	非本单位在读研究生	离退休人员
水利管理业	751	606	130			274
生态保护和环境治理业	935	770	319	140	225	464
卫生和社会工作	246	221	126	95	80	123
卫生	246	221	126	95	80	123
文化、体育和娱乐业	81	71	39			7
体育	81	71	39			7
公共管理、社会保障和社会组织	69	69	33			1
国家机构	69	69	33			1
按机构所属学科分布						
自然科学	6820	6578	2324	1317	1237	2241
信息科学与系统科学	3259	3237	1060	946	85	32
力学	115	115	31	6		
物理学	20	11	4	4	9	
化学	917	871	333	212	309	75
地球科学	1417	1301	439	36	261	2132
生物学	1092	1043	457	113	573	2
农业科学	6313	5687	2406	261	1093	3308
农学	4663	4246	1874	113	854	2307
林学	1031	865	337	112	124	725
畜牧、兽医科学	49	49	11			
水产学	570	527	184	36	115	276
医药科学	2770	2656	1312	377	1089	317
基础医学	1706	1636	788	68	616	35
临床医学	235	221	79	12	29	
预防医学与公共卫生学	17	17	6			6
药学	640	624	363	293	388	153
中医学与中药学	172	158	76	4	56	123
工程与技术科学	24405	22418	6755	3773	5642	2138
工程与技术科学基础学科	3319	3106	907	781	950	322
信息与系统科学相关工程与技术	1382	1079	246	205	333	3
自然科学相关工程与技术	1068	978	348	254	165	77
测绘科学技术	1305	1262	402	3		517
材料科学	3288	3119	970	569	944	52
机械工程	2085	1820	363	550	367	26

指标	从业人员	#科技活动人员（不含外聘的流动学者和在读研究生）	#女性	外聘的流动学者	非本单位在读研究生	离退休人员
动力与电气工程	776	732	150	52	44	18
能源科学技术	160	160	58	39	95	3
电子与通信技术	2841	2687	625	239	1416	119
计算机科学技术	845	839	274	227	122	31
化学工程	679	653	262	190	642	36
产品应用相关工程与技术	1799	1628	640	150	30	248
纺织科学技术	357	357	41	13	40	6
食品科学技术	811	670	363	35	75	58
土木建筑工程	20	20	10			
水利工程	870	718	156	2		341
交通运输工程	262	259	88			15
航空、航天科学技术	663	594	189	404	248	8
环境科学技术及资源科学技术	1235	1143	500	57	161	185
安全科学技术	470	424	72	3	10	42
管理学	170	170	91			31
人文与社会科学	1231	1200	594	11		436
马克思主义	153	143	69	11		95
考古学	287	287	122			31
经济学	204	202	92			58
法学	9	9	5			
社会学	209	204	105			52
图书馆、情报与文献学	288	284	162			193
体育科学	81	71	39			7
按机构从业人员规模分						
≥1000人	6466	6341	2340	1199	1238	1265
500～999人	6015	5402	1739	111	782	946
300～499人	5558	5153	1709	631	1312	201
200～299人	5143	4760	1658	536	1355	624
100～199人	9102	8367	2852	1184	2329	3287
50～99人	5288	4902	1771	896	724	1365
30～49人	2014	1824	647	463	603	354
20～29人	779	711	266	151	184	145
10～19人	893	812	298	468	401	157
0～9人	281	267	111	100	133	96

2-3　科学研究和技术服务业事业单位从业人员按工作性质分（2023）

单位：人

指标名称	从业人员	科技活动人员（不含外聘的流动学者和在读研究生）				生产经营活动人员	其他人员
			科技管理人员	课题活动人员	科技服务人员		
总计	**41539**	**38539**	**5232**	**29179**	**4128**	**1010**	**1990**
按机构所属地域分布							
杭州市	18155	17014	2052	13259	1703	273	868
宁波市	6056	5661	696	4230	735	18	377
温州市	4578	4104	697	3012	395	170	304
嘉兴市	3526	3129	442	2315	372	342	55
湖州市	1309	1206	278	856	72	8	95
绍兴市	2209	2092	303	1669	120	98	19
金华市	1559	1420	139	1103	178	70	69
衢州市	1325	1283	195	920	168	10	32
舟山市	906	861	147	600	114		45
台州市	998	897	168	605	124	10	91
丽水市	918	872	115	610	147	11	35
按机构所属隶属关系分布							
中央部门属	3664	3437	323	2387	727	21	206
中国科学院	1231	1231	86	826	319		
非中央部门属	37875	35102	4909	26792	3401	989	1784
省级部门属	12940	11908	1430	9302	1176	394	638
副省级城市属	4984	4432	526	3490	416	183	369
地市级部门属	8060	7536	1052	5684	800	109	415
按机构从事的国民经济行业分布							
科学研究和技术服务业	41539	38539	5232	29179	4128	1010	1990
研究和试验发展	28624	26961	3629	20766	2566	421	1242
专业技术服务业	9195	8080	976	5872	1232	474	641
科技推广和应用服务业	3720	3498	627	2541	330	115	107
按机构服务的国民经济行业分布							
农、林、牧、渔业	4795	4358	535	3064	759	53	384
农业	2152	1922	246	1253	423	36	194
林业	429	402	62	210	130	6	21
渔业	432	400	56	323	21	10	22

单位：人

指标名称	从业人员	科技活动人员（不含外聘的流动学者和在读研究生）	科技管理人员	课题活动人员	科技服务人员	生产经营活动人员	其他人员
农、林、牧、渔专业及辅助性活动	1782	1634	171	1278	185	1	147
制造业	5263	4947	794	3672	481	138	178
农副食品加工业	95	95	13	82			
食品制造业	50	47	5	41	1	1	2
酒、饮料和精制茶制造业	82	73	16	57		5	4
纺织业	357	357	20	329	8		
皮革、毛皮、羽毛及其制品和制鞋业	81	64	12	52		15	2
文教、工美、体育和娱乐用品制造业	23	22	2	20			1
化学原料和化学制品制造业	780	740	89	505	146	6	34
医药制造业	742	685	103	535	47	3	54
金属制品业	15	10	2	5	3		5
通用设备制造业	323	295	60	189	46	7	21
专用设备制造业	294	286	37	200	49		8
汽车制造业	93	88	40	45	3		5
铁路、船舶、航空航天和其他运输设备制造业	303	234	32	179	23	69	
电气机械和器材制造业	164	162	35	108	19	1	1
计算机、通信和其他电子设备制造业	1369	1318	249	972	97	31	20
仪器仪表制造业	422	403	68	303	32		19
其他制造业	70	68	11	50	7		2
电力、热力、燃气及水生产和供应业	117	100	11	71	18		17
电力、热力生产和供应业	117	100	11	71	18		17
批发和零售业	70	70	5	11	54		
批发业	70	70	5	11	54		
交通运输、仓储和邮政业	234	231	31	200			3
道路运输业	234	231	31	200			3
信息传输、软件和信息技术服务业	574	555	99	426	30	7	12
软件和信息技术服务业	574	555	99	426	30	7	12
租赁和商务服务业	76	75	16	59			1
商务服务业	76	75	16	59			1
科学研究和技术服务业	28328	26466	3454	20336	2676	745	1117
研究和试验发展	16312	15746	2076	12357	1313	168	398
专业技术服务业	8547	7696	902	5670	1124	220	631
科技推广和应用服务业	3469	3024	476	2309	239	357	88

指标名称	从业人员	科技活动人员（不含外聘的流动学者和在读研究生）	科技管理人员	课题活动人员	科技服务人员	生产经营活动人员	其他人员
水利、环境和公共设施管理业	1686	1376	229	1100	47	67	243
水利管理业	751	606	63	525	18	20	125
生态保护和环境治理业	935	770	166	575	29	47	118
卫生和社会工作	246	221	30	164	27		25
卫生	246	221	30	164	27		25
文化、体育和娱乐业	81	71	15	30	26		10
体育	81	71	15	30	26		10
公共管理、社会保障和社会组织	69	69	13	46	10		
国家机构	69	69	13	46	10		
按机构所属学科分布							
自然科学	6820	6578	848	5307	423	35	207
信息科学与系统科学	3259	3237	424	2691	122		22
力学	115	115	27	74	14		
物理学	20	11	5	6		9	
化学	917	871	137	621	113	4	42
地球科学	1417	1301	188	974	139		116
生物学	1092	1043	67	941	35	22	27
农业科学	6313	5687	747	4063	877	119	507
农学	4663	4246	515	3080	651	57	360
林学	1031	865	106	564	195	52	114
畜牧、兽医科学	49	49	49				
水产学	570	527	77	419	31	10	33
医药科学	2770	2656	325	2106	225	11	103
基础医学	1706	1636	127	1432	77	6	64
临床医学	235	221	42	150	29	5	9
预防医学与公共卫生学	17	17	3	6	8		
药学	640	624	138	388	98		16
中医学与中药学	172	158	15	130	13		14
工程与技术科学	24405	22418	3103	16920	2395	845	1142
工程与技术科学基础学科	3319	3106	395	2493	218	81	132
信息与系统科学相关工程与技术	1382	1079	194	744	141	273	30
自然科学相关工程与技术	1068	978	204	732	42	41	49
测绘科学技术	1305	1262	59	1018	185		43
材料科学	3288	3119	409	2224	486	111	58

单位：人

指标名称	从业人员	科技活动人员（不含外聘的流动学者和在读研究生）	科技管理人员	课题活动人员	科技服务人员	生产经营活动人员	其他人员
机械工程	2085	1820	263	1359	198	71	194
动力与电气工程	776	732	118	558	56		44
能源科学技术	160	160	36	95	29		
电子与通信技术	2841	2687	409	2009	269	31	123
计算机科学技术	845	839	127	670	42	2	4
化学工程	679	653	64	433	156	15	11
产品应用相关工程与技术	1799	1628	231	1175	222	48	123
纺织科学技术	357	357	20	329	8		
食品科学技术	811	670	44	479	147	83	58
土木建筑工程	20	20	2	16	2		
水利工程	870	718	77	599	42	10	142
交通运输工程	262	259	32	225	2		3
航空、航天科学技术	663	594	106	446	42	69	
环境科学技术及资源科学技术	1235	1143	225	866	52	10	82
安全科学技术	470	424	59	329	36		46
管理学	170	170	29	121	20		
人文与社会科学	1231	1200	209	783	208		31
马克思主义	153	143	32	100	11		10
考古学	287	287	21	152	114		
经济学	204	202	56	146			2
法学	9	9		9			
社会学	209	204	27	158	19		5
图书馆、情报与文献学	288	284	58	188	38		4
体育科学	81	71	15	30	26		10
按机构从业人员规模分							
≥1000人	6466	6341	569	5076	696		125
500～999人	6015	5402	568	4135	699	273	340
300～499人	5558	5153	640	4041	472	97	308
200～299人	5143	4760	562	3641	557	158	225
100～199人	9102	8367	1182	6358	827	203	532
50～99人	5288	4902	914	3510	478	131	255
30～49人	2014	1824	380	1266	178	90	100
20～29人	779	711	156	486	69	32	36
10～19人	893	812	195	506	111	21	60
0～9人	281	267	66	160	41	5	9

2–4 科学研究和技术服务业事业单位科技活动人员按学历和职称分（2023）

单位：人

指标名称	科技活动人员（不含外聘的流动学者和在读研究生）	学历					职称			
		博士	硕士	本科	大专	其他	高级职称	中级职称	初级职称	其他
总计	**38539**	**10230**	**13549**	**11678**	**1830**	**1252**	**10163**	**10778**	**4191**	**13407**
按机构所属地域分布										
杭州市	17014	4898	6653	4238	692	533	4701	5157	1222	5934
宁波市	5661	1404	1931	1857	287	182	1649	1639	982	1391
温州市	4104	922	1399	1392	264	127	989	1152	641	1322
温州市	3129	895	1288	801	74	71	609	535	338	1647
湖州市	1206	531	262	322	54	37	442	189	101	474
绍兴市	2092	511	664	792	60	65	461	586	151	894
金华市	1420	478	363	404	70	105	386	266	126	642
衢州市	1283	311	292	547	84	49	335	347	155	446
舟山市	861	92	230	431	83	25	178	345	171	167
台州市	897	126	265	420	62	24	234	253	105	305
丽水市	872	62	202	474	100	34	179	309	199	185
按机构所属隶属关系分布										
中央部门属	3437	1232	1014	817	205	169	1429	1008	385	615
中国科学院	1231	552	364	202	53	60	409	417	239	166
非中央部门属	35102	8998	12535	10861	1625	1083	8734	9770	3806	12792
省级部门属	11908	2629	4793	3506	547	433	3189	3931	1091	3697
副省级城市属	4432	860	1625	1619	245	83	1203	1299	668	1262
地市级部门属	7536	1542	2584	2804	363	243	1882	2050	994	2610
按机构从事的国民经济行业分布										
科学研究和技术服务业	38539	10230	13549	11678	1830	1252	10163	10778	4191	13407
研究和试验发展	26961	9009	10330	5893	960	769	7147	6984	2226	10604
专业技术服务业	8080	457	2134	4555	633	301	2261	2855	1511	1453
科技推广和应用服务业	3498	764	1085	1230	237	182	755	939	454	1350
按机构服务的国民经济行业分布										
农、林、牧、渔业	4358	1249	1598	857	259	395	1493	1578	501	786
农业	1922	322	873	433	116	178	564	675	274	409
林业	402	111	83	130	55	23	145	132	53	72
渔业	400	74	159	137	19	11	125	165	56	54

单位：人

指标名称	科技活动人员（不含外聘的流动学者和在读研究生）	学历					职称			
		博士	硕士	本科	大专	其他	高级职称	中级职称	初级职称	其他
农、林、牧、渔专业及辅助性活动	1634	742	483	157	69	183	659	606	118	251
制造业	4947	1042	1823	1675	205	202	943	990	388	2626
农副食品加工业	95	1	29	48	11	6	22	38	14	21
食品制造业	47	8	25	11	3		5	11	4	27
酒、饮料和精制茶制造业	73	9	32	24	5	3	34	20		19
纺织业	357	112	57	185	2	1	77	38	1	241
皮革、毛皮、羽毛及其制品和制鞋业	64	44	9	6	5		36	17		11
文教、工美、体育和娱乐用品制造业	22	2	5	15			9	4	9	
化学原料和化学制品制造业	740	186	249	206	40	59	165	222	118	235
医药制造业	685	253	230	184	14	4	149	74	85	377
金属制品业	10	4	1	5			1	1		8
通用设备制造业	295	47	48	110	11	79	55	32	36	172
专用设备制造业	286	13	106	151	12	4	31	116	9	130
汽车制造业	88	18	13	53	4		10	8	3	67
铁路、船舶、航空航天和其他运输设备制造业	234	46	130	54	4		48	120	5	61
电气机械和器材制造业	162	34	22	77	21	8	19	7	8	128
计算机、通信和其他电子设备制造业	1318	224	649	363	52	30	154	126	68	970
仪器仪表制造业	403	32	183	162	19	7	123	148	25	107
其他制造业	68	9	35	21	2	1	5	8	3	52
电力、热力、燃气及水生产和供应业	100	1	41	47	11		44	31	15	10
电力、热力生产和供应业	100	1	41	47	11		44	31	15	10
批发和零售业	70		4	50	16		14	25	26	5
批发业	70		4	50	16		14	25	26	5
交通运输、仓储和邮政业	231	18	105	94	9	5	60	107	32	32
道路运输业	231	18	105	94	9	5	60	107	32	32
信息传输、软件和信息技术服务业	555	204	124	188	36	3	158	56	37	304
软件和信息技术服务业	555	204	124	188	36	3	158	56	37	304
租赁和商务服务业	75	9	47	17	2		11	42	6	16
商务服务业	75	9	47	17	2		11	42	6	16
科学研究和技术服务业	26466	7486	9022	8126	1200	632	6798	7455	2940	9273
研究和试验发展	15746	6453	5843	2719	455	276	3855	3834	1072	6985
专业技术服务业	7696	366	2111	4342	583	294	2256	2754	1296	1390
科技推广和应用服务业	3024	667	1068	1065	162	62	687	867	572	898

指标名称	科技活动人员（不含外聘的流动学者和在读研究生）	学历					职称			
		博士	硕士	本科	大专	其他	高级职称	中级职称	初级职称	其他
水利、环境和公共设施管理业	1376	167	634	497	71	7	531	418	155	272
水利管理业	606	47	291	232	32	4	304	195	48	59
生态保护和环境治理业	770	120	343	265	39	3	227	223	107	213
卫生和社会工作	221	50	104	59	3	5	93	46	50	32
卫生	221	50	104	59	3	5	93	46	50	32
文化、体育和娱乐业	71	1	20	37	12	1	8	9	22	32
体育	71	1	20	37	12	1	8	9	22	32
公共管理、社会保障和社会组织	69	3	27	31	6	2	10	21	19	19
国家机构	69	3	27	31	6	2	10	21	19	19
按机构所属学科分布										
自然科学	6578	2222	2583	1510	186	77	1418	1723	340	3097
信息科学与系统科学	3237	1171	1577	420	59	10	429	886	52	1870
力学	115	20	48	43	2	2	18	31	1	65
物理学	11	4	3	4			4	3	4	
化学	871	165	243	383	48	32	212	191	130	338
地球科学	1301	330	363	523	54	31	575	405	140	181
生物学	1043	532	349	137	23	2	180	207	13	643
农业科学	5687	1481	2037	1338	361	470	1982	2012	649	1044
农学	4246	1137	1581	866	262	400	1473	1514	454	805
林学	865	185	254	293	77	56	308	289	125	143
畜牧、兽医科学	49	42	3	4			35	7	2	5
水产学	527	117	199	175	22	14	166	202	68	91
医药科学	2656	939	1098	550	54	15	582	712	289	1073
基础医学	1636	734	661	218	23		279	474	83	800
临床医学	221	64	82	73	2		78	43	58	42
预防医学与公共卫生学	17		7	8	2		4	9	4	
药学	624	76	278	235	25	10	138	153	123	210
中医学与中药学	158	65	70	16	2	5	83	33	21	21
工程与技术科学	22418	5462	7323	7887	1128	618	5866	6032	2754	7766
工程与技术科学基础学科	3106	605	1047	1212	171	71	649	984	456	1017
信息与系统科学相关工程与技术	1079	298	299	422	57	3	239	238	174	428
自然科学相关工程与技术	978	328	406	174	35	35	171	247	69	491
测绘科学技术	1262	19	272	719	141	111	320	434	298	210
材料科学	3119	1164	1024	733	114	84	886	849	458	926

指标名称	科技活动人员（不含外聘的流动学者和在读研究生）	学历					职称			
		博士	硕士	本科	大专	其他	高级职称	中级职称	初级职称	其他
机械工程	1820	362	486	776	105	91	599	492	258	471
动力与电气工程	732	74	194	416	35	13	289	231	60	152
能源科学技术	160	39	23	76	19	3	28	14	7	111
电子与通信技术	2687	1343	848	433	37	26	742	406	172	1367
计算机科学技术	839	215	342	253	28	1	116	72	24	627
化学工程	653	203	216	150	45	39	172	195	80	206
产品应用相关工程与技术	1628	223	549	711	109	36	372	444	205	607
纺织科学技术	357	112	57	185	2	1	77	38	1	241
食品科学技术	670	33	168	358	73	38	129	223	138	180
土木建筑工程	20		1	11	5	3	1	7	10	2
水利工程	718	48	333	284	49	4	349	229	68	72
交通运输工程	259	23	115	104	12	5	74	117	36	32
航空、航天科学技术	594	173	236	152	18	15	110	179	21	284
环境科学技术及资源科学技术	1143	186	500	391	50	16	380	407	144	212
安全科学技术	424	8	112	272	16	16	122	162	36	104
管理学	170	6	95	55	7	7	41	64	39	26
人文与社会科学	1200	126	508	393	101	72	315	299	159	427
马克思主义	143	62	60	18	3		71	32	12	28
考古学	287	4	75	77	61	70	24	34	12	217
经济学	202	36	127	36	3		103	68	9	22
法学	9		2	7				2	7	
社会学	204	12	81	103	8		46	46	29	83
图书馆、情报与文献学	284	11	143	115	14	1	63	108	68	45
体育科学	71	1	20	37	12	1	8	9	22	32
按机构从业人员规模分										
≥1000人	6341	2169	2460	1132	261	319	1494	2120	611	2116
500～999人	5402	1770	2224	1151	149	108	1605	1407	387	2003
300～499人	5153	1860	1666	1394	176	57	1477	1066	409	2201
200～299人	4760	1031	1677	1628	252	172	1201	1347	486	1726
100～199人	8367	1962	2746	2930	380	349	2408	2501	1006	2452
50～99人	4902	845	1698	1882	335	142	1200	1356	629	1717
30～49人	1824	386	584	683	129	42	420	478	259	667
20～29人	711	84	195	336	62	34	151	177	155	228
10～19人	812	86	233	402	70	21	146	238	200	228
0～9人	267	37	66	140	16	8	61	88	49	69

2–5 科学研究和技术服务业事业单位经费收入（2023）

单位：万元

指标名称	经费收入总额	科技活动收入	政府资金	财政拨款	承担政府科研项目收入	其他	非政府资金	#技术性收入	#国外资金	生产经营活动收入	其他收入
总计	3046697	2907357	2090465	1677581	343911	68974	816892	765798	128	45040	94300
按机构所属地域分布											
杭州市	1600729	1539292	1087121	864967	185572	36583	452170	444284	120	10115	51322
宁波市	492497	476278	289838	204595	74918	10325	186441	174937		664	15555
温州市	248734	235929	200293	158976	35095	6222	35636	35124	3	4236	8570
嘉兴市	185331	168728	132873	116536	14735	1603	35855	20016		13742	2860
湖州市	71723	65263	44106	36788	5473	1844	21158	20330		3165	3294
绍兴市	114238	106498	77850	65507	5031	7311	28649	21563		5332	2408
金华市	70860	63462	56709	53239	1931	1539	6753	6266		2919	4480
衢州市	106978	104277	92706	83648	8961	97	11571	10568		29	2672
舟山市	55595	52648	40152	33629	5190	1333	12496	12452	5	1548	1399
台州市	55168	52975	30953	25785	3402	1766	22022	16117		1532	661
丽水市	44845	42007	37865	33912	3603	351	4142	4142		1758	1079
按机构所属隶属关系分布											
中央部门属	331324	319837	186260	94926	72590	18744	133577	129112	30	1498	9989
中国科学院	113890	113890	80718	30084	47648	2986	33171	31205			1
非中央部门属	2715373	2587520	1904205	1582655	271321	50229	683315	636686	98	43542	84311
省级部门属	1082803	1023621	670259	499149	150337	20773	353362	334429	46	21327	37855
副省级城市属	357981	337223	203298	175795	23064	4439	133926	131000		5593	15164
地市级部门属	426328	403559	323677	271695	43853	8129	79882	63187	8	7493	15277
按机构从事的国民经济行业分布											
科学研究和技术服务业	3046697	2907357	2090465	1677581	343911	68974	816892	765798	128	45040	94300
研究和试验发展	2295599	2208745	1747671	1400097	302486	45087	461074	428276	87	15963	70892
专业技术服务业	534389	490983	208644	160229	27089	21326	282340	265379	40	25385	18020
科技推广和应用服务业	216709	207629	134151	117254	14336	2561	73478	72144		3692	5388
按机构服务的国民经济行业分布											
农、林、牧、渔业	335915	309722	263043	167280	87864	7899	46680	45793	41	4811	21381
农业	130358	118201	106007	68415	36039	1553	12194	11356	30	232	11925
林业	26382	23785	18766	11726	7040		5020	5014	5	172	2424
渔业	36761	31989	25817	10486	14053	1278	6172	6172		4376	397
农、林、牧、渔专业及辅助性活动	142414	135747	112453	76653	30731	5068	23295	23251	6	31	6636

单位：万元

指标名称	经费收入总额	科技活动收入	政府资金	财政拨款	承担政府科研项目收入	其他	非政府资金	#技术性收入	#国外资金	生产经营活动收入	其他收入
制造业	334311	324893	257706	225414	22851	9442	67187	66202		1555	7863
农副食品加工业	3465	3421	3395	3395			26	26			44
食品制造业	1891	1891	1378	1378			513	513			
酒、饮料和精制茶制造业	3446	2194	949	588	307	54	1245	1245		295	957
纺织业	22621	22105	16355	13674	2591	90	5750	5750			516
皮革、毛皮、羽毛及其制品和制鞋业	4800	4800	800	800			4000	4000			
文教、工美、体育和娱乐用品制造业	431	431					431	431			
化学原料和化学制品制造业	74322	71667	58779	47320	4492	6967	12888	12888		58	2597
医药制造业	30676	30062	28378	27264	989	125	1684	1684			614
金属制品业	344	344	322	322			22	22			
通用设备制造业	12715	12291	10108	8506	681	921	2183	2183		329	95
专用设备制造业	22434	21904	6220	4335	759	1126	15683	15683			530
汽车制造业	18509	18395	17237	17117	20	100	1158	1158			115
铁路、船舶、航空航天和其他运输设备制造业	46949	45657	45008	44862	146		648	548		552	740
电气机械和器材制造业	5830	5830	5469	3492	1930	48	361	361			
计算机、通信和其他电子设备制造业	52703	51962	49798	40850	8938	10	2165	2108		321	420
仪器仪表制造业	29039	27806	10436	8509	1928		17370	17370			1233
其他制造业	4134	4134	3074	3004	70		1061	232			
电力、热力、燃气及水生产和供应业	5570	4882	222	222			4660	4660		135	553
电力、热力生产和供应业	5570	4882	222	222			4660	4660		135	553
批发和零售业	3387	3387	3387	3387							
批发业	3387	3387	3387	3387							
交通运输、仓储和邮政业	25643	25093	7826	2398	5427		17268	15728			550
道路运输业	25643	25093	7826	2398	5427		17268	15728			550
信息传输、软件和信息技术服务业	67384	66074	35044	31878	3110	56	31030	30756		412	898
软件和信息技术服务业	67384	66074	35044	31878	3110	56	31030	30756		412	898
租赁和商务服务业	6113	6013	5377	895	4482		636	517			101
商务服务业	6113	6013	5377	895	4482		636	517			101
科学研究和技术服务业	2110814	2021000	1455953	1198676	209628	47650	565047	519517	87	33801	56013
研究和试验发展	1407695	1369093	1142622	945485	177281	19856	226471	201210	46	3866	34737
专业技术服务业	549248	516624	217559	176207	21735	19617	299064	283240	40	13433	19192
科技推广和应用服务业	153871	135284	95772	76983	10612	8177	39512	35067		16503	2084

指标名称	经费收入总额	科技活动收入	政府资金	财政拨款	承担政府科研项目收入	其他	非政府资金	#技术性收入	#国外资金	生产经营活动收入	其他收入
水利、环境和公共设施管理业	126980	116281	44749	32476	8663	3611	71532	71211		4326	6373
水利管理业	59081	55400	10378	7835	2543		45021	45021		876	2805
生态保护和环境治理业	67899	60881	34371	24641	6119	3611	26510	26189		3450	3568
卫生和社会工作	24774	24271	12215	11142	916	158	12056	10616			503
卫生	24774	24271	12215	11142	916	158	12056	10616			503
文化、体育和娱乐业	3436	3412	2676	2484	34	159	736	736			23
体育	3436	3412	2676	2484	34	159	736	736			23
公共管理、社会保障和社会组织	2371	2329	2268	1331	937		61	61			42
国家机构	2371	2329	2268	1331	937		61	61			42
按机构所属学科领域分布											
自然科学	608054	581416	465442	407016	49271	9155	115973	115332		2857	23782
信息科学与系统科学	373550	358884	322232	282874	33642	5716	36652	36465		215	14452
力学	8818	8818	8709	4176	4523	10	109	109			
物理学	35										35
化学	58590	56540	24727	22921	1155	651	31814	31814		1502	548
地球科学	110696	103015	58729	49425	8037	1267	44287	43836		1140	6541
生物学	56366	54159	51047	47620	1916	1511	3112	3109			2207
农业科学	428131	392719	326251	202418	97486	26348	66468	63083	41	8156	27256
农学	311445	289570	239548	159900	70290	9358	50022	46681	36	858	21017
林学	71231	62690	54159	25312	13135	15712	8531	8525	5	2922	5619
畜牧、兽医科学	100	100	100	100							
水产学	45355	40359	32445	17106	14060	1278	7915	7876		4376	620
医药科学	195533	193013	150667	120091	30282	295	42346	40906	20	158	2362
基础医学	122289	120792	101485	74378	27107		19308	19308		158	1339
临床医学	17468	17468	6652	5753	899		10817	10817			
预防医学与公共卫生学	3502	3483	3483	3483							19
药学	32869	32034	21252	19426	1536	290	10782	10782	20		835
中医学与中药学	19404	19236	17796	17052	739	5	1440				169
工程与技术科学	1693409	1621028	1082882	915331	134816	32735	538147	493517	67	33870	38511
工程与技术科学基础学科	238073	231228	170259	154058	12236	3964	60969	44467	3	4021	2824
信息与系统科学相关工程与技术	60075	46205	38453	31152	6845	456	7752	6227	44	13483	387
自然科学相关工程与技术	86143	81113	73510	66951	5820	739	7603	7603		597	4433
测绘科学技术	109424	106972	25769	25769			81203	79894			2452
材料科学	224913	217147	176175	114903	55566	5706	40972	38740		4850	2916

单位：万元

指标名称	经费收入总额	科技活动收入	政府资金	财政拨款	承担政府科研项目收入	其他	非政府资金	#技术性收入	#国外资金	生产经营活动收入	其他收入
机械工程	129864	120540	66153	62416	2130	1606	54387	53852		4074	5251
动力与电气工程	72687	70852	26293	22570	1545	2177	44559	43987	21		1835
能源科学技术	6315	6290	5626	3552	2026	48	663	663			25
电子与通信技术	188674	183190	156315	141189	13729	1397	26875	26509		464	5020
计算机科学技术	72676	72404	65904	62766	1978	1160	6500	5533		3	269
化学工程	69661	67366	57481	46976	3619	6886	9885	9885			2295
产品应用相关工程与技术	86227	81640	22769	17340	5402	27	58871	46146		1831	2756
纺织科学技术	22621	22105	16355	13674	2591	90	5750	5750			516
食品科学技术	28024	24696	17167	16359	800	8	7529	7529		2970	358
土木建筑工程	622	622	622	622							
水利工程	64416	60878	11197	8654	2543		49682	49682		1011	2527
交通运输工程	26307	25205	7937	2510	5427		17268	15728		552	550
航空、航天科学技术	97113	95884	86498	82532	3966		9386	9286		9	1220
环境科学技术及资源科学技术	76102	73891	45009	34111	7142	3757	28882	28503		5	2206
安全科学技术	26708	26190	7865	1794	1359	4712	18326	12453			518
管理学	6765	6612	5525	5435	91		1087	1082			153
人文与社会科学	121570	119182	65223	32726	32057	441	53959	52960			2388
马克思主义	8350	8335	8335	5708	2628						15
考古学	47297	46824	12656	2913	9743		34167	34167			473
经济学	27954	26895	20277	1342	18935		6617	6499			1059
法学	276	276	276	276							
社会学	15580	15148	6326	6326			8822	7943			432
图书馆、情报与文献学	18677	18291	14675	13677	717	282	3616	3616			386
体育科学	3436	3412	2676	2484	34	159	736	736			23
按机构从业人员规模分											
≥1000人	623302	601652	475039	359024	102642	13374	126613	124641	6	215	21436
500～999人	404643	377795	233798	178348	52208	3242	143997	142002	51	13305	13542
300～499人	326694	311260	226232	191035	32006	3191	85027	72296	46	3644	11791
200～299人	392875	381900	229719	181566	30705	17449	152181	147465	20	2622	8353
100～199人	659446	627063	412349	311504	78302	22543	214714	188549		12927	19456
50～99人	358717	342730	278563	241697	33050	3815	64168	62568		3159	12828
30～49人	152725	142399	125747	113939	8938	2870	16651	14889		6683	3644
20～29人	42981	39928	33330	29496	3457	378	6598	6598		1916	1137
10～19人	55846	53630	50761	46978	2049	1734	2869	2802	5	379	1837
0～9人	29468	29001	24927	23994	555	378	4074	3989		190	277

2–6 科学研究和技术服务业事业单位经费支出（2023）

单位：万元

指标名称	经费内部支出总额	科技经费内部支出	日常性支出	人员劳务费	其他日常性支出	资产性支出	仪器与设备支出	非基建的科学仪器与设备支出	基建的仪器与设备支出
总计	2934210	2761340	2071753	1038003	1033750	689587	510923	423183	87740
按机构所属地域分布									
杭州市	1395406	1313079	1065924	533091	532833	247155	195552	168418	27134
宁波市	530834	512127	355149	165259	189890	156978	115395	104197	11198
温州市	284510	268923	166585	96253	70332	102338	53873	42148	11725
嘉兴市	206450	184310	122155	75646	46508	62155	52238	45738	6500
湖州市	65426	59547	51213	27701	23513	8334	6326	3723	2602
绍兴市	125230	120071	76201	30420	45782	43870	33819	16928	16890
金华市	85461	75217	46731	27497	19234	28486	22866	18766	4101
衢州市	101062	99370	83562	25164	58398	15808	15133	11651	3481
舟山市	44023	39547	33763	17478	16285	5784	4073	3764	309
台州市	53660	48566	38102	19979	18123	10464	4630	3411	1219
丽水市	42149	40583	32369	19514	12854	8214	7019	4438	2581
按机构所属隶属关系分布									
中央部门属	312418	301831	257530	107156	150374	44301	36529	29461	7068
中国科学院	108280	108262	85528	47567	37961	22734	19056	18033	1023
非中央部门属	2621792	2459510	1814223	930847	883377	645286	474394	393722	80672
省级部门属	959994	881343	729121	400389	328733	152222	111583	93027	18557
副省级城市属	377271	353826	238981	102707	136274	114845	81453	76908	4545
地市级部门属	452437	430738	339222	187132	152090	91516	67556	60775	6781
按机构从事的国民经济行业分布									
科学研究和技术服务业	2934210	2761340	2071753	1038003	1033750	689587	510923	423183	87740
研究和试验发展	2188044	2066977	1521382	753586	767796	545596	414177	354784	59393
专业技术服务业	500239	460565	399963	224330	175634	60601	51767	40813	10954

指标名称	经费内部支出总额	科技经费内部支出	日常性支出	人员劳务费	其他日常性支出	资产性支出	仪器与设备支出	非基建的科学仪器与设备支出	基建的仪器与设备支出
科技推广和应用服务业	245927	233798	150408	60087	90321	83390	44979	27586	17393
按机构服务的国民经济行业分布									
农、林、牧、渔业	343155	285938	231794	121568	110226	54144	32283	21434	10850
农业	137203	125124	101224	56347	44876	23900	12070	8131	3939
林业	23634	22931	21443	14285	7158	1488	789	452	338
渔业	36925	30324	26023	11103	14921	4301	1767	1729	37
农、林、牧、渔专业及辅助性活动	145393	107560	83104	39833	43271	24456	17657	11122	6535
制造业	351927	340702	217181	101119	116062	123521	97908	88640	9269
农副食品加工业	4450	4440	3704	2376	1329	735	735	735	
食品制造业	1944	1642	1025	617	408	616	575	169	406
酒、饮料和精制茶制造业	3647	3210	3181	1985	1195	30	30	30	
纺织业	24049	24049	17736	1647	16089	6314	4626	4626	
皮革、毛皮、羽毛及其制品和制鞋业	6512	6400	6400	2954	3446				
文教、工美、体育和娱乐用品制造业	850	849	751	210	541	98	51	51	
化学原料和化学制品制造业	77429	76550	53612	14733	38879	22938	17813	12508	5305
医药制造业	48796	47002	24337	13236	11102	22665	22250	22250	
金属制品业	326	320	219	211	8	101	98	27	71
通用设备制造业	14918	13988	6448	3527	2921	7540	3630	1295	2336
专用设备制造业	15114	15004	11744	7064	4681	3260	2935	2935	
汽车制造业	14810	13979	2830	1239	1591	11149	10826	10539	287
铁路、船舶、航空航天和其他运输设备制造业	20433	20348	8756	4591	4165	11592	11250	11250	
电气机械和器材制造业	4382	4308	2431	1206	1225	1877	1535	672	863
计算机、通信和其他电子设备制造业	78309	73009	51845	31149	20697	21164	14202	14201	2
仪器仪表制造业	32650	32320	19046	12440	6606	13274	7181	7181	
其他制造业	3309	3286	3116	1935	1180	170	170	170	
电力、热力、燃气及水生产和供应业	5251	4558	4493	3084	1409	65	65	65	
电力、热力生产和供应业	5251	4558	4493	3084	1409	65	65	65	

指标名称	经费内部支出总额	科技经费内部支出	日常性支出	人员劳务费	其他日常性支出	资产性支出	仪器与设备支出	非基建的科学仪器与设备支出	基建的仪器与设备支出
批发和零售业	3324	3324	3090	2328	762	234	234		234
批发业	3324	3324	3090	2328	762	234	234		234
交通运输、仓储和邮政业	20864	20386	18212	5082	13130	2174	2137	2137	
道路运输业	20864	20386	18212	5082	13130	2174	2137	2137	
信息传输、软件和信息技术服务业	68947	67562	62509	11329	51180	5054	1954	1945	9
软件和信息技术服务业	68947	67562	62509	11329	51180	5054	1954	1945	9
租赁和商务服务业	4074	4023	3875	2924	951	148	6		6
商务服务业	4074	4023	3875	2924	951	148	6		6
科学研究和技术服务业	1996879	1909585	1426053	744285	681768	483532	365410	298854	66556
研究和试验发展	1329490	1293148	914549	465377	449172	378599	278786	237860	40926
专业技术服务业	498469	465172	408460	221985	186475	56712	50434	38536	11898
科技推广和应用服务业	168920	151265	103044	56923	46121	48221	36190	22458	13732
水利、环境和公共设施管理业	109353	97242	86016	36450	49567	11226	7959	7740	219
水利管理业	48558	44890	40504	18349	22155	4386	2035	2035	
生态保护和环境治理业	60795	52352	45512	18101	27412	6840	5924	5705	219
卫生和社会工作	24595	22293	13463	6546	6917	8830	2380	1785	596
卫生	24595	22293	13463	6546	6917	8830	2380	1785	596
文化、体育和娱乐业	3442	3328	2758	1589	1169	570	497	497	
体育	3442	3328	2758	1589	1169	570	497	497	
公共管理、社会保障和社会组织	2399	2399	2310	1699	611	89	89	87	2
国家机构	2399	2399	2310	1699	611	89	89	87	2
按机构所属学科领域分布									
自然科学	563173	552102	433707	196771	236936	118395	101703	92790	8913
信息科学与系统科学	320072	318911	260753	139805	120948	58158	46621	46022	599
力学	9803	9803	8832	3309	5523	972	972	972	
物理学	373	299	261	124	137	38	22	22	
化学	60147	59374	50392	15306	35086	8982	8640	6205	2435

指标名称	经费内部支出总额	科技经费内部支出	日常性支出	人员劳务费	其他日常性支出	资产性支出	仪器与设备支出	非基建的科学仪器与设备支出	基建的仪器与设备支出
地球科学	101364	94443	77055	23924	53132	17387	13453	8009	5444
生物学	71415	69272	36414	14304	22110	32858	31995	31560	435
农业科学	431828	365402	299248	160584	138665	66153	38755	26138	12618
农学	316513	264983	212127	113222	98906	52856	32592	20623	11969
林学	66228	58184	54879	33857	21022	3306	1653	1041	612
畜牧、兽医科学	12	12	12	12					
水产学	49075	42222	32231	13493	18737	9992	4511	4474	37
医药科学	209962	201721	146909	73207	73702	54813	38699	27935	10764
基础医学	126195	122184	95682	46393	49289	26502	25753	17676	8077
临床医学	17855	16716	14186	7017	7169	2529	1400	119	1281
预防医学与公共卫生学	3587	3575	1301	419	882	2275	5	5	
药学	44840	42911	31823	17384	14439	11088	9442	8035	1406
中医学与中药学	17484	16335	3917	1994	1923	12418	2100	2100	
工程与技术科学	1637858	1558706	1115862	568668	547194	442844	327245	272235	55010
工程与技术科学基础学科	224529	217942	147911	91020	56891	70031	42168	38626	3543
信息与系统科学相关工程与技术	61823	51567	44685	22262	22424	6882	5652	5301	351
自然科学相关工程与技术	84235	78374	36073	19073	17000	42301	36476	23937	12539
测绘科学技术	101696	97887	92083	43821	48262	5804	5288	5288	
材料科学	231374	224114	145407	77467	67940	78707	67498	56232	11266
机械工程	124751	111136	80560	39466	41094	30575	17406	6808	10597
动力与电气工程	67624	66057	41801	26290	15511	24256	6809	5953	857
能源科学技术	3959	3937	1933	1036	897	2004	1741	1741	
电子与通信技术	205349	193234	143503	76120	67383	49731	43977	43201	776
计算机科学技术	57829	57661	39073	17716	21357	18588	8680	6649	2031
化学工程	70866	70743	50270	16406	33864	20473	16780	15777	1003
产品应用相关工程与技术	90830	86347	64889	38051	26838	21458	13857	12019	1838
纺织科学技术	24049	24049	17736	1647	16089	6314	4626	4626	

指标名称	经费内部支出总额	科技经费内部支出	日常性支出	人员劳务费	其他日常性支出	资产性支出	仪器与设备支出	非基建的科学仪器与设备支出	基建的仪器与设备支出
食品科学技术	29004	27045	18889	12603	6286	8156	6454	4282	2172
土木建筑工程	580	580	563	540	24	17	17	17	
水利工程	53574	50045	45593	21736	23857	4451	2100	2100	
交通运输工程	21697	21218	19044	5486	13559	2174	2137	2137	
航空、航天科学技术	82094	78624	41658	16222	25436	36966	33693	28723	4970
环境科学技术及资源科学技术	72171	68932	58031	25275	32756	10902	9329	6328	3001
安全科学技术	22769	22469	19657	11775	7882	2812	2461	2461	
管理学	7055	6747	6503	4659	1845	243	98	32	66
人文与社会科学	91390	83409	76027	38773	37254	7382	4521	4085	436
马克思主义	10486	10158	7005	5553	1452	3153	3153	2723	429
考古学	24549	18506	18393	4471	13922	113	113	113	
经济学	17776	17189	16705	10995	5710	484	337	330	6
法学	258	258	258	242	17				
社会学	14669	14589	14262	7064	7198	327	303	303	
图书馆、情报与文献学	20210	19380	16646	8859	7787	2734	118	118	
体育科学	3442	3328	2758	1589	1169	570	497	497	
按机构从业人员规模分									
≥1000 人	564652	527882	431555	246371	185184	96327	77724	69592	8132
500～999 人	394908	365561	303881	142602	161279	61680	49942	43854	6088
300～499 人	367917	352535	250357	128753	121604	102177	89783	76343	13440
200～299 人	356281	337976	270840	124268	146571	67136	52324	40598	11726
100～199 人	644922	605067	454411	202036	252376	150656	108560	97018	11542
50～99 人	353480	338387	208570	116688	91883	129816	80241	65353	14888
30～49 人	131960	123601	77578	40650	36928	46023	29405	20877	8529
20～29 人	42450	39366	28236	14575	13661	11130	7016	4487	2529
10～19 人	58766	53189	35221	16545	18676	17968	10426	2192	8234
0～9 人	18875	17777	11103	5514	5589	6674	5503	2871	2632

指标名称	经费内部支出总额			生产经营支出	其他支出
	资产性支出				
	土建费	资本化的计算机软件支出	专利和专有技术支出		
总计	**147300**	**23205**	**8159**	**51895**	**120975**
按机构所属地域分布					
杭州市	37894	12277	1432	11606	70721
宁波市	36728	4362	493	4462	14245
温州市	39527	3735	5204	4978	10609
嘉兴市	8585	975	357	18468	3673
湖州市	1806	77	125	2273	3607
绍兴市	9194	803	55	1879	3280
金华市	5192	303	125	5526	4718
衢州市	197	214	264	834	858
舟山市	1475	236		49	4427
台州市	5575	206	54	1353	3741
丽水市	1128	17	50	468	1098
按机构所属隶属关系分布					
中央部门属	7093	627	53	1470	9117
中国科学院	3387	291			18
非中央部门属	140207	22578	8107	50425	111858
省级部门属	28856	11033	750	14655	63996
副省级城市属	29255	3878	258	10080	13366
地市级部门属	20492	2895	574	7015	14684
按机构从事的国民经济行业分布					
科学研究和技术服务业	147300	23205	8159	51895	120975
研究和试验发展	106807	17152	7461	28237	92830
专业技术服务业	5390	3026	418	17043	22631
科技推广和应用服务业	35103	3028	281	6615	5514
按机构服务的国民经济行业分布					
农、林、牧、渔业	20678	390	793	3417	53801

指标名称	经费内部支出总额			生产经营支出	其他支出
	资产性支出				
	土建费	资本化的计算机软件支出	专利和专有技术支出		
农业	11353	199	277	741	11339
林业	672		27	93	610
渔业	2445	90		2523	4079
农、林、牧、渔专业及辅助性活动	6208	102	489	60	37773
制造业	21517	3199	898	7262	3963
农副食品加工业					10
食品制造业	36	3	2	48	254
酒、饮料和精制茶制造业				281	156
纺织业	1637	51			
皮革、毛皮、羽毛及其制品和制鞋业				30	82
文教、工美、体育和娱乐用品制造业	47				1
化学原料和化学制品制造业	4990	67	68	190	689
医药制造业		407	8	915	879
金属制品业			3		6
通用设备制造业	2444	1454	12	604	326
专用设备制造业	56	269			110
汽车制造业	270	47	6	154	677
铁路、船舶、航空航天和其他运输设备制造业		342		86	
电气机械和器材制造业	341		2	25	49
计算机、通信和其他电子设备制造业	5893	272	797	4929	371
仪器仪表制造业	5804	288	2		330
其他制造业					24
电力、热力、燃气及水生产和供应业					693
电力、热力生产和供应业					693
批发和零售业					
批发业					

指标名称	经费内部支出总额			生产经营支出	其他支出
	资产性支出				
	土建费	资本化的计算机软件支出	专利和专有技术支出		
交通运输、仓储和邮政业		31	6	376	102
道路运输业		31	6	376	102
信息传输、软件和信息技术服务业	709	2331	60	298	1086
软件和信息技术服务业	709	2331	60	298	1086
租赁和商务服务业		141			51
商务服务业		141			51
科学研究和技术服务业	95845	16027	6250	34974	52320
研究和试验发展	82283	11970	5560	9928	26414
专业技术服务业	2802	3212	264	10428	22870
科技推广和应用服务业	10760	845	426	14619	3036
水利、环境和公共设施管理业	2167	949	152	5538	6573
水利管理业	1645	706		1927	1741
生态保护和环境治理业	522	242	152	3611	4832
卫生和社会工作	6385	65		30	2272
卫生	6385	65		30	2272
文化、体育和娱乐业		73			114
体育		73			114
公共管理、社会保障和社会组织					
国家机构					
按机构所属学科领域分布					
自然科学	11668	4880	144	835	10236
信息科学与系统科学	7350	4188		139	1021
力学					
物理学			16		74
化学	200	79	63	28	745
地球科学	3383	488	64	16	6905

指标名称	经费内部支出总额			生产经营支出	其他支出
	资产性支出				
	土建费	资本化的计算机软件支出	专利和专有技术支出		
生物学	736	125	2	578	1565
农业科学	26079	473	847	7336	59090
农学	19104	351	810	1563	49967
林学	1584	32	37	3242	4801
畜牧、兽医科学					
水产学	5391	90		2531	4322
医药科学	12867	3239	8	2019	6221
基础医学	116	626	8	1587	2424
临床医学	1130			52	1087
预防医学与公共卫生学		2270			12
药学	1313	334		380	1549
中医学与中药学	10309	10			1149
工程与技术科学	96685	11753	7161	41705	37447
工程与技术科学基础学科	26329	1303	230	4000	2588
信息与系统科学相关工程与技术	122	891	216	9863	393
自然科学相关工程与技术	5581	216	29	1905	3956
测绘科学技术		493	24		3809
材料科学	6077	744	4389	3842	3418
机械工程	7953	3254	1962	8495	5121
动力与电气工程	16854	585	7	12	1556
能源科学技术	264				22
电子与通信技术	5089	659	6	6826	5290
计算机科学技术	9895	10	3	95	73
化学工程	3611	83		33	91
产品应用相关工程与技术	7158	440	4	2454	2029
纺织科学技术	1637	51			

2-6 续表9   单位：万元

| 指标名称 | 经费内部支出总额 | | | 生产经营支出 | 其他支出 |
| | 资产性支出 | | | | |
	土建费	资本化的计算机软件支出	专利和专有技术支出		
食品科学技术	1582	78	42	1137	822
土木建筑工程					
水利工程	1645	706		1096	2433
交通运输工程		31	6	376	102
航空、航天科学技术	2323	842	107	686	2784
环境科学技术及资源科学技术	567	882	124	841	2398
安全科学技术		340	11	46	255
管理学		146			308
人文与社会科学		2861			7981
马克思主义					329
考古学					6043
经济学		147			587
法学					
社会学		24			80
图书馆、情报与文献学		2616			830
体育科学		73			114
按机构从业人员规模分					
≥ 1000 人	13125	4986	492	147	36624
500～999 人	9592	1930	215	14871	14476
300～499 人	10163	1353	878	7199	8183
200～299 人	9478	3568	1767	6033	12272
100～199 人	36893	4695	509	8506	31349
50～99 人	44282	1518	3776	5297	9797
30～49 人	14278	1909	432	4507	3852
20～29 人	3407	680	27	1990	1094
10～19 人	5051	2470	21	2936	2641
0～9 人	1032	98	42	410	688

2-7 科学研究和技术服务业事业单位科研基建与固定资产（2023）

单位：万元

指标名称	科研基建	按经费来源分				年末固定资产原价	＃科研房屋建筑物	科研仪器设备	＃进口
		政府资金	企业资金	事业单位资金	其他资金				
总计	**235040**	**197929**	**8530**	**27986**	**595**	**3546421**	**1001270**	**1951871**	**598503**
按机构所属地域分布									
杭州市	65028	51800		13228		1675061	340944	1001936	355772
宁波市	47926	41503	878	5244	301	804493	337852	386226	121519
温州市	51251	45002	5363	856	30	304298	76794	143559	27944
嘉兴市	15086	12113	421	2303	248	280384	145014	123636	19261
湖州市	4408	2771	1000	622	16	50772	21973	21477	1461
绍兴市	26084	25215	869			95511	7747	76427	11078
金华市	9293	9240		53		67324	10881	48706	13487
衢州市	3678	3569		109		79439	15012	46086	13498
舟山市	1784	1784				79398	22815	30748	14061
台州市	6793	1329		5464		67598	17161	45045	17445
丽水市	3709	3602		107		42144	5077	28026	2977
按机构所属隶属关系分布									
中央部门属	14161	13485		676		636116	208724	318142	120010
中国科学院	4410	3865		544		257807	116809	116203	52962
非中央部门属	220879	184444	8530	27310	595	2910305	792546	1633729	478494
省级部门属	47413	32298		15115		1364970	470945	676378	228846
副省级城市属	33800	31343	23	2434		461013	145799	225250	73929
地市级部门属	27273	20764	421	6088		473658	69509	267328	60741
按机构从事的国民经济行业分布									
科学研究和技术服务业	235040	197929	8530	27986	595	3546421	1001270	1951871	598503
研究和试验发展	166200	143904	568	21721	7	2483171	722835	1340641	453112
专业技术服务业	16344	13188		3094	62	912248	245659	528341	136832
科技推广和应用服务业	52496	40837	7962	3170	527	151002	32776	82889	8559
按机构服务的国民经济行业分布									
农、林、牧、渔业	31527	19860		11419	248	562879	202965	182801	35418
农业	15293	8816		6229	248	237556	57599	70495	2489
林业	1009	878		132		49528	15296	20272	9704
渔业	2482	2221		261		70907	36214	23986	8268

指标名称	科研基建	按经费来源分				年末固定资产原价	#科研房屋建筑物	科研仪器设备	
		政府资金	企业资金	事业单位资金	其他资金				#进口
农、林、牧、渔专业及辅助性活动	12743	7946		4797		204889	93856	68048	14958
制造业	30785	23168	1421	6158	39	288254	33035	235225	103311
农副食品加工业						10905	1119	9749	7755
食品制造业	442	442				1885	350	1534	300
酒、饮料和精制茶制造业						8652	7228	1203	793
纺织业	1637	1637				9715		8926	
皮革、毛皮、羽毛及其制品和制鞋业						1763		1717	525
文教、工美、体育和娱乐用品制造业	47			47		1813		1656	
化学原料和化学制品制造业	10294	9294	1000			40790	2839	34088	9586
医药制造业						43119	1497	40114	26274
金属制品业	71	71				98		98	
通用设备制造业	4780	4625		123	32	11445	1061	8237	600
专用设备制造业	56	56				44066	9439	33005	25521
汽车制造业	557	557				1853		1700	
铁路、船舶、航空航天和其他运输设备制造业						15882	247	14193	817
电气机械和器材制造业	1204	1197			7	4243	247	3861	759
计算机、通信和其他电子设备制造业	5895	5290	421	184		43134	9008	29534	8534
仪器仪表制造业	5804			5804		47530		44347	21846
其他制造业						1364		1265	
电力、热力、燃气及水生产和供应业						2263	1450	697	
电力、热力生产和供应业						2263	1450	697	
批发和零售业	234	234				6213		5366	360
批发业	234	234				6213		5366	360
交通运输、仓储和邮政业						39954	15856	17051	3952
道路运输业						39954	15856	17051	3952
信息传输、软件和信息技术服务业	718	718				31914	8264	12624	600
软件和信息技术服务业	718	718				31914	8264	12624	600
租赁和商务服务业	6	6				220		61	
商务服务业	6	6				220		61	
科学研究和技术服务业	162402	147594	7109	7390	308	2421220	698582	1435827	428222
研究和试验发展	123210	118799	46	4364		1373056	408260	838643	295070
专业技术服务业	14700	11961	101	2608	30	863692	235186	482242	124984
科技推广和应用服务业	24492	16834	6962	417	278	184472	55137	114942	8168

指标名称	科研基建	按经费来源分				年末固定资产原价	#科研房屋建筑物	科研仪器设备	#进口
		政府资金	企业资金	事业单位资金	其他资金				
水利、环境和公共设施管理业	2386	326		2060		134718	39373	41033	11857
水利管理业	1645			1645		62478	32209	13645	6867
生态保护和环境治理业	741	326		415		72240	7164	27388	4990
卫生和社会工作	6981	6020		960		52259	1513	15735	11677
卫生	6981	6020		960		52259	1513	15735	11677
文化、体育和娱乐业						4337		3807	2290
体育						4337		3807	2290
公共管理、社会保障和社会组织	2	2				2190	233	1645	816
国家机构	2	2				2190	233	1645	816
按机构所属学科分布									
自然科学	20581	18537	1000	1005	39	574481	114152	365001	124157
信息科学与系统科学	7948	7939			9	206300	8065	163513	54490
力学						2491		1939	
物理学						517		381	
化学	2636	1636	1000			72117	17645	45898	2626
地球科学	8827	8755		41	30	251326	87981	113021	45448
生物学	1171	207		964		41730	460	40250	21593
农业科学	38696	21641	5363	11444	248	693475	244673	218562	47329
农学	31073	17708	5363	7754	248	485543	183840	157571	26667
林学	2196	1438		758		116550	20953	32929	11962
水产学	5428	2496		2932		91382	39880	28062	8700
医药科学	23631	21864		1768		335303	64742	217443	151341
基础医学	8193	8193				135255	9439	121320	79600
临床医学	2411	2106		305		29315	22874	6441	3881
预防医学与公共卫生学						10554		4811	
药学	2719	1911		808		116927	31737	76495	60888
中医学与中药学	10309	9654		655		43252	693	8376	6971
工程与技术科学	151696	135451	2168	13769	308	1881735	544466	1136670	273387
工程与技术科学基础学科	29872	29406		466		221093	52891	149450	25499
信息与系统科学相关工程与技术	473	122		351		94238	24081	68132	4037
自然科学相关工程与技术	18120	17289	649	182		94752	36148	54534	9988
测绘科学技术						77783	3282	47176	2398
材料科学	17343	16672	118	552		361508	124529	208391	87676
机械工程	18551	17052	23	1444	32	114307	26343	65454	5695

单位：万元

指标名称	科研基建	按经费来源分				年末固定资产原价	#科研房屋建筑物	科研仪器设备	
		政府资金	企业资金	事业单位资金	其他资金				#进口
动力与电气工程	17711	17711				74991	23471	47931	15053
能源科学技术	264	264				1908		1772	
电子与通信技术	5865	5437	421		7	105815	5087	88634	12777
计算机科学技术	11926	11925		2		14684		13841	2482
化学工程	4614	4614				48664	1812	42212	10998
产品应用相关工程与技术	8996		832	7895	269	243335	127864	106210	33629
纺织科学技术	1637	1637				9715		8926	
食品科学技术	3754	3001		753		60038	12637	43768	28645
土木建筑工程						52		52	
水利工程	1645			1645		66022	33659	14345	6867
交通运输工程						40459	16103	17051	3952
航空、航天科学技术	7293	7169	124			91776	35590	53356	6468
环境科学技术及资源科学技术	3567	3154		413		124257	7002	88515	13670
安全科学技术						33634	13072	16076	3553
管理学	66			66		2706	895	847	
人文与社会科学	436	436				61427	33238	14196	2290
马克思主义	429	429				2485		991	
考古学						7819	3946	281	
经济学	6	6				10057	7267	294	
法学						3			
社会学						6067	4237	1641	
图书馆、情报与文献学						30659	17788	7182	
体育科学						4337		3807	2290
按机构从业人员规模分									
≥1000人	21257	19213		2044		679562	202089	371027	117550
500～999人	15680	13263	421	1996		615884	126288	339692	111485
300～499人	23604	14302		9302		394637	137696	233213	81328
200～299人	21204	19719	649	835		427208	81153	270383	109082
100～199人	48435	43993	1101	3341		732094	233575	355704	82494
50～99人	59169	46390	5409	7362	9	441436	161984	224258	63361
30～49人	22806	18764	950	2823	269	139844	42208	82347	15588
20～29人	5936	5824		112		31953	2431	23556	7085
10～19人	13285	12840		129	317	59159	8558	34923	6856
0～9人	3664	3623		41		24643	5289	16768	3675

2-8　科学研究和技术服务业事业单位科学仪器设备（2023）

指标名称	科学仪器设备数量（台/套）	#单台原值≥100万元	科学仪器设备原值（万元）	#单台原值≥100万元
总计	**312611**	**2793**	**1951871**	**671675**
按机构所属地域分组				
杭州市	136221	1408	1001936	348799
宁波市	57794	628	386226	154431
温州市	40624	179	143559	39824
嘉兴市	19059	164	123636	41982
湖州市	6957	26	21477	4180
绍兴市	11306	97	76427	18875
金华市	9506	94	48706	19000
衢州市	7648	64	46086	19296
舟山市	9502	37	30748	7026
台州市	8197	58	45045	11408
丽水市	5797	38	28026	6854
按机构所属隶属关系分组				
中央部门属	38848	485	318142	118732
中国科学院	13068	203	116203	54927
非中央部门属	273763	2308	1633729	552943
省级部门属	86277	903	676378	202996
副省级城市属	36368	324	225250	88437
地市级部门属	76856	293	267328	65948
按机构从事的国民经济行业分布				
科学研究和技术服务业	312611	2793	1951871	671675
研究和试验发展	229157	1908	1340641	497019
专业技术服务业	66345	778	528341	151434
科技推广和应用服务业	17109	107	82889	23222
按机构服务的国民经济行业分布				
农、林、牧、渔业	53044	161	182801	32812
农业	29009	46	70495	10288
林业	4275	20	20272	3039
渔业	3702	22	23986	3852
农、林、牧、渔专业及辅助性活动	16058	73	68048	15634

指标名称	科学仪器设备数量（台/套）	#单台原值≥100万元	科学仪器设备原值（万元）	#单台原值≥100万元
制造业	30726	368	235225	88561
农副食品加工业	1404	15	9749	3329
食品制造业	315	3	1534	360
酒、饮料和精制茶制造业	244	3	1203	348
纺织业	839	16	8926	3474
皮革、毛皮、羽毛及其制品和制鞋业	47	8	1717	1498
文教、工美、体育和娱乐用品制造业	274	1	1656	114
化学原料和化学制品制造业	5494	48	34088	16022
医药制造业	5553	68	40114	17483
金属制品业	92		98	
通用设备制造业	999	13	8237	1843
专用设备制造业	2850	54	33005	11964
汽车制造业	999		1700	
铁路、船舶、航空航天和其他运输设备制造业	1858	26	14193	8605
电气机械和器材制造业	368	8	3861	1316
计算机、通信和其他电子设备制造业	2482	50	29534	10349
仪器仪表制造业	6323	55	44347	11856
其他制造业	585		1265	
电力、热力、燃气及水生产和供应业	410		697	
电力、热力生产和供应业	410		697	
批发和零售业	635	3	5366	343
批发业	635	3	5366	343
交通运输、仓储和邮政业	2356	20	17051	5381
道路运输业	2356	20	17051	5381
信息传输、软件和信息技术服务业	2445	2	12624	407
软件和信息技术服务业	2445	2	12624	407
租赁和商务服务业	86		61	
商务服务业	86		61	
科学研究和技术服务业	213622	2137	1435827	524941
研究和试验发展	135662	1237	838643	342377
专业技术服务业	64682	755	482242	149166
科技推广和应用服务业	13278	145	114942	33398
水利、环境和公共设施管理业	6237	67	41033	12766

指标名称	科学仪器设备数量（台/套）	#单台原值≥100万元	科学仪器设备原值（万元）	#单台原值≥100万元
水利管理业	1348	32	13645	5974
生态保护和环境治理业	4889	35	27388	6792
卫生和社会工作	2062	32	15735	5892
卫生	2062	32	15735	5892
文化、体育和娱乐业	490	2	3807	333
体育	490	2	3807	333
公共管理、社会保障和社会组织	498	1	1645	239
国家机构	498	1	1645	239
按机构所属学科分布				
自然科学	52878	441	365001	118973
信息科学与系统科学	30084	155	163513	43808
力学	116	5	1939	1001
物理学	231		381	
化学	7321	58	45898	10690
地球科学	8338	171	113021	42110
生物学	6788	52	40250	21365
农业科学	60793	208	218562	42459
农学	47107	152	157571	32930
林学	6826	34	32929	5677
水产学	6860	22	28062	3852
医药科学	19035	365	217443	92138
基础医学	11060	204	121320	57286
临床医学	421	16	6441	2968
预防医学与公共卫生学	601		4811	
药学	6151	131	76495	29265
中医学与中药学	802	14	8376	2619
工程与技术科学	176162	1775	1136670	417374
工程与技术科学基础学科	33366	216	149450	50660
信息与系统科学相关工程与技术	6769	84	68132	17422
自然科学相关工程与技术	5310	103	54534	25340
测绘科学技术	3458	32	47176	9930
材料科学	22155	352	208391	94377
机械工程	11658	96	65454	17661

2-8 续表3

指标名称	科学仪器设备数量（台/套）	#单台原值≥100万元	科学仪器设备原值（万元）	#单台原值≥100万元
动力与电气工程	7408	80	47931	17400
能源科学技术	372	2	1772	255
电子与通信技术	22522	160	88634	43085
计算机科学技术	6366	9	13841	3065
化学工程	6091	69	42212	19538
产品应用相关工程与技术	17353	157	106210	32366
纺织科学技术	839	16	8926	3474
食品科学技术	5604	111	43768	17797
土木建筑工程	14		52	
水利工程	1764	32	14345	5974
交通运输工程	2356	20	17051	5381
航空、航天科学技术	11653	93	53356	24682
环境科学技术及资源科学技术	7158	121	88515	25037
安全科学技术	3311	22	16076	3929
管理学	635		847	
人文与社会科学	3743	4	14196	731
马克思主义	163		991	
考古学	72		281	
经济学	379		294	
社会学	1034		1641	
图书馆、情报与文献学	1605	2	7182	399
体育科学	490	2	3807	333
按机构从业人员规模分				
≥1000人	55402	444	371027	120248
500～999人	51385	439	339692	119023
300～499人	39614	420	233213	97379
200～299人	35549	413	270383	98036
100～199人	59354	522	355704	116661
50～99人	44415	342	224258	74848
30～49人	14279	127	82347	29076
20～29人	3910	29	23556	4905
10～19人	5859	41	34923	8529
0～9人	2844	16	16768	2971

2-9 科学研究和技术服务业事业单位课题概况（2023）

指标名称	课题数（个）	#R&D课题	课题经费内部支出（万元）	#政府资金	#R&D课题经费	课题人员折合全时工作量（人年）	#R&D课题人员折合全时工作量
总计	**13266**	**10478**	**617831**	**425970**	**532181**	**31352.7**	**26651.6**
按地域分布							
杭州市	4503	3082	206671	144316	158766	12613.6	10008.0
宁波市	3142	2752	155158	122557	146273	5915.8	5408.2
温州市	1775	1460	76091	46521	69223	3321.4	2967.6
嘉兴市	718	501	54944	25384	45325	2637.1	2054.0
湖州市	554	410	16601	6532	13277	1228.2	1053.7
绍兴市	550	490	31571	17636	28502	1629.4	1424.9
金华市	259	216	23815	22038	23209	1057.9	988.8
衢州市	570	534	18762	15978	16271	1074.1	1015.1
舟山市	477	391	7999	5686	7280	615.8	579.3
台州市	514	460	14348	9781	13293	734.6	663.4
丽水市	204	182	11870	9542	10762	524.8	488.6
按隶属关系分布							
中央部门属	2419	2049	124019	106698	108856	3385.1	2813.7
中国科学院	1652	1545	76929	69013	71094	1608.1	1493.2
非中央部门属	10847	8429	493812	319272	423325	27967.6	23837.9
省级部门属	3425	2117	122498	79968	80144	8518.5	6462.7
副省级城市属	1030	754	59209	44826	55616	3392.2	3077.0
地市级部门属	2972	2570	92599	64965	83480	5905.7	5243.4
按课题来源分布							
国家科技项目	1765	1631	91487	78344	82365	4557.7	4133.6
地方科技项目	6180	4640	216786	181468	181081	11841.2	9641.6
企业委托科技项目	3081	2274	90140	2826	61223	6609.5	5141.8
自选科技项目	1507	1408	180407	144509	175383	6625.0	6394.2
国际合作科技项目	18	13	350	117	289	16.1	10.5
其他科技项目	715	512	38661	18706	31840	1703.2	1329.9
按课题活动类型分布							
基础研究	1937	1937	91715	67695	91715	5257.6	5257.6
应用研究	3473	3473	169992	134535	169992	8419.2	8419.2
试验发展	5068	5068	270473	174364	270473	12974.8	12974.8

指标名称	课题数（个）	#R&D课题	课题经费内部支出（万元）	#政府资金	#R&D课题经费	课题人员折合全时工作量（人年）	#R&D课题人员折合全时工作量
研究与试验发展成果应用	1263		46931	34267		2335.3	
技术推广与科技服务	1525		38719	15109		2365.8	
按课题所属学科分布							
自然科学	1760	1444	98292	71589	89190	5409.3	4792.1
数学	7	7	17	17	17	7.3	7.3
信息科学与系统科学	272	207	13023	4198	11726	905.7	720.3
力学	38	35	3393	1874	3382	135.3	131.4
物理学	123	116	7330	6655	7177	374.4	363.8
化学	370	336	16531	12958	13721	1046.5	977.1
天文学	1	1				1.0	1.0
地球科学	509	347	34020	27147	29775	1289.0	1046.4
生物学	438	393	23945	18723	23360	1646.2	1540.9
心理学	2	2	32	17	32	3.9	3.9
农业科学	2910	1863	79095	70339	57759	4181.0	3053.9
农学	1899	1250	48263	43871	35490	2785.9	2063.4
林学	254	183	7801	6369	5876	513.3	392.1
畜牧、兽医科学	195	118	4301	4134	1306	314.1	163.2
水产学	562	312	18729	15965	15086	567.7	435.2
医药科学	795	753	32848	27680	31726	2460.7	2372.7
基础医学	193	191	8491	6042	8486	773.2	765.8
临床医学	243	235	8184	7623	7902	643.8	624.5
预防医学与公共卫生学	34	32	470	355	454	88.8	83.3
军事医学与特种医学	5	5	286	234	286	27.5	27.5
药学	209	196	12279	10559	11782	673.3	648.1
中医学与中药学	111	94	3138	2867	2816	254.1	223.5
工程与技术科学	7532	6323	387628	250287	336782	18613.3	15963.3
工程与技术科学基础学科	162	140	3008	1283	2835	381.3	346.6
信息与系统科学相关工程与技术	293	253	16771	9367	15416	1069.8	957.3
自然科学相关工程与技术	456	375	16224	14660	12560	1303.6	918.1
测绘科学技术	67	55	1663	48	1589	142.7	121.0
材料科学	2359	2195	121700	95877	112538	3583.2	3308.4
矿山工程技术	2	2	22		22	4.5	4.5
冶金工程技术	2	1	5		2	4.0	2.5

指标名称	课题数（个）	#R&D课题	课题经费内部支出（万元）	#政府资金	#R&D课题经费	课题人员折合全时工作量（人年）	#R&D课题人员折合全时工作量
机械工程	593	518	31120	13625	29227	1668.6	1519.0
动力与电气工程	123	118	5954	4167	5898	297.1	280.9
能源科学技术	172	133	8151	5789	7678	420.6	372.7
核科学技术	10	8	480	227	451	27.2	24.9
电子与通信技术	442	407	39657	23773	37930	1460.4	1354.9
计算机科学技术	594	503	38375	22651	35384	3197.7	2934.8
化学工程	502	479	19710	9158	18652	1123.0	1056.0
产品应用相关工程与技术	213	158	4866	2786	4344	467.9	379.9
纺织科学技术	171	166	15511	7077	14174	378.9	372.2
食品科学技术	164	138	5250	3919	4182	444.3	386.9
土木建筑工程	29	23	1490	747	1448	60.9	53.5
水利工程	188	90	11415	1828	2153	481.4	166.3
交通运输工程	130	77	2496	2017	1874	205.3	149.3
航空、航天科学技术	104	96	16592	16334	15834	347.8	315.2
环境科学技术及资源科学技术	485	279	21529	11647	10591	837.3	526.5
安全科学技术	97	75	2491	1012	1201	235.8	212.6
管理学	174	34	3146	2294	800	470.0	199.3
人文与社会科学	269	95	19968	6075	16724	688.4	469.6
马克思主义	5	4	264	264	263	27.0	22.0
哲学	3	3	18	18	18	18.0	18.0
文学	2	2	7	7	7	10.0	10.0
艺术学	2		153	10		10.9	
历史学	3	3	71	71	71	9.0	9.0
考古学	39	26	16083	3244	15322	272.0	254.0
经济学	110	11	1176	1063	73	112.8	34.4
政治学	9	3	839	721	39	40.9	20.0
社会学	30	25	384	326	247	79.4	63.4
民族学与文化学	1	1	2		2	2.0	2.0
新闻学与传播学	10	2	68	22	3	19.0	4.0
图书馆、情报与文献学	22		75	41		34.5	
教育学	7	4	137	137	117	8.3	6.6
体育科学	11	6	75	33	68	20.2	10.1
统计学	15	5	617	120	494	24.4	16.1

指标名称	课题数（个）	#R&D课题	课题经费内部支出（万元）	#政府资金	#R&D课题经费	课题人员折合全时工作量（人年）	#R&D课题人员折合全时工作量
按课题技术领域分布							
非技术领域	333	148	7233	6290	3774	827.4	608.4
信息技术	1440	1213	93197	46622	86089	6168.6	5446.4
生物和现代农业技术	3519	2687	121890	108280	103665	7423.7	6365.9
新材料技术	3069	2894	157236	122263	145730	5314.9	4996.2
能源技术	218	177	10639	8080	10058	745.6	679.6
激光技术	73	64	4654	2836	4109	256.5	226.5
先进制造与自动化技术	1006	886	54773	28333	51871	2664.6	2440.8
航天技术	61	54	10253	10034	9476	297.9	264.5
资源与环境技术	1198	708	64453	45370	46642	2365.6	1717.1
其他技术领域	2349	1647	93502	47863	70767	5287.9	3906.2
按课题的社会经济目标分布							
环境保护、生态建设及污染防治	812	491	36679	17665	20059	1628.5	1042.4
环境一般问题	34	24	1411	791	1115	74.1	59.6
环境与资源评估	116	52	3731	2265	2562	149.9	84.1
环境监测	201	117	7900	3897	4818	376.8	246.7
生态建设	175	103	11194	2774	2485	342.2	132.8
环境污染预防	72	48	2814	1191	1717	192.6	134.3
环境治理	204	139	8985	6220	6809	427.5	322.0
自然灾害的预防、预报	10	8	644	528	552	65.4	62.9
能源生产、分配和合理利用	500	398	23835	14620	21261	1499.9	1292.4
能源一般问题研究	207	155	11160	5640	9373	735.2	607.6
能源矿产的勘探技术	3	2	35	19	35	20.8	17.2
能源矿物的开采和加工技术	1	1	11	11	11	1.2	1.2
能源转换技术	33	26	1081	752	843	79.1	65.3
能源输送、储存与分配技术	52	43	2883	2252	2829	138.3	130.8
可再生能源	88	80	3992	2517	3937	200.6	185.5
能源设施和设备建造	44	29	1138	552	835	141.6	112.9
能源安全生产管理和技术	13	11	1602	1395	1566	34.1	31.6
节约能源的技术	44	37	1177	934	1084	81.4	73.7
能源生产、输送、分配、储存、利用过程中污染的防治与处理	15	14	755	547	747	67.6	66.6
卫生事业发展	1293	1236	61526	53022	60262	4155.7	4067.2
卫生一般问题	10	10	268	229	268	31.6	31.6

指标名称	课题数（个）	#R&D课题	课题经费内部支出（万元）	#政府资金	#R&D课题经费	课题人员折合全时工作量（人年）	#R&D课题人员折合全时工作量
诊断与治疗	893	862	43728	39124	43032	3058.7	3006.6
预防医学	15	15	535	482	535	94.8	94.8
公共卫生	29	24	1761	1435	1732	90.7	83.2
营养和食品卫生	25	18	1332	536	886	38.7	33.1
药物滥用和成瘾	4	3	70	70	70	5.7	5.2
社会医疗	41	40	512	476	502	56.5	56.2
卫生医疗其他研究	276	264	13319	10671	13237	779.0	756.5
教育事业发展	23	16	1265	315	1111	146.9	138.4
教育一般问题	10	7	207	197	163	23.8	21.1
学历教育	2	2	798		798	87.1	87.1
非学历教育与培训	4	3	184	103	89	15.5	11.5
其它教育	7	4	75	14	61	20.5	18.7
基础设施以及城市和农村规划	284	170	9900	6410	6928	562.4	405.9
交通运输	188	112	6112	4332	4261	320.5	233.7
通信	28	21	2366	1213	1912	130.1	98.7
广播与电视	1	1	7		7	0.1	0.1
城市规划与市政工程	21	12	1038	664	534	60.5	39.2
农村发展规划与建设	22	10	220	133	101	24.0	9.9
交通运输、通信、城市与农村发展对环境的影响	24	14	156	69	113	27.2	24.3
基础社会发展和社会服务	726	428	49299	19347	40046	2679.5	2084.6
社会发展和社会服务一般问题	136	55	6054	2432	4598	365.3	272.8
社会保障	10	6	115	45	97	25.9	22.7
公共安全	140	97	5624	3405	3062	318.2	239.7
社会管理	30	11	1219	946	768	115.8	46.5
就业	2	2	2	2	2	2.0	2.0
法律与司法	2	1	300	300	300	55.0	54.0
政府与政治	6	2	178	178	33	26.3	20.0
国际关系	1	1	4	4	4	1.0	1.0
遗产保护	50	30	16565	3606	15803	297.8	274.0
语言与文化	2	1	8	8	1	1.4	1.0
文艺、娱乐	2	1	4	4	2	7.3	5.0
宗教与道德	2	2	9	9	9	5.0	5.0
传媒	3	1	46	2	43	27.1	25.0

2-9　续表5

指标名称	课题数（个）	#R&D课题	课题经费内部支出（万元）	#政府资金	#R&D课题经费	课题人员折合全时工作量（人年）	#R&D课题人员折合全时工作量
科技发展	208	116	15158	6618	11519	928.1	688.6
国土资源管理	39	36	1052	92	1010	91.2	84.2
其他社会发展和社会服务	93	66	2961	1696	2793	412.1	343.1
地球和大气层的探索与利用	466	364	33531	25923	28337	1239.1	1005.1
地壳、地幔，海底的探测和研究	14	13	462	454	454	48.8	48.4
水文地理	47	34	2999	480	746	145.3	71.0
海洋	280	198	28659	23589	25739	783.2	630.6
大气	118	112	975	966	961	175.3	168.6
地球探测和开发其他研究	7	7	437	434	437	86.5	86.5
民用空间探测及开发	73	66	10357	9902	9420	561.3	523.6
空间探测一般研究	9	9	93	74	93	44.1	44.1
飞行器和运载工具研制	30	28	3972	3906	3114	306.0	291.0
发射与控制系统	4	2	97	51	75	12.3	7.3
卫星服务	14	11	708	417	650	75.4	57.7
空间探测和开发其他研究	16	16	5488	5455	5488	123.5	123.5
农林牧渔业发展	3070	2016	83081	73883	59140	4959.3	3506.5
农林牧渔业发展一般问题	322	200	5264	3866	2689	404.9	296.3
农作物种植及培育	1336	948	38837	36307	30733	2208.6	1716.9
林业和林产品	121	91	4981	3681	3884	245.6	195.5
畜牧业	169	104	4166	3806	1389	298.9	165.5
渔业	460	249	14665	13212	11815	542.1	394.1
农林牧渔业体系支撑	616	388	14304	12179	7905	1196.7	693.1
农林牧渔业生产中污染的防治与处理	46	36	862	833	725	62.5	45.1
工商业发展	3966	3325	192881	121101	172416	9245.0	8123.2
促进工商业发展的一般问题	98	52	6565	6175	6018	226.5	162.3
产业共性技术	775	646	47709	33541	40648	1309.5	1103.1
非能源资源矿产的开采	1	1	6		6	0.5	0.5
食品、饮料和烟草制品业	96	70	2383	1708	1804	202.9	168.3
纺织业、服装及皮革制品业	149	144	15267	5212	14069	319.8	315.2
化学工业	492	476	12592	9663	12155	1070.8	1019.9
非金属与金属制品业	108	99	7512	6841	7450	218.1	206.7
机械制造业（不包括电子设备、仪器仪表及办公机械	508	452	23870	12265	23104	927.7	837.6
电子设备、仪器仪表及办公机械	281	240	15571	10698	14051	658.0	586.2

指标名称	课题数（个）	#R&D课题	课题经费内部支出（万元）	# 政府资金	#R&D课题经费	课题人员折合全时工作量（人年）	#R&D课题人员折合全时工作量
其他制造业	103	87	6108	4855	4580	235.4	190.0
热力、水的生产和供应	7	5	80	62	52	7.9	5.6
建筑业	31	22	474	82	331	60.6	41.7
信息与通信技术（ICT）服务业	409	339	29844	16639	28433	1939.9	1751.1
技术服务业	791	602	17729	11441	14018	1724.1	1443.6
金融业	9	7	789	249	713	91.0	87.7
商业及其他服务业	80	63	4922	369	4522	184.9	156.4
工商业活动中的环境保护、污染防治与处理	28	20	1461	1302	460	67.4	47.3
非定向研究	1444	1444	62381	58114	62381	2383.5	2383.5
自然科学的非定向研究	1267	1267	50016	48097	50016	1731.3	1731.3
工程与技术科学领域的非定向研究	113	113	9080	7239	9080	384.1	384.1
农业科学的非定向研究	2	2	100	100	100	0.6	0.6
医学科学的非定向研究	59	59	3118	2611	3118	258.3	258.3
社会科学领域的非定向研究	1	1	1	1	1	0.2	0.2
其他	2	2	67	67	67	9.0	9.0
其他民用目标	520	439	45179	19739	42908	1795.4	1591.1
国防	89	85	7917	5928	7913	496.2	487.7
按课题合作形式分布							
独立完成	9762	7750	418189	301692	363100	20101.4	17241.1
与境内独立研究机构合作	783	574	45446	38862	38052	2409.0	2009.6
与境内高等学校合作	853	767	61695	37418	59056	3468.1	3225.9
与境内注册其他企业合作	1452	1111	77530	35936	61913	4410.2	3442.4
与境外机构合作	15	11	538	535	438	31.8	25.3
其他	401	265	14431	11527	9621	932.2	707.3
按课题服务的国民经济行业分布							
农、林、牧、渔业	2624	1634	75691	68997	54148	4196.0	2918.9
农业	1317	896	39084	36806	29296	2171.7	1611.8
林业	183	140	5319	4945	4212	397.4	331.3
畜牧业	159	97	3888	3548	1232	266.7	143.5
渔业	461	230	14814	13501	11654	480.6	354.7
农、林、牧、渔专业及辅助性活动	504	271	12587	10198	7753	879.6	477.6
采矿业	33	30	681	410	660	50.4	47.1
煤炭开采和洗选业	2	2	9	9	9	4.6	4.6

指标名称	课题数（个）	#R&D课题	课题经费内部支出（万元）	#政府资金	#R&D课题经费	课题人员折合全时工作量（人年）	#R&D课题人员折合全时工作量
石油和天然气开采业	21	19	172	54	166	24.0	22.0
有色金属矿采选业	5	4	377	344	362	5.4	4.1
非金属矿采选业	1	1	1		1	0.2	0.2
开采专业及辅助性活动	4	4	121	4	121	16.2	16.2
制造业	3373	2977	183704	110735	169089	9080.4	8229.0
农副食品加工业	118	86	2110	1823	1563	126.6	101.0
食品制造业	36	33	965	796	928	125.8	122.5
酒、饮料和精制茶制造业	82	56	1946	1093	1000	122.7	85.8
烟草制品业	4	2	34		26	5.9	3.9
纺织业	167	161	12856	5833	11825	339.6	332.4
纺织服装、服饰业	9	6	1154	396	1046	25.1	20.0
皮革、毛皮、羽毛及其制品和制鞋业	38	37	6673	37	6666	90.6	89.9
木材加工和木、竹、藤、棕、草制品业	11	8	1073	173	1046	13.4	10.0
家具制造业	15	9	221	56	136	18.1	7.7
造纸和纸制品业	7	7	235	175	235	17.5	17.5
印刷和记录媒介复制业	5	4	418	349	399	39.4	36.4
文教、工美、体育和娱乐用品制造业	10	7	496	53	496	27.2	24.2
石油、煤炭及其他燃料加工业	12	11	220	67	219	26.0	25.0
化学原料和化学制品制造业	518	483	15081	9988	13984	1089.8	1018.9
医药制造业	319	286	16064	12748	15311	1060.0	997.2
化学纤维制造业	35	32	2668	2407	1548	86.9	64.8
橡胶和塑料制品业	33	31	1135	580	1130	66.2	65.5
非金属矿物制品业	86	81	4362	3382	3371	266.4	252.0
有色金属冶炼和压延加工业	14	13	1059	1023	1047	18.1	17.0
金属制品业	117	112	5104	1006	5086	270.9	262.3
通用设备制造业	402	376	15959	3677	15175	839.7	783.2
专用设备制造业	344	275	14892	5735	11626	1064.7	840.9
汽车制造业	74	65	7797	6532	7647	192.7	174.8
铁路、船舶、航空航天和其他运输设备制造业	171	151	25574	22667	24404	643.4	549.9
电气机械和器材制造业	238	213	11441	8593	10604	610.7	588.1
计算机、通信和其他电子设备制造业	243	216	20010	14848	18979	1219.3	1122.4
仪器仪表制造业	176	145	9271	4233	8994	482.5	454.3

指标名称	课题数（个）	#R&D课题	课题经费内部支出（万元）	#政府资金	#R&D课题经费	课题人员折合全时工作量（人年）	#R&D课题人员折合全时工作量
其他制造业	77	61	4716	2337	4554	174.9	149.7
废弃资源综合利用业	11	9	171	128	44	15.8	11.2
金属制品、机械和设备修理业	1	1				0.5	0.5
电力、热力、燃气及水生产和供应业	133	90	3470	959	2415	275.9	198.3
电力、热力生产和供应业	101	70	2788	846	1837	217.1	159.7
燃气生产和供应业	4	3	9		9	7.5	6.3
水的生产和供应业	28	17	674	113	570	51.3	32.3
建筑业	55	33	748	267	586	101.8	70.8
房屋建筑业	7	4	157	19	68	28.1	14.2
土木工程建筑业	40	24	529	220	460	68.7	52.0
建筑装饰、装修和其他建筑业	8	5	62	28	59	5.0	4.6
批发和零售业	3	2	135	39	39	6.6	1.6
批发业	2	1	99	3	3	5.1	0.1
零售业	1	1	36	36	36	1.5	1.5
交通运输、仓储和邮政业	126	85	2951	2216	2144	202.2	161.3
铁路运输业	1	1	78		78	5.0	5.0
道路运输业	87	51	1621	1165	915	105.6	73.3
水上运输业	13	11	364	266	285	24.2	19.2
航空运输业	9	8	408	387	396	29.5	27.7
管道运输业	4	3	112	110	110	10.0	9.0
多式联运和运输代理业	4	4	280	280	280	9.2	9.2
装卸搬运和仓储业	8	7	86	7	79	18.7	17.9
信息传输、软件和信息技术服务业	596	472	40052	19402	35282	1976.8	1608.7
电信、广播电视和卫星传输服务	21	19	533	485	528	44.8	42.0
互联网和相关服务	73	41	7620	2322	5821	315.2	221.8
软件和信息技术服务业	502	412	31899	16595	28933	1616.8	1344.9
金融业	8	7	714	249	713	88.0	87.7
货币金融服务	5	4	527	76	527	66.4	66.1
资本市场服务	3	3	187	174	187	21.6	21.6
房地产业	1		10			0.3	
房地产业	1		10			0.3	
租赁和商务服务业	22	5	366	192	225	26.1	6.5

指标名称	课题数（个）	#R&D课题	课题经费内部支出（万元）	#政府资金	#R&D课题经费	课题人员折合全时工作量（人年）	#R&D课题人员折合全时工作量
租赁业	2		25	25		4.0	
商务服务业	20	5	341	166	225	22.1	6.5
科学研究和技术服务业	4875	4154	228520	179589	210635	11679.4	10582.1
研究和试验发展	3166	3160	185540	153660	184900	8000.7	7962.1
专业技术服务业	1452	937	38215	22326	24303	3200.1	2491.8
科技推广和应用服务业	257	57	4765	3604	1433	478.6	128.2
水利、环境和公共设施管理业	666	408	33951	14800	14197	1549.4	883.2
水利管理业	95	36	6784	1068	1695	284.5	93.2
生态保护和环境治理业	537	355	26713	13469	12175	1178.4	739.2
公共设施管理业	33	17	440	249	327	85.2	50.8
土地管理业	1		14	14		1.3	
居民服务、修理和其他服务业	13	7	582	458	106	24.3	13.9
居民服务业	5	3	117	41	42	7.9	4.0
其他服务业	8	4	466	416	65	16.4	9.9
教育	44	27	2059	665	1699	187.6	160.1
教育	44	27	2059	665	1699	187.6	160.1
卫生和社会工作	477	443	20384	18535	19909	948.9	905.4
卫生	477	443	20384	18535	19909	948.9	905.4
文化、体育和娱乐业	63	38	16609	3627	15776	342.9	294.4
新闻和出版业	5		43	6		12.4	
广播、电视、电影和录音制作业	2	1	13		11	4.5	2.5
文化艺术业	42	28	16381	3501	15610	290.2	271.9
体育	11	6	85	43	68	25.9	10.1
娱乐业	3	3	87	77	87	9.9	9.9
公共管理、社会保障和社会组织	152	65	7199	4827	4552	613.7	481.6
国家机构	137	53	6716	4432	4150	581.9	461.6
社会保障	6	4	119	35	39	15.8	6.0
群众团体、社会团体和其他成员组织	7	6	273	273	272	11.0	9.0
基层群众自治组织及其他组织	2	2	92	87	92	5.0	5.0
国际组织	2	1	4	4	4	2.0	1.0
国际组织	2	1	4	4	4	2.0	1.0

2-10 科学研究和技术服务业事业单位课题经费内部支出按活动类型分（2023）

单位：万元

指标	课题经费内部支出	基础研究	应用研究	试验发展	R&D 成果应用	科技服务
总计	**617831**	**91715**	**169992**	**270474**	**46931**	**38719**
按机构所属地域分布						
浙江省	617831	91715	169992	270474	46931	38719
杭州市	206672	49960	46276	62530	22334	25572
宁波市	155158	18568	56278	71427	6249	2637
温州市	76091	7976	17561	43686	4452	2416
嘉兴市	54944	2028	18565	24733	4908	4711
湖州市	16601	4213	2278	6785	2678	646
绍兴市	31571	1484	3229	23790	2573	495
金华市	23815	3894	15498	3817	457	149
衢州市	18762	2400	2502	11369	1529	961
舟山市	7999	809	1447	5024	248	471
台州市	14348	315	3357	9621	750	306
丽水市	11870	68	3003	7691	754	355
按机构所属隶属关系分布						
中央部门属	124019	19316	60182	29358	8294	6869
中国科学院	76929	12287	42741	16066	5574	260
非中央部门属	493812	72399	109810	241116	38638	31849
省级部门属	122498	25012	23012	32120	19219	23135
副省级城市属	59210	13730	5446	36440	1338	2255
地市级部门属	92599	11101	21259	51120	5585	3534
按课题来源分布						
国家科技项目	91487	30711	31701	19953	8189	933
地方科技项目	216786	24379	66789	89913	23005	12700
企业委托科技项目	90140	2521	14372	44330	10798	18119
自选科技项目	180407	30193	49984	95206	3061	1963
国际合作科技项目	350	20	213	55	50	11
其他科技项目	38661	3890	6933	21017	1829	4992

单位：万元

指标	课题经费内部支出	基础研究	应用研究	试验发展	R&D 成果应用	科技服务
按课题所属学科分布						
自然科学	98292	27705	25285	36200	2691	6411
数学	17	3	7	6		
信息科学与系统科学	13024	2375	1906	7445	208	1090
力学	3393	166	580	2637		11
物理学	7330	3632	1906	1639	68	84
化学	16531	1580	1366	10775	1924	887
地球科学	34020	5589	16035	8151	219	4027
生物学	23945	14360	3468	5532	272	313
心理学	32		18	15		
农业科学	79095	3642	12617	41500	15449	5887
农学	48263	2295	9400	23795	9522	3251
林学	7801	748	1004	4125	819	1106
畜牧、兽医科学	4301	136	328	842	2699	297
水产学	18729	463	1885	12738	2410	1234
医药科学	32848	11417	13058	7251	784	339
基础医学	8491	3904	2143	2439	1	3
临床医学	8184	4546	1959	1397	272	11
预防医学与公共卫生学	470	73	276	105		16
军事医学与特种医学	286	166	68	52		
药学	12279	2663	6909	2210	410	87
中医学与中药学	3138	65	1704	1048	100	222
工程与技术科学	387628	33012	118514	185257	27788	23058
工程与技术科学基础学科	3008	150	722	1962	29	144
信息与系统科学相关工程与技术	16771	1325	1971	12120	465	890
自然科学相关工程与技术	16224	1589	3726	7245	3016	647
测绘科学技术	1663		532	1057	22	53
材料科学	121700	13719	56682	42137	8566	596
矿山工程技术	22			6	16	
冶金工程技术	5			2		3
机械工程	31120	1073	5815	22339	1519	375
动力与电气工程	5954	212	1968	3719		56
能源科学技术	8151	604	1742	5332	173	300

指标	课题经费内部支出	基础研究	应用研究	试验发展	R&D 成果应用	科技服务
核科学技术	480		298	153	3	26
电子与通信技术	39657	7154	15282	15493	1633	95
计算机科学技术	38375	2703	13821	18860	2454	538
化学工程	19710	1437	4739	12476	760	299
产品应用相关工程与技术	4866	17	970	3357	315	207
纺织科学技术	15511	263	452	13459	1337	
食品科学技术	5250	326	427	3430	667	401
土木建筑工程	1490	5	140	1304		42
水利工程	11415	311	587	1256	2170	7092
交通运输工程	2496	10	413	1450	459	163
航空、航天科学技术	16592	572	3705	11557	758	
环境科学技术及资源科学技术	21529	1462	3598	5531	1775	9164
安全科学技术	2491	31	664	507	1044	246
管理学	3146	50	254	495	624	1722
人文与社会科学	19968	15939	518	267	221	3023
马克思主义	264	209	54			1
哲学	18	18				
文学	7	2	5			
艺术学	153					153
历史学	71	71				
考古学	16083	15322			50	712
经济学	1176	4	66	4	71	1032
政治学	839	30	9		71	729
社会学	384		247			136
民族学与文化学	2			2		
新闻学与传播学	68	3				65
图书馆、情报与文献学	75				28	47
教育学	137	107	1	9		20
体育科学	75		6	62		7
统计学	617	173	131	190	1	122
按课题技术领域分布						
非技术领域	7233	1274	951	1549	589	2870
信息技术	93197	10992	27197	47899	4417	2691

指标	课题经费内部支出	基础研究	应用研究	试验发展	R&D 成果应用	科技服务
生物和现代农业技术	121890	28861	26096	48708	13897	4328
新材料技术	157237	20044	61895	63792	11086	421
能源技术	10639	851	2685	6522	203	379
激光技术	4654	295	2138	1677	542	3
先进制造与自动化技术	54773	1174	11106	39592	2371	531
航天技术	10253	142	420	8914	762	14
资源与环境技术	64453	7002	20987	18653	3161	14650
其他技术领域	93502	21082	16517	33168	9903	12832
按课题的社会经济目标分布						
环境保护、生态建设及污染防治	36679	1401	6033	12626	2967	13653
环境一般问题	1411	126	114	875	40	256
环境与资源评估	3731	347	947	1268	201	968
环境监测	7900	107	1406	3305	95	2987
生态建设	11194	62	1008	1415	1678	7030
环境污染预防	2814	8	707	1003	377	720
环境治理	8985	750	1797	4262	498	1678
自然灾害的预防、预报	644		54	498	79	14
能源生产、分配和合理利用	23835	2005	6243	13013	1744	830
能源一般问题研究	11160	703	3630	5040	1444	344
能源矿产的勘探技术	35			35		
能源矿物的开采和加工技术	11			11		
能源转换技术	1081	286	227	331	35	203
能源输送、储存与分配技术	2883	520	370	1940	40	13
可再生能源	3992	368	955	2614	53	1
能源设施和设备建造	1138	101	86	647	76	227
能源安全生产管理和技术	1602	3	120	1443		37
节约能源的技术	1177	3	680	401	88	5
能源生产、输送、分配、储存、利用过程中污染的防治与处理	755	21	176	551	8	
卫生事业发展	61526	24099	15803	20360	1140	124
卫生一般问题	268	179	4	85		
诊断与治疗	43728	21901	8201	12930	664	32
预防医学	535	14	447	74		

单位：万元

指标	课题经费内部支出	基础研究	应用研究	试验发展	R&D 成果应用	科技服务
公共卫生	1762	142	407	1183		30
营养和食品卫生	1332	41	34	812	420	26
药物滥用和成瘾	70	2	60	8		
社会医疗	512	135	48	319		10
卫生医疗其他研究	13319	1685	6602	4950	56	27
教育事业发展	1265	100	881	130	6	148
教育一般问题	207	100	25	38		45
学历教育	798		797	1		
非学历教育与培训	184		9	80		95
其它教育	76		50	11	6	9
基础设施以及城市和农村规划	9900	1699	1048	4181	1761	1211
交通运输	6112	44	923	3294	1483	368
通信	2366	1652	29	231	234	220
广播与电视	7			7		
城市规划与市政工程	1038		21	514		504
农村发展规划与建设	220		40	60	32	88
交通运输、通信、城市与农村发展对环境的影响	156	3	35	76	13	30
基础社会发展和社会服务	49300	17834	4483	17729	3222	6032
社会发展和社会服务一般问题	6054	9	106	4484	106	1350
社会保障	115		31	66	3	15
公共安全	5624	155	1078	1829	1443	1119
社会管理	1219	12	118	639	220	230
就业	2		2			
法律与司法	300			300		
政府与政治	178		34			145
国际关系	4		4			
遗产保护	16565	15322	418	64	50	713
语言与文化	9		1		8	
文艺、娱乐	4	2				2
宗教与道德	9		3	6		
传媒	46		43			3
科技发展	15158	2003	1391	8125	1359	2280

指标	课题经费内部支出	基础研究	应用研究	试验发展	R&D 成果应用	科技服务
国土资源管理	1052		260	751	20	22
其他社会发展和社会服务	2961	331	996	1466	14	154
地球和大气层的探索与利用	33531	6396	16341	5600	1008	4186
地壳、地幔，海底的探测和研究	462	312	143			8
水文地理	2999	249	360	138	876	1377
海洋	28659	5441	15047	5251	129	2791
大气	975	272	480	209	3	10
地球探测和开发其他研究	437	123	312	2		
民用空间探测及开发	10357	237	482	8702	935	2
空间探测一般研究	93	10	16	66		
飞行器和运载工具研制	3972	99	68	2948	858	
发射与控制系统	97			75	22	
卫星服务	708		29	621	56	2
空间探测和开发其他研究	5488	128	368	4992		
农林牧渔业发展	83081	4224	11589	43327	17510	6431
农林牧渔业发展一般问题	5264	228	331	2130	1802	773
农作物种植及培育	38837	2850	6585	21298	6583	1521
林业和林产品	4981	252	221	3411	183	915
畜牧业	4166	139	264	987	2483	294
渔业	14666	421	725	10670	1865	986
农林牧渔业体系支撑	14304	288	3206	4412	4516	1883
农林牧渔业生产中污染的防治与处理	862	48	259	419	78	60
工商业发展	192881	15525	38526	118365	14870	5596
促进工商业发展的一般问题	6565	36	915	5067	111	437
产业共性技术	47709	6169	5799	28680	6403	659
非能源资源矿产的开采	6		6			
食品、饮料和烟草制品业	2383	3	176	1625	324	255
纺织业、服装及皮革制品业	15267	65	2963	11041	1196	2
化学工业	12592	1338	1386	9431	418	19
非金属与金属制品业	7512	2888	650	3913	46	16
机械制造业（不包括电子设备、仪器仪表及办公机械	23870	729	4652	17722	422	345
电子设备、仪器仪表及办公机械	15571	1984	4360	7708	1284	236

指标	课题经费内部支出	基础研究	应用研究	试验发展	R&D 成果应用	科技服务
其他制造业	6108	169	621	3790	1448	80
热力、水的生产和供应	80			52		28
建筑业	474	5	4	323	95	48
信息与通信技术（ICT）服务业	29844	1966	14729	11739	1106	304
技术服务业	17729	172	1495	12351	902	2809
金融业	789		544	169	76	
商业及其他服务业	4922		155	4368	115	284
工商业活动中的环境保护、污染防治与处理	1461	1	71	388	926	75
非定向研究	62381	12015	50367			
自然科学的非定向研究	50016	7861	42155			
工程与技术科学领域的非定向研究	9080	3043	6037			
农业科学的非定向研究	100		100			
医学科学的非定向研究	3118	1111	2007			
社会科学领域的非定向研究	1		1			
其他	67		67			
其他民用目标	45179	4306	14613	23990	1769	502
国防	7917	1875	3586	2451	1	4
按课题合作形式分布						
独立完成	418189	68273	125641	169186	25424	29666
与境内独立研究机构合作	45446	5341	10306	22405	5752	1642
与境内高等学校合作	61695	15254	16795	27007	2230	410
与境内注册其他企业合作	77530	1709	13190	47015	11656	3962
与境外机构合作	538	193	167	79	89	11
其他	14431	945	3894	4782	1782	3028
按课题服务的国民经济行业分布						
农、林、牧、渔业	75691	3910	9608	40630	15635	5908
农业	39084	2554	7107	19636	7838	1949
林业	5319	628	713	2871	832	274
畜牧业	3888	124	221	887	2395	261
渔业	14814	357	634	10664	2211	949
农、林、牧、渔专业及辅助性活动	12587	247	933	6573	2359	2475
采矿业	681	4	111	545	14	7

单位：万元

指标	课题经费内部支出	基础研究	应用研究	试验发展	R&D成果应用	科技服务
煤炭开采和洗选业	9			9		
石油和天然气开采业	172	4	4	158		7
有色金属矿采选业	377		6	357	14	
非金属矿采选业	1		1			
开采专业及辅助性活动	121		100	21		
制造业	183704	12398	46053	110639	12334	2280
农副食品加工业	2110	5	163	1396	495	52
食品制造业	965	10	236	682	12	25
酒、饮料和精制茶制造业	1946		78	922	702	245
烟草制品业	34			26	2	6
纺织业	12856	263	142	11419	1029	2
纺织服装、服饰业	1154			1046	100	8
皮革、毛皮、羽毛及其制品和制鞋业	6673		2941	3725	8	
木材加工和木、竹、藤、棕、草制品业	1073	13	25	1008	24	3
家具制造业	221		30	106	64	21
造纸和纸制品业	235	1		234		
印刷和记录媒介复制业	418		349	50	19	
文教、工美、体育和娱乐用品制造业	496			496		
石油、煤炭及其他燃料加工业	220	180	37	2	1	
化学原料和化学制品制造业	15081	2678	2237	9069	1035	61
医药制造业	16065	2006	8050	5255	579	174
化学纤维制造业	2668	122	168	1258	1120	
橡胶和塑料制品业	1135		402	728		5
非金属矿物制品业	4362	197	1451	1723	990	1
有色金属冶炼和压延加工业	1059	4	5	1039	12	
金属制品业	5104	66	1818	3201	13	5
通用设备制造业	15959	735	1973	12468	469	315
专用设备制造业	14892	628	1672	9326	2985	281
汽车制造业	7797	2	5310	2334		150
铁路、船舶、航空航天和其他运输设备制造业	25574	660	7275	16469	1004	167
电气机械和器材制造业	11441	1051	2131	7422	613	224
计算机、通信和其他电子设备制造业	20010	1595	6635	10750	609	422

指标	课题经费内部支出	基础研究	应用研究	试验发展	R&D 成果应用	科技服务
仪器仪表制造业	9271	1274	2000	5721	227	50
其他制造业	4716	902	893	2759	98	64
废弃资源综合利用业	171	6	34	5	126	
电力、热力、燃气及水生产和供应业	3470	98	651	1666	221	834
电力、热力生产和供应业	2788	74	651	1112	182	770
燃气生产和供应业	9			9		
水的生产和供应业	674	24		546	40	64
建筑业	748	42	80	465	90	71
房屋建筑业	157		1	67	90	
土木工程建筑业	529	16	77	366		69
建筑装饰、装修和其他建筑业	62	25	2	32		3
批发和零售业	135			39		96
批发业	99			3		96
零售业	36			36		
交通运输、仓储和邮政业	2951	103	591	1450	520	286
铁路运输业	78			78		
道路运输业	1621	15	493	407	501	205
水上运输业	364		74	211		79
航空运输业	408	88	1	308	12	
管道运输业	112			110		2
多式联运和运输代理业	280		17	263		
装卸搬运和仓储业	86		6	73	7	
信息传输、软件和信息技术服务业	40052	2214	14686	18382	3571	1199
电信、广播电视和卫星传输服务	533	4	77	447	2	4
互联网和相关服务	7620	161	502	5158	1612	187
软件和信息技术服务业	31899	2049	14107	12777	1957	1009
金融业	714		544	169	1	
货币金融服务	527		357	169	1	
资本市场服务	187		187			
房地产业	10					10
房地产业	10					10
租赁和商务服务业	366	39	104	82	26	116

　　　　　　　　　　　　　　　　　　　　　　　　　　　　单位：万元

指标	课题经费内部支出	基础研究	应用研究	试验发展	R&D 成果应用	科技服务
租赁业	26				26	
商务服务业	341	39	104	82		116
科学研究和技术服务业	228521	46004	85846	78785	9331	8554
研究和试验发展	185540	44397	80054	60449	122	518
专业技术服务业	38215	1600	5338	17366	7223	6690
科技推广和应用服务业	4766	7	455	971	1986	1347
水利、环境和公共设施管理业	33951	1571	4738	7888	3942	15811
水利管理业	6784	241	506	948	1106	3982
生态保护和环境治理业	26713	1303	4078	6794	2780	11758
公共设施管理业	440	27	154	146	42	71
土地管理业	14				14	
居民服务、修理和其他服务业	582		16	91	401	75
居民服务业	117		16	26		75
其他服务业	466			65	401	
教育	2059	107	1097	495	51	309
教育	2059	107	1097	495	51	309
卫生和社会工作	20384	9708	3580	6621	430	46
卫生	20384	9708	3580	6621	430	46
文化、体育和娱乐业	16609	15175	460	140	50	783
新闻和出版业	43					43
广播、电视、电影和录音制作业	13		11			3
文化艺术业	16381	15175	435		50	721
体育	85		6	62		17
娱乐业	87		9	78		
公共管理、社会保障和社会组织	7199	342	1825	2385	315	2333
国家机构	6716	342	1785	2022	314	2252
社会保障	120		39			80
群众团体、社会团体和其他成员组织	273			272	1	
基层群众自治组织及其他组织	92			92		
国际组织	4		4			
国际组织	4		4			

2–11 科学研究和技术服务业事业单位课题人员折合全时工作量按活动类型分（2023）

单位：人年

指标名称	课题人员折合全时工作量	基础研究	应用研究	试验发展	R&D 成果应用	科技服务
总计	**31352.7**	**5257.6**	**8419.2**	**12974.8**	**2335.3**	**2365.8**
按机构所属地域分布						
杭州市	12613.6	3095.1	3048.2	3864.7	1210.0	1395.6
宁波市	5915.8	1063.9	1777.5	2566.8	195.0	312.6
温州市	3321.4	312.9	817.0	1837.7	189.8	164.0
嘉兴市	2637.1	167.7	880.0	1006.3	323.5	259.6
湖州市	1228.2	170.3	166.4	717.0	109.1	65.4
绍兴市	1629.4	97.5	379.0	948.4	154.0	50.5
金华市	1057.9	108.0	610.2	270.6	36.6	32.5
衢州市	1074.1	104.9	213.5	696.7	43.8	15.2
舟山市	615.8	53.8	146.6	378.9	17.7	18.8
台州市	734.6	70.5	255.0	337.9	37.7	33.5
丽水市	524.8	13.0	125.8	349.8	18.1	18.1
按机构所属隶属关系分布						
中央部门属	3385.1	742.8	1359.0	711.9	195.0	376.4
中国科学院	1608.1	404.1	774.3	314.8	107.0	7.9
非中央部门属	27967.6	4514.8	7060.2	12262.9	2140.3	1989.4
省级部门属	8518.5	1694.5	2094.6	2673.6	964.7	1091.1
副省级城市属	3392.2	840.7	660.2	1576.1	116.9	198.3
地市级部门属	5905.7	445.9	1317.3	3480.2	381.7	280.6
按课题来源分布						
国家科技项目	4557.7	1893.0	1192.1	1048.5	342.6	81.5
地方科技项目	11841.2	1686.0	3060.0	4895.6	1183.2	1016.4
企业委托科技项目	6609.5	328.1	1496.2	3317.5	572.6	895.1
自选科技项目	6625.0	1216.6	2103.6	3074.0	124.9	105.9
国际合作科技项目	16.1	1.0	7.4	2.1	2.4	3.2
其他科技项目	1703.2	132.9	559.9	637.1	109.6	263.7

单位：人年

指标名称	课题人员折合全时工作量	基础研究	应用研究	试验发展	R&D 成果应用	科技服务
按课题所属学科分布						
自然科学	5409.3	1605.3	1441.5	1745.3	203.0	414.2
数学	7.3	6.9	0.2	0.2		
信息科学与系统科学	905.7	111.8	142.8	465.7	58.3	127.1
力学	135.3	38.6	26.5	66.3		3.9
物理学	374.4	139.4	123.2	101.2	4.5	6.1
化学	1046.5	184.8	324.8	467.5	51.0	18.4
天文学	1.0	1.0				
地球科学	1289.0	188.7	529.7	328.0	23.3	219.3
生物学	1646.2	934.1	291.3	315.5	65.9	39.4
心理学	3.9		3.0	0.9		
农业科学	4181.0	386.7	691.5	1975.7	771.3	355.8
农学	2785.9	258.6	463.8	1341.0	506.9	215.6
林学	513.3	66.0	109.7	216.4	45.4	75.8
畜牧、兽医科学	314.1	24.4	45.0	93.8	135.0	15.9
水产学	567.7	37.7	73.0	324.5	84.0	48.5
医药科学	2460.7	927.4	989.6	455.7	48.8	39.2
基础医学	773.2	429.9	246.3	89.6	7.0	0.4
临床医学	643.8	302.0	239.6	82.9	13.3	6.0
预防医学与公共卫生学	88.8	15.2	62.1	6.0		5.5
军事医学与特种医学	27.5	6.3	16.0	5.2		
药学	673.3	148.9	314.3	184.9	18.3	6.9
中医学与中药学	254.1	25.1	111.3	87.1	10.2	20.4
工程与技术科学	18613.3	2021.8	5157.8	8783.7	1279.1	1370.9
工程与技术科学基础学科	381.3	14.5	109.8	222.3	4.0	30.7
信息与系统科学相关工程与技术	1069.8	122.5	260.4	574.4	67.9	44.6
自然科学相关工程与技术	1303.6	114.6	337.3	466.2	207.4	178.1
测绘科学技术	142.7		41.7	79.3	6.8	14.9
材料科学	3583.2	563.5	1301.1	1443.8	222.3	52.5
矿山工程技术	4.5		0.5	4.0		
冶金工程技术	4.0			2.5		1.5
机械工程	1668.6	92.7	229.6	1196.7	73.9	75.7

指标名称	课题人员折合 全时工作量	基础研究	应用研究	试验发展	R&D 成果应用	科技服务
动力与电气工程	297.1	11.1	77.5	192.3		16.2
能源科学技术	420.6	53.4	152.1	167.2	26.4	21.5
核科学技术	27.2		11.0	13.9	1.2	1.1
电子与通信技术	1460.4	309.0	492.8	553.1	91.6	13.9
计算机科学技术	3197.7	396.6	1203.1	1335.1	211.6	51.3
化学工程	1123.0	136.5	234.1	685.4	44.6	22.4
产品应用相关工程与技术	467.9	20.0	88.0	271.9	48.8	39.2
纺织科学技术	378.9	14.0	24.5	333.7	6.7	
食品科学技术	444.3	11.0	74.1	301.8	35.5	21.9
土木建筑工程	60.9	0.9	16.3	36.3		7.4
水利工程	481.4	54.2	44.2	67.9	76.0	239.1
交通运输工程	205.3	2.2	48.5	98.6	3.0	53.0
航空、航天科学技术	347.8	17.8	86.2	211.2	29.0	3.6
环境科学技术及资源科学技术	837.3	62.4	206.4	257.7	72.9	237.9
安全科学技术	235.8	8.9	40.6	163.1	4.5	18.7
管理学	470.0	16.0	78.0	105.3	45.0	225.7
人文与社会科学	688.4	316.4	138.8	14.4	33.1	185.7
马克思主义	27.0	10.0	12.0			5.0
哲学	18.0	18.0				
文学	10.0	5.0	5.0			
艺术学	10.9					10.9
历史学	9.0	9.0				
考古学	272.0	254.0			2.0	16.0
经济学	112.8	6.2	27.7	0.5	10.8	67.6
政治学	40.9	5.0	15.0		1.8	19.1
社会学	79.4		63.4		1.0	15.0
民族学与文化学	2.0			2.0		
新闻学与传播学	19.0	4.0				15.0
图书馆、情报与文献学	34.5				16.2	18.3
教育学	8.3	2.0	0.6	4.0		1.7
体育科学	20.2		5.9	4.2		10.1
统计学	24.4	3.2	9.2	3.7	1.3	7.0

指标名称	课题人员折合全时工作量	基础研究	应用研究	试验发展	R&D 成果应用	科技服务
按课题技术领域分布						
非技术领域	827.4	135.0	387.2	86.2	27.8	191.2
信息技术	6168.6	979.4	1821.8	2645.2	415.9	306.3
生物和现代农业技术	7423.7	2171.2	1687.7	2507.0	772.5	285.3
新材料技术	5314.9	788.3	1671.7	2536.2	282.1	36.6
能源技术	745.6	127.8	303.3	248.5	31.6	34.4
激光技术	256.5	14.0	96.8	115.7	25.7	4.3
先进制造与自动化技术	2664.6	158.5	435.8	1846.5	146.3	77.5
航天技术	297.9	23.5	43.4	197.6	30.8	2.6
资源与环境技术	2365.6	254.0	731.3	731.8	127.1	521.4
其他技术领域	5287.9	605.9	1240.2	2060.1	475.5	906.2
按课题的社会经济目标分布						
环境保护、生态建设及污染防治	1628.5	95.8	348.6	598.0	135.5	450.6
环境一般问题	74.1	8.8	14.3	36.5	3.1	11.4
环境与资源评估	149.9	13.5	39.5	31.1	13.0	52.8
环境监测	376.8	9.5	73.4	163.8	9.7	120.4
生态建设	342.2	8.7	35.6	88.5	63.5	145.9
环境污染预防	192.6	11.0	66.8	56.5	15.0	43.3
环境治理	427.5	44.3	107.4	170.3	29.2	76.3
自然灾害的预防、预报	65.4		11.6	51.3	2.0	0.5
能源生产、分配和合理利用	1499.9	205.3	415.6	671.5	108.4	99.1
能源一般问题研究	735.2	99.5	178.3	329.8	78.8	48.8
能源矿产的勘探技术	20.8			17.2		3.6
能源矿物的开采和加工技术	1.2			1.2		
能源转换技术	79.1	25.6	16.7	23.0	6.0	7.8
能源输送、储存与分配技术	138.3	16.2	48.3	66.3	4.6	2.9
可再生能源	200.6	30.7	45.1	109.7	5.3	9.8
能源设施和设备建造	141.6	21.8	31.9	59.2	7.0	21.7
能源安全生产管理和技术	34.1	2.0	10.0	19.6		2.5
节约能源的技术	81.4	5.3	26.8	41.6	5.7	2.0
能源生产、输送、分配、储存、利用过程中污染的防治与处理	67.6	4.2	58.5	3.9	1.0	
卫生事业发展	4155.7	1813.6	1203.9	1049.7	59.2	29.3

指标名称	课题人员折合 全时工作量	基础研究	应用研究	试验发展	R&D 成果应用	科技服务
卫生一般问题	31.6	15.0	0.8	15.8		
诊断与治疗	3058.7	1522.2	778.4	706.0	43.1	9.0
预防医学	94.8	0.6	78.2	16.0		
公共卫生	90.7	13.5	17.7	52.0		7.5
营养和食品卫生	38.7	3.5	13.2	16.4	4.8	0.8
药物滥用和成瘾	5.7	3.0	1.2	1.0	0.5	
社会医疗	56.5	16.2	17.7	22.3		0.3
卫生医疗其他研究	779.0	239.6	296.7	220.2	10.8	11.7
教育事业发展	146.9	1.0	106.5	30.9	1.0	7.5
教育一般问题	23.8	1.0	7.5	12.6		2.7
学历教育	87.1		86.0	1.1		
非学历教育与培训	15.5		1.0	10.5		4.0
其它教育	20.5		12.0	6.7	1.0	0.8
基础设施以及城市和农村规划	562.4	76.3	119.7	209.9	58.0	98.5
交通运输	320.5	9.0	98.6	126.1	20.6	66.2
通信	130.1	66.9	4.0	27.8	29.4	2.0
广播与电视	0.1			0.1		
城市规划与市政工程	60.5		5.0	34.2		21.3
农村发展规划与建设	24.0		4.9	5.0	7.0	7.1
交通运输、通信、城市与农村发展对环境 的影响	27.2	0.4	7.2	16.7	1.0	1.9
基础社会发展和社会服务	2679.5	615.7	566.2	902.7	160.2	434.7
社会发展和社会服务一般问题	365.3	2.2	24.6	246.0	8.0	84.5
社会保障	25.9		4.0	18.7	1.0	2.2
公共安全	318.2	9.0	121.3	109.4	28.5	50.0
社会管理	115.8	12.0	19.5	15.0	35.0	34.3
就业	2.0		2.0			
法律与司法	55.0			54.0		1.0
政府与政治	26.3		20.0			6.3
国际关系	1.0		1.0			
遗产保护	297.8	254.0	14.0	6.0	4.3	19.5
语言与文化	1.4		1.0		0.4	
文艺、娱乐	7.3	5.0				2.3

指标名称	课题人员折合全时工作量	基础研究	应用研究	试验发展	R&D 成果应用	科技服务
宗教与道德	5.0		1.0	4.0		
传媒	27.1		25.0			2.1
科技发展	928.1	285.5	93.4	309.7	63.9	175.6
国土资源管理	91.2		30.7	53.5	4.0	3.0
其他社会发展和社会服务	412.1	48.0	208.7	86.4	15.1	53.9
地球和大气层的探索与利用	1239.1	245.4	549.1	210.6	35.0	199.0
地壳、地幔，海底的探测和研究	48.8	26.1	21.4	0.9		0.4
水文地理	145.3	36.4	26.6	8.0	26.3	48.0
海洋	783.2	136.2	330.8	163.6	6.0	146.6
大气	175.3	27.5	105.5	35.6	2.7	4.0
地球探测和开发其他研究	86.5	19.2	64.8	2.5		
民用空间探测及开发	561.3	53.0	50.7	419.9	34.0	3.7
空间探测一般研究	44.1	3.5	8.8	31.8		
飞行器和运载工具研制	306.0	42.5	16.6	231.9	15.0	
发射与控制系统	12.3			7.3	2.0	3.0
卫星服务	75.4		8.3	49.4	17.0	0.7
空间探测和开发其他研究	123.5	7.0	17.0	99.5		
农林牧渔业发展	4959.3	501.8	744.7	2260.0	945.5	507.3
农林牧渔业发展一般问题	404.9	16.5	39.6	240.2	60.5	48.1
农作物种植及培育	2208.6	334.0	293.8	1089.1	390.9	100.8
林业和林产品	245.6	15.1	42.8	137.6	16.0	34.1
畜牧业	298.9	33.4	34.8	97.3	117.6	15.8
渔业	542.1	46.0	52.9	295.2	95.4	52.6
农林牧渔业体系支撑	1196.7	50.7	263.1	379.3	261.5	242.1
农林牧渔业生产中污染的防治与处理	62.5	6.1	17.7	21.3	3.6	13.8
工商业发展	9245.0	531.3	2021.8	5570.1	662.2	459.6
促进工商业发展的一般问题	226.5	4.9	52.0	105.4	12.2	52.0
产业共性技术	1309.5	66.1	230.3	806.7	168.0	38.4
非能源资源矿产的开采	0.5		0.5			
食品、饮料和烟草制品业	202.9	2.0	35.5	130.8	21.6	13.0
纺织业、服装及皮革制品业	319.8	5.5	37.3	272.4	4.0	0.6
化学工业	1070.8	116.5	230.8	672.6	39.1	11.8

指标名称	课题人员折合全时工作量	基础研究	应用研究	试验发展	R&D 成果应用	科技服务
非金属与金属制品业	218.1	20.7	44.9	141.1	9.1	2.3
机械制造业（不包括电子设备、仪器仪表及办公机械	927.7	34.4	182.7	620.5	42.8	47.3
电子设备、仪器仪表及办公机械	658.0	74.8	168.7	342.7	39.7	32.1
其他制造业	235.4	18.7	40.8	130.5	40.6	4.8
热力、水的生产和供应	7.9			5.6		2.3
建筑业	60.6	0.9	0.5	40.3	16.0	2.9
信息与通信技术（ICT）服务业	1939.9	150.5	662.7	937.9	141.8	47.0
技术服务业	1724.1	35.8	237.2	1170.6	97.9	182.6
金融业	91.0		61.9	25.8	3.3	
商业及其他服务业	184.9		22.0	134.4	15.5	13.0
工商业活动中的环境保护、污染防治与处理	67.4	0.5	14.0	32.8	10.6	9.5
非定向研究	2383.5	822.2	1561.3			
自然科学的非定向研究	1731.3	636.2	1095.1			
工程与技术科学领域的非定向研究	384.1	103.3	280.8			
农业科学的非定向研究	0.6		0.6			
医学科学的非定向研究	258.3	82.7	175.6			
社会科学领域的非定向研究	0.2		0.2			
其他	9.0		9.0			
其他民用目标	1795.4	250.9	530.4	809.8	131.3	73.0
国防	496.2	45.3	200.7	241.7	5.0	3.5
按课题合作形式分布						
独立完成	20101.4	3465.6	5634.2	8141.3	1181.8	1678.5
与境内独立研究机构合作	2409.0	300.0	706.8	1002.8	283.8	115.6
与境内高等学校合作	3468.1	1084.5	749.5	1391.9	198.1	44.1
与境内注册其他企业合作	4410.2	248.3	1042.0	2152.1	591.3	376.5
与境外机构合作	31.8	7.9	7.4	10.0	3.3	3.2
其他	932.2	151.3	279.3	276.7	77.0	147.9
按课题服务的国民经济行业分布						
农、林、牧、渔业	4196.0	417.7	562.8	1938.4	849.3	427.8
农业	2171.7	270.1	308.4	1033.3	427.2	132.7
林业	397.4	54.6	85.5	191.2	40.1	26.0
畜牧业	266.7	17.0	45.2	81.3	108.3	14.9

单位：人年

指标名称	课题人员折合全时工作量	基础研究	应用研究	试验发展	R&D 成果应用	科技服务
渔业	480.6	32.1	41.2	281.4	86.3	39.6
农、林、牧、渔专业及辅助性活动	879.6	43.9	82.5	351.2	187.4	214.6
采矿业	50.4	3.0	17.7	26.4	1.3	2.0
煤炭开采和洗选业	4.6			4.6		
石油和天然气开采业	24.0	3.0	5.0	14.0		2.0
有色金属矿采选业	5.4		0.5	3.6	1.3	
非金属矿采选业	0.2		0.2			
开采专业及辅助性活动	16.2		12.0	4.2		
制造业	9080.4	974.8	2237.8	5016.4	563.2	288.2
农副食品加工业	126.6	1.0	14.6	85.4	23.3	2.3
食品制造业	125.8	3.4	47.0	72.1	2.3	1.0
酒、饮料和精制茶制造业	122.7		10.6	75.2	23.0	13.9
烟草制品业	5.9			3.9	1.0	1.0
纺织业	339.6	14.0	19.7	298.7	6.6	0.6
纺织服装、服饰业	25.1			20.0	2.0	3.1
皮革、毛皮、羽毛及其制品和制鞋业	90.6		30.4	59.5	0.7	
木材加工和木、竹、藤、棕、草制品业	13.4	1.7	2.5	5.8	2.4	1.0
家具制造业	18.1		1.0	6.7	4.0	6.4
造纸和纸制品业	17.5	0.3		17.2		
印刷和记录媒介复制业	39.4		32.0	4.4	3.0	
文教、工美、体育和娱乐用品制造业	27.2			24.2	2.4	0.6
石油、煤炭及其他燃料加工业	26.0	7.3	13.9	3.8	1.0	
化学原料和化学制品制造业	1089.8	160.5	205.1	653.3	52.0	18.9
医药制造业	1060.0	293.4	416.9	286.9	50.9	11.9
化学纤维制造业	86.9	4.3	13.2	47.3	22.0	0.1
橡胶和塑料制品业	66.2		10.6	54.9		0.7
非金属矿物制品业	266.4	15.4	69.9	166.7	13.8	0.6
有色金属冶炼和压延加工业	18.1	4.3	6.3	6.4	1.1	
金属制品业	270.9	8.0	132.8	121.5	6.2	2.4
通用设备制造业	839.7	47.6	166.6	569.0	29.1	27.4
专用设备制造业	1064.7	90.5	164.3	586.1	133.8	90.0
汽车制造业	192.7	2.0	72.1	100.7	2.5	15.4
铁路、船舶、航空航天和其他运输设备制造业	643.4	51.9	117.4	380.6	63.3	30.2

单位：人年

指标名称	课题人员折合全时工作量	基础研究	应用研究	试验发展	R&D 成果应用	科技服务
电气机械和器材制造业	610.7	61.2	170.8	356.1	15.5	7.1
计算机、通信和其他电子设备制造业	1219.3	107.0	364.1	651.3	63.0	33.9
仪器仪表制造业	482.5	69.9	109.8	274.6	16.8	11.4
其他制造业	174.9	25.6	42.8	81.3	16.9	8.3
废弃资源综合利用业	15.8	5.5	3.4	2.3	4.6	
金属制品、机械和设备修理业	0.5			0.5		
电力、热力、燃气及水生产和供应业	275.9	20.0	70.1	108.2	18.8	58.8
电力、热力生产和供应业	217.1	15.8	69.8	74.1	12.8	44.6
燃气生产和供应业	7.5			6.3	1.2	
水的生产和供应业	51.3	4.2	0.3	27.8	4.8	14.2
建筑业	101.8	3.4	10.8	56.6	14.3	16.7
房屋建筑业	28.1		0.2	14.0	13.9	
土木工程建筑业	68.7	2.9	10.5	38.6	0.4	16.3
建筑装饰、装修和其他建筑业	5.0	0.5	0.1	4.0		0.4
批发和零售业	6.6			1.6		5.0
批发业	5.1			0.1		5.0
零售业	1.5			1.5		
交通运输、仓储和邮政业	202.2	6.8	51.2	103.3	8.6	32.3
铁路运输业	5.0			5.0		
道路运输业	105.6	4.4	33.0	35.9	6.0	26.3
水上运输业	24.2		9.2	10.0		5.0
航空运输业	29.5	2.4	1.0	24.3	1.8	
管道运输业	10.0			9.0		1.0
多式联运和运输代理业	9.2		2.0	7.2		
装卸搬运和仓储业	18.7		6.0	11.9	0.8	
信息传输、软件和信息技术服务业	1976.8	127.4	696.3	785.0	269.2	98.9
电信、广播电视和卫星传输服务	44.8	1.2	24.3	16.5	0.8	2.0
互联网和相关服务	315.2	24.1	78.3	119.4	77.1	16.3
软件和信息技术服务业	1616.8	102.1	593.7	649.1	191.3	80.6
金融业	88.0		61.9	25.8	0.3	
货币金融服务	66.4		40.3	25.8	0.3	
资本市场服务	21.6		21.6			
房地产业	0.3					0.3

指标名称	课题人员折合全时工作量	基础研究	应用研究	试验发展	R&D 成果应用	科技服务
房地产业	0.3					0.3
租赁和商务服务业	26.1	1.6	4.4	0.5	4.0	15.6
租赁业	4.0				4.0	
商务服务业	22.1	1.6	4.4	0.5		15.6
科学研究和技术服务业	11679.4	2848.2	3735.6	3998.3	365.5	731.8
研究和试验发展	8000.7	2705.0	2973.5	2283.6	33.5	5.1
专业技术服务业	3200.1	141.8	735.2	1614.8	243.9	464.4
科技推广和应用服务业	478.6	1.4	26.9	99.9	88.1	262.3
水利、环境和公共设施管理业	1549.4	155.3	322.3	405.6	174.1	492.1
水利管理业	284.5	8.8	35.5	48.9	55.4	135.9
生态保护和环境治理业	1178.4	145.0	266.4	327.8	102.5	336.7
公共设施管理业	85.2	1.5	20.4	28.9	14.9	19.5
土地管理业	1.3				1.3	
居民服务、修理和其他服务业	24.3	1.0	0.6	12.3	6.5	3.9
居民服务业	7.9	1.0	0.6	2.4		3.9
其他服务业	16.4			9.9	6.5	
教育	187.6	2.0	111.9	46.2	10.0	17.5
教育	187.6	2.0	111.9	46.2	10.0	17.5
卫生和社会工作	948.9	381.7	284.4	239.3	24.9	18.6
卫生	948.9	381.7	284.4	239.3	24.9	18.6
文化、体育和娱乐业	342.9	251.0	35.2	8.2	2.0	46.5
新闻和出版业	12.4					12.4
广播、电视、电影和录音制作业	4.5		2.5			2.0
文化艺术业	290.2	251.0	20.9		2.0	16.3
体育	25.9		5.9	4.2		15.8
娱乐业	9.9		5.9	4.0		
公共管理、社会保障和社会组织	613.7	63.7	215.2	202.7	23.3	108.8
国家机构	581.9	63.7	209.2	188.7	21.3	99.0
社会保障	15.8		6.0			9.8
群众团体、社会团体和其他成员组织	11.0			9.0	2.0	
基层群众自治组织及其他组织	5.0			5.0		
国际组织	2.0		1.0			1.0
国际组织	2.0		1.0			1.0

2–12 科学研究和技术服务业事业单位 R&D 人员（2023）

单位：人

指标名称	R&D人员	#研究人员	#女性	按工作量分		按学历分			
				R&D全时人员	R&D非全时人员	博士毕业	硕士毕业	本科毕业	其他
总计	38075	24075	12141	23904	14171	11702	13393	9814	3166
按机构所属地域分布									
杭州市	14167	8546	5086	9004	5163	4699	5893	2687	888
宁波市	7185	4456	2105	4581	2604	2626	2324	1889	346
温州市	4475	2950	1498	2507	1968	1098	1412	1274	691
嘉兴市	3056	2231	815	2190	866	994	1249	707	106
湖州市	1926	950	417	1062	864	596	408	565	357
绍兴市	2146	1588	579	1294	852	461	775	596	314
金华市	1299	1012	419	923	376	472	424	256	147
衢州市	1403	802	476	974	429	411	268	632	92
舟山市	728	526	227	477	251	118	208	338	64
台州市	979	526	283	480	499	167	261	463	88
丽水市	711	488	236	412	299	60	171	407	73
按机构所属隶属关系分布									
中央部门属	3721	2665	1119	2836	885	1539	1031	725	426
中国科学院	1863	1352	571	1480	383	863	504	339	157
非中央部门属	34354	21410	11022	21068	13286	10163	12362	9089	2740
省级部门属	9441	4990	3321	5647	3794	2541	4276	2065	559
副省级城市属	4022	2491	1451	2713	1309	973	1655	1220	174
地市级部门属	8268	5026	2531	4440	3828	1887	2502	2907	972
按机构从事的国民经济行业分布									
科学研究和技术服务业	38075	24075	12141	23904	14171	11702	13393	9814	3166
研究和试验发展	29789	18791	9595	19425	10364	10314	10832	6065	2578
专业技术服务业	4362	2730	1388	2006	2356	349	1341	2357	315
科技推广和应用服务业	3924	2554	1158	2473	1451	1039	1220	1392	273
按机构服务的国民经济行业分布									
农、林、牧、渔业	3868	2745	1526	2138	1730	1161	1419	875	413
农业	1663	1300	670	875	788	319	842	360	142
林业	333	237	101	245	88	110	90	87	46
渔业	329	214	93	193	136	73	129	103	24
农、林、牧、渔专业及辅助性活动	1543	994	662	825	718	659	358	325	201

指标名称	R&D人员	#研究人员	#女性	按工作量分		按学历分			
				R&D全时人员	R&D非全时人员	博士毕业	硕士毕业	本科毕业	其他
制造业	5394	3409	1649	3633	1761	1231	1822	1782	559
农副食品加工业	68	65	30	60	8	1	25	35	7
食品制造业	138	67	55	46	92	35	86	14	3
酒、饮料和精制茶制造业	64	50	35	40	24	9	34	19	2
纺织业	350	330	57	297	53	80	174	26	70
皮革、毛皮、羽毛及其制品和制鞋业	64	64	25	64		44	14	5	1
文教、工美、体育和娱乐用品制造业	13	3	3	5	8	2	2	9	
化学原料和化学制品制造业	1361	765	481	1039	322	299	299	510	253
医药制造业	707	444	319	391	316	209	217	267	14
金属制品业	10	9	1	10			4	1	5
通用设备制造业	515	251	114	226	289	104	91	223	97
专用设备制造业	118	86	49	70	48	12	49	48	9
汽车制造业	191	63	32	49	142	32	13	142	4
铁路、船舶、航空航天和其他运输设备制造业	253	182	61	200	53	82	117	50	4
电气机械和器材制造业	162	55	55	110	52	34	22	77	29
计算机、通信和其他电子设备制造业	1123	841	255	870	253	243	556	263	61
仪器仪表制造业	189	103	58	93	96	32	87	68	2
其他制造业	68	31	19	63	5	9	35	21	3
电力、热力、燃气及水生产和供应业	36	32	10	32	4	1	24	11	
电力、热力生产和供应业	36	32	10	32	4	1	24	11	
批发和零售业	17	9	2	9	8		4	13	
批发业	17	9	2	9	8		4	13	
交通运输、仓储和邮政业	127	74	17	74	53	12	103	9	3
道路运输业	127	74	17	74	53	12	103	9	3
信息传输、软件和信息技术服务业	571	468	122	387	184	218	121	190	42
软件和信息技术服务业	571	468	122	387	184	218	121	190	42
租赁和商务服务业	3	3	1	1	2	2	1		
商务服务业	3	3	1	1	2	2	1		
科学研究和技术服务业	26650	16460	8320	16837	9813	8706	9261	6594	2089
研究和试验发展	19440	11968	6061	13442	5998	7637	6832	3322	1649
专业技术服务业	4035	2402	1353	1637	2398	284	1351	2145	255
科技推广和应用服务业	3175	2090	906	1758	1417	785	1078	1127	185
水利、环境和公共设施管理业	996	621	285	545	451	278	482	203	33

指标名称	R&D人员	#研究人员	#女性	按工作量分		按学历分			
				R&D全时人员	R&D非全时人员	博士毕业	硕士毕业	本科毕业	其他
水利管理业	197	100	38	46	151	32	138	27	
生态保护和环境治理业	799	521	247	499	300	246	344	176	33
卫生和社会工作	340	223	172	199	141	91	135	101	13
卫生	340	223	172	199	141	91	135	101	13
文化、体育和娱乐业	56	21	30	38	18		14	29	13
体育	56	21	30	38	18		14	29	13
公共管理、社会保障和社会组织	17	10	7	11	6	2	7	7	1
国家机构	17	10	7	11	6	2	7	7	1
按机构所属学科分布									
自然科学	7653	4423	2527	5340	2313	2201	3256	1806	390
信息科学与系统科学	4183	1965	1272	3066	1117	1312	2204	603	64
力学	92	34	23	86	6	21	41	29	1
物理学	16	16	4	8	8	8	6	2	
化学	743	527	259	438	305	176	244	284	39
地球科学	1379	932	401	899	480	344	361	439	235
生物学	1240	949	568	843	397	340	400	449	51
农业科学	4749	3443	1839	2841	1908	1339	1726	1192	492
农学	3680	2718	1455	2109	1571	1050	1390	846	394
林学	522	368	212	392	130	147	147	160	68
水产学	547	357	172	340	207	142	189	186	30
医药科学	3076	1865	1381	1618	1458	1092	1105	671	208
基础医学	1753	1181	742	1098	655	733	649	231	140
临床医学	237	163	86	158	79	73	63	68	33
预防医学与公共卫生学	17	9	6		17		7	8	2
药学	914	381	475	238	676	221	318	349	26
中医学与中药学	155	131	72	124	31	65	68	15	7
工程与技术科学	21963	13990	6077	13648	8315	6992	7070	5964	1937
工程与技术科学基础学科	3454	1838	1034	1906	1548	862	1070	1049	473
信息与系统科学相关工程与技术	1397	681	293	657	740	316	361	635	85
自然科学相关工程与技术	1065	719	328	701	364	396	385	195	89
测绘科学技术	325	224	124	72	253	2	126	175	22
材料科学	3706	2452	1103	2606	1100	1544	1149	797	216
机械工程	1831	1357	331	1075	756	639	426	623	143
动力与电气工程	354	213	49	149	205	60	101	162	31

指标名称	R&D人员	#研究人员	#女性	按工作量分		按学历分			
				R&D全时人员	R&D非全时人员	博士毕业	硕士毕业	本科毕业	其他
能源科学技术	171	65	64	116	55	49	27	74	21
电子与通信技术	2714	1948	591	1926	788	1324	752	327	311
计算机科学技术	942	711	305	791	151	257	410	231	44
化学工程	1406	714	418	1017	389	430	337	393	246
产品应用相关工程与技术	1203	742	466	574	629	234	470	453	46
纺织科学技术	350	330	57	297	53	80	174	26	70
食品科学技术	499	348	234	228	271	57	190	210	42
土木建筑工程	20	12	10	14	6		1	11	8
水利工程	239	138	49	84	155	33	163	43	
交通运输工程	155	100	30	100	55	17	113	19	6
航空、航天科学技术	1158	706	265	688	470	528	411	170	49
环境科学技术及资源科学技术	653	473	269	410	243	156	288	184	25
安全科学技术	292	199	47	222	70	8	110	169	5
管理学	29	20	10	15	14		6	18	5
人文与社会科学	634	354	317	457	177	78	236	181	139
马克思主义	143	111	69	143		62	60	17	4
考古学	272	94	122	185	87	4	75	77	116
经济学	6	5	1	4	2	3	2	1	
社会学	79	67	64	79			7	42	30
图书馆、情报与文献学	78	56	31	8	70	2	43	27	6
体育科学	56	21	30	38	18		14	29	13
按机构从业人员规模分									
≥1000人	7052	3869	2341	4890	2162	2534	2993	1132	393
500～999人	4645	3487	1547	2954	1691	1506	1881	804	454
300～499人	5114	3073	1600	3024	2090	1858	1539	981	736
200～299人	4332	2505	1391	2852	1480	1113	1530	1395	294
100～199人	7368	5089	2285	4901	2467	2219	2428	2129	592
50～99人	5096	3441	1585	2860	2236	1461	1783	1502	350
30～49人	2249	1305	657	1319	930	538	673	850	188
20～29人	826	490	264	486	340	144	182	429	71
10～19人	985	592	345	448	537	238	271	406	70
0～9人	408	224	126	170	238	91	113	186	18

2–13 科学研究和技术服务业事业单位 R&D 人员折合全时工作量（2023）

单位：人年

指标名称	R&D 折合全时工作量	#研究人员	按活动类型分组		
			基础研究	应用研究	试验发展
总计	**30479**	**19671**	**6016**	**9658**	**14805**
按机构所属地域分布					
杭州市	11767	7206	3601	3618	4548
宁波市	5948	3423	1160	1963	2825
温州市	3253	2159	348	908	1997
嘉兴市	2477	2037	217	1048	1212
湖州市	1273	900	181	190	902
绍兴市	1585	1157	110	426	1049
金华市	1086	911	116	664	306
衢州市	1168	618	127	242	799
舟山市	613	446	56	161	396
台州市	751	382	84	290	377
丽水市	558	432	16	148	394
按机构所属隶属关系分布					
中央部门属	3314	2366	881	1597	836
中国科学院	1685	1233	456	874	355
非中央部门属	27165	17305	5135	8061	13969
省级部门属	7581	4442	1963	2463	3155
副省级城市属	3389	1804	908	730	1751
地市级部门属	5967	3864	509	1518	3940
按机构从事的国民经济行业分布					
科学研究和技术服务业	30479	19671	6016	9658	14805
研究和试验发展	24357	15402	5440	7900	11017
专业技术服务业	3098	2193	214	924	1960
科技推广和应用服务业	3024	2076	362	834	1828
按机构服务的国民经济行业分布					
农、林、牧、渔业	3219	2312	481	741	1997
农业	1374	1019	175	219	980
林业	302	229	47	95	160

指标名称	R&D 折合全时工作量	#研究人员	按活动类型分组		
			基础研究	应用研究	试验发展
渔业	238	179	14	37	187
农、林、牧、渔专业及辅助性活动	1305	885	245	390	670
制造业	4344	2620	592	1268	2484
农副食品加工业	66	60		22	44
食品制造业	92	53		28	64
酒、饮料和精制茶制造业	49	45		1	48
纺织业	340	255	16	4	320
皮革、毛皮、羽毛及其制品和制鞋业	64	64		24	40
文教、工美、体育和娱乐用品制造业	8	3			8
化学原料和化学制品制造业	1115	509	192	210	713
医药制造业	454	208	240	146	68
金属制品业	10	9		10	
通用设备制造业	405	190	10	134	261
专用设备制造业	99	82	3	63	33
汽车制造业	97	34	4	42	51
铁路、船舶、航空航天和其他运输设备制造业	233	162	14	63	156
电气机械和器材制造业	115	55	1	60	54
计算机、通信和其他电子设备制造业	992	762	111	415	466
仪器仪表制造业	139	99	1	28	110
其他制造业	66	30		18	48
电力、热力、燃气及水生产和供应业	32	29		23	9
电力、热力生产和供应业	32	29		23	9
批发和零售业	11	4			11
批发业	11	4			11
交通运输、仓储和邮政业	91	74	3	41	47
道路运输业	91	74	3	41	47
信息传输、软件和信息技术服务业	473	387	75	107	291
软件和信息技术服务业	473	387	75	107	291
租赁和商务服务业	2	1		2	
商务服务业	2	1		2	
科学研究和技术服务业	21143	13699	4612	7147	9384
研究和试验发展	16150	10093	4023	5555	6572
专业技术服务业	2702	1872	179	813	1710

指标名称	R&D折合全时工作量	#研究人员	按活动类型分组		
			基础研究	应用研究	试验发展
科技推广和应用服务业	2291	1734	410	779	1102
水利、环境和公共设施管理业	849	383	111	239	499
水利管理业	165	66	49	44	72
生态保护和环境治理业	684	317	62	195	427
卫生和社会工作	252	137	142	37	73
卫生	252	137	142	37	73
文化、体育和娱乐业	52	20		50	2
体育	52	20		50	2
公共管理、社会保障和社会组织	11	5		3	8
国家机构	11	5		3	8
按机构所属学科分布					
自然科学	6371	3585	2055	2217	2099
信息科学与系统科学	3624	1867	962	1287	1375
力学	90	33	34	46	10
物理学	11	7		3	8
化学	534	432	145	144	245
地球科学	1147	810	203	633	311
生物学	965	436	711	104	150
农业科学	3971	2929	578	865	2528
农学	3079	2277	472	689	1918
林学	459	345	81	124	254
水产学	433	307	25	52	356
医药科学	2323	1391	1047	878	398
基础医学	1390	888	711	556	123
临床医学	194	129	97	61	36
预防医学与公共卫生学	7	6		1	6
药学	593	247	167	197	229
中医学与中药学	139	121	72	63	4
工程与技术科学	17254	11459	2027	5514	9713
工程与技术科学基础学科	2474	1530	276	781	1417
信息与系统科学相关工程与技术	1086	621	144	277	665
自然科学相关工程与技术	828	634	130	439	259
测绘科学技术	157	142	3	46	108

指标名称	R&D 折合全时工作量	#研究人员	按活动类型分组		
			基础研究	应用研究	试验发展
材料科学	3210	2153	743	1267	1200
机械工程	1381	974	61	249	1071
动力与电气工程	273	157	5	39	229
能源科学技术	123	65	1	72	50
电子与通信技术	2182	1778	257	656	1269
计算机科学技术	837	655	20	444	373
化学工程	1161	360	112	248	801
产品应用相关工程与技术	740	630	30	109	601
纺织科学技术	340	255	16	4	320
食品科学技术	331	285	7	81	243
土木建筑工程	14	12			14
水利工程	203	101	49	67	87
交通运输工程	118	100	3	41	74
航空、航天科学技术	987	449	129	373	485
环境科学技术及资源科学技术	521	379	34	243	244
安全科学技术	267	162	7	77	183
管理学	21	17		1	20
人文与社会科学	560	307	309	184	67
马克思主义	143	111	53	90	
考古学	256	87	256		
经济学	5	3		5	
社会学	79	67		38	41
图书馆、情报与文献学	25	19		1	24
体育科学	52	20		50	2
按机构从业人员规模分					
≥ 1000 人	6069	3597	1516	2430	2123
500 ~ 999 人	4005	2710	1552	999	1454
300 ~ 499 人	3662	2573	716	882	2064
200 ~ 299 人	3645	2198	557	1190	1898
100 ~ 199 人	6048	4141	1059	1965	3024
50 ~ 99 人	3874	2442	444	1196	2234
30 ~ 49 人	1774	1078	82	600	1092
20 ~ 29 人	593	358	13	159	421
10 ~ 19 人	589	388	66	149	374
0 ~ 9 人	220	186	11	88	121

2–14 科学研究和技术服务业事业单位 R&D 经费内部支出按活动类型和经费来源分（2023）

单位：万元

指标名称	R&D 经费内部支出	按活动类型分			按经费来源分			
		基础研究	应用研究	试验发展	政府资金	企业资金	国外资金	其他资金
总计	**1956730**	**375381**	**662092**	**919257**	**1508998**	**193812**	**978**	**252942**
按机构所属地域分布								
杭州市	819004	232596	286412	299996	687319	51475	30	80180
宁波市	386818	58660	123490	204667	274443	51237	943	60195
温州市	221290	24526	59556	137208	163801	37985		19504
嘉兴市	142343	14186	67424	60732	83644	11476		47223
湖州市	45305	5450	14229	25626	25536	9772		9997
绍兴市	95671	8345	41422	45904	73312	16648		5711
金华市	61266	9603	28367	23297	58785	1087		1395
衢州市	87485	12145	11666	63674	76450	7892		3143
舟山市	28431	2854	7112	18465	25483	1731	5	1212
台州市	40746	6720	14050	19976	18826	4342		17578
丽水市	28371	296	8363	19712	21400	167		6805
按机构所属隶属关系分布								
中央部门属	210265	37704	113831	58730	175305	13932	946	20082
中国科学院	96324	18742	54350	23231	85447	9934	943	
非中央部门属	1746465	337677	548260	860527	1333692	179880	32	232860
省级部门属	520186	139711	186774	193701	421919	25004	6	73258
副省级城市属	238669	52512	53118	133038	155805	35213		47651
地市级部门属	343367	38937	98233	206198	244573	22772	5	76017
按机构从事的国民经济行业分布								
科学研究和技术服务业	1956730	375381	662092	919257	1508998	193812	978	252942
研究和试验发展	1606751	354658	563942	688151	1323521	116018	978	166235
专业技术服务业	167048	7268	51913	107867	80618	14903		71528
科技推广和应用服务业	182930	13455	46237	123239	104859	62892		15180
按机构服务的国民经济行业分布								
农、林、牧、渔业	199392	30351	45203	123839	165030	10721	14	23628
农业	90588	9771	18049	62768	82740	666	3	7179
林业	15981	2185	2670	11126	15433		5	543

指标名称	R&D经费内部支出	按活动类型分			按经费来源分			
		基础研究	应用研究	试验发展	政府资金	企业资金	国外资金	其他资金
渔业	17741	1343	3329	13069	14313	1718		1710
农、林、牧、渔专业及辅助性活动	75082	17052	21154	36876	52544	8336	6	14196
制造业	279086	42612	91851	144623	183494	35714		59878
农副食品加工业	2989		786	2203	2989			
食品制造业	1820		338	1483	1452	369		
酒、饮料和精制茶制造业	2109		429	1680	1057	1035		18
纺织业	15881	359	196	15326	10300	5581		
皮革、毛皮、羽毛及其制品和制鞋业	6069		2908	3161		6069		
文教、工美、体育和娱乐用品制造业	371			371				371
化学原料和化学制品制造业	72856	10338	16452	46066	54876	15376		2604
医药制造业	40818	22255	12326	6236	25017	762		15039
金属制品业	547		547		547			
通用设备制造业	11751	69	3054	8629	10124	1148		479
专用设备制造业	4809	66	2668	2075	1507	216		3086
汽车制造业	12744	1005	9361	2379	11864	717		163
铁路、船舶、航空航天和其他运输设备制造业	16822	1570	6008	9245	15464	653		705
电气机械和器材制造业	4631	53	2049	2529	3978	654		
计算机、通信和其他电子设备制造业	68453	6853	31073	30527	31793	1856		34804
仪器仪表制造业	13295	45	3119	10131	9406	1279		2609
其他制造业	3121		540	2582	3121			
电力、热力、燃气及水生产和供应业	1874		1640	234	211	1664		
电力、热力生产和供应业	1874		1640	234	211	1664		
批发和零售业	769			769	769			
批发业	769			769	769			
交通运输、仓储和邮政业	7924	97	3455	4372	7924			
道路运输业	7924	97	3455	4372	7924			
信息传输、软件和信息技术服务业	57539	7190	4543	45806	30570	26728		241
软件和信息技术服务业	57539	7190	4543	45806	30570	26728		241
租赁和商务服务业	109		109		109			
商务服务业	109		109		109			
科学研究和技术服务业	1344850	279770	499152	565928	1080320	113830	964	149736
研究和试验发展	1073663	257086	399286	417291	928390	77576	964	66733
专业技术服务业	161198	10541	56620	94037	81237	6129		73833

指标名称	R&D经费内部支出	按活动类型分			按经费来源分			
		基础研究	应用研究	试验发展	政府资金	企业资金	国外资金	其他资金
科技推广和应用服务业	109989	12144	43246	54600	70693	30125		9171
水利、环境和公共设施管理业	42461	2891	10953	28618	26538	5155		10768
水利管理业	12418	1774	3606	7039	6529	2650		3239
生态保护和环境治理业	30043	1117	7347	21579	20009	2506		7528
卫生和社会工作	20230	12470	3208	4553	11538			8692
卫生	20230	12470	3208	4553	11538			8692
文化、体育和娱乐业	2132		1811	321	2132			
体育	2132		1811	321	2132			
公共管理、社会保障和社会组织	364		167	196	364			
国家机构	364		167	196	364			
按机构所属学科分布								
自然科学	452836	127032	184095	141710	384456	39229		29152
信息科学与系统科学	290105	73288	108180	108637	258759	31332		14
力学	8488	1880	4852	1757	8391	93		5
物理学	175		116	59	175			
化学	28667	4477	8278	15911	12959	5610		10098
地球科学	68972	7919	53337	7716	63629	1788		3556
生物学	56430	39468	9332	7629	40544	406		15480
农业科学	248258	36625	52518	159115	195904	18237	14	34103
农学	190031	30208	44705	115119	150393	16253	9	23377
林学	28836	4719	4086	20030	25140		5	3690
水产学	29391	1699	3727	23965	20371	1984		7035
医药科学	162310	75264	45470	41576	128189	9134		24987
基础医学	94139	53531	25136	15472	80700	5328		8111
临床医学	15395	7617	4444	3334	5202	3131		7063
预防医学与公共卫生学	2691		4	2688	2690			1
药学	34821	8062	7995	18764	25883	676		8262
中医学与中药学	15264	6055	7891	1319	13714			1551
工程与技术科学	1057442	115589	371176	570677	779313	127212	964	149953
工程与技术科学基础学科	147005	15082	52232	79692	113774	4624		28608
信息与系统科学相关工程与技术	32962	5933	15706	11324	16113	8523	22	8305
自然科学相关工程与技术	65012	12248	36598	16166	59607	3232		2173
测绘科学技术	13531	306	5333	7893	17	3002		10513
材料科学	198844	37922	79700	81221	177036	17733	943	3132

单位：万元

指标名称	R&D经费内部支出	按活动类型分			按经费来源分			
		基础研究	应用研究	试验发展	政府资金	企业资金	国外资金	其他资金
机械工程	75956	2041	14155	59760	43797	22801		9358
动力与电气工程	32350	321	2223	29806	20599	2315		9436
能源科学技术	3161	53	1553	1554	2945	216		
电子与通信技术	160948	18594	64088	78266	112477	13498		34973
计算机科学技术	54008	2277	17859	33872	44898	8869		240
化学工程	66810	6231	13673	46906	53134	13675		
产品应用相关工程与技术	40173	2010	6995	31168	13030	5838		21304
纺织科学技术	15881	359	196	15326	10300	5581		
食品科学技术	13898	196	2781	10921	12734	395		769
土木建筑工程	503			503				503
水利工程	14531	1774	5246	7511	6978	4313		3239
交通运输工程	8734	97	3455	5182	8029			705
航空、航天科学技术	73225	8127	33913	31185	65257	7968		
环境科学技术及资源科学技术	24811	1733	10797	12281	15807	1001		8004
安全科学技术	14242	284	4650	9309	2780	3356		8106
管理学	859		24	834		273		586
人文与社会科学	35884	20870	8834	6180	21137			14747
马克思主义	7906	3439	4467		6785			1121
考古学	17432	17432			8291			9141
经济学	277		277		277			
社会学	5100		2248	2852	1284			3816
图书馆、情报与文献学	3038		31	3007	2368			670
体育科学	2132		1811	321	2132			
按机构从业人员规模分								
≥1000人	397501	97569	177430	122503	357282	22281	948	16990
500～999人	246175	77100	84856	84219	191628	16989	3	37555
300～499人	236515	65374	54608	116533	189592	12956	22	33946
200～299人	231864	38041	72835	120989	159164	32232		40469
100～199人	411126	68243	141520	201363	280514	60650		69962
50～99人	257631	19091	79714	158827	190296	32718		34618
30～49人	102192	6533	34877	60782	77660	11863		12669
20～29人	28343	700	5118	22525	22844	2076		3423
10～19人	34244	2377	8007	23860	29926	1746	5	2567
0～9人	11138	353	3128	7657	10092	302		744

2–15　科学研究和技术服务业事业单位R&D经费内部支出按经费类别分（2023）

单位：万元

指标名称	R&D经费内部支出	日常性支出	人员劳务费	其他日常性支出	资产性支出	土建费	仪器与设备支出	资本化的计算机软件支出	专利和专有技术支出
总计	**1956730**	**1394383**	**694772**	**699611**	**562347**	**126892**	**412251**	**16632**	**6572**
按机构所属地域分布									
杭州市	819004	636172	316216	319956	182832	31399	142718	7901	815
宁波市	386818	249496	119600	129896	137322	28806	104126	3999	392
温州市	221290	134812	78850	55962	86478	36191	43295	2403	4589
嘉兴市	142343	96862	57536	39326	45481	8349	36131	818	184
湖州市	45305	38122	19191	18931	7183	1480	5523	57	123
绍兴市	95671	55640	23025	32615	40032	8174	31137	714	7
金华市	61266	34264	20698	13566	27002	5111	21572	194	125
衢州市	87485	72377	18486	53891	15108	197	14438	209	264
舟山市	28431	23260	12668	10591	5172	1269	3747	156	
台州市	40746	31651	16338	15313	9095	4868	4015	167	46
丽水市	28371	21729	12165	9564	6642	1050	5551	14	28
按机构所属隶属关系分布									
中央部门属	210265	174568	78693	95876	35697	7005	28387	273	32
中国科学院	96324	75519	43939	31580	20804	3387	17155	262	
非中央部门属	1746465	1219815	616079	603736	526650	119887	383863	16359	6540
省级部门属	520186	414120	228101	186019	106066	21461	77386	7111	108
副省级城市属	238669	145489	58003	87485	93180	21877	67664	3522	117
地市级部门属	343367	264407	143171	121237	78960	19326	56671	2488	475
按机构从事的国民经济行业分布									
科学研究和技术服务业	1956730	1394383	694772	699611	562347	126892	412251	16632	6572
研究和试验发展	1606751	1148074	572234	575840	458678	89798	350127	12579	6174
专业技术服务业	167048	136307	83183	53123	30742	4478	24592	1476	196
科技推广和应用服务业	182930	110003	39354	70648	72928	32617	37531	2577	202
按机构服务的国民经济行业分布									
农、林、牧、渔业	199392	159754	90727	69027	39639	17628	21546	181	284
农业	90588	73277	44352	28925	17311	10569	6411	74	257
林业	15981	14943	9911	5033	1038	584	427		27

单位：万元

指标名称	R&D经费内部支出	日常性支出	人员劳务费	其他日常性支出	资产性支出	土建费	仪器与设备支出	资本化的计算机软件支出	专利和专有技术支出
渔业	17741	15577	5986	9592	2164	770	1383	11	
农、林、牧、渔专业及辅助性活动	75082	55956	30478	25477	19127	5705	13325	96	
制造业	279086	176209	79197	97012	102878	15966	83347	2685	880
农副食品加工业	2989	2439	1645	794	550		550		
食品制造业	1820	1362	615	746	459	32	425		2
酒、饮料和精制茶制造业	2109	2092	1205	887	18		18		
纺织业	15881	11627	1557	10070	4254	773	3482		
皮革、毛皮、羽毛及其制品和制鞋业	6069	6069	2806	3263					
文教、工美、体育和娱乐用品制造业	371	273	205	68	98	47	51		
化学原料和化学制品制造业	72856	50607	14158	36449	22249	4887	17232	67	63
医药制造业	40818	19467	11854	7613	21351		20942	401	8
金属制品业	547	457	191	266	90		87		3
通用设备制造业	11751	6005	2742	3263	5747	1837	2515	1383	11
专用设备制造业	4809	3793	2270	1523	1016	34	899	82	
汽车制造业	12744	1665	662	1003	11079	270	10801	8	
铁路、船舶、航空航天和其他运输设备制造业	16822	7539	4185	3353	9283		9096	188	
电气机械和器材制造业	4631	2901	1085	1816	1730	317	1413		
计算机、通信和其他电子设备制造业	68453	49288	27158	22131	19165	5447	12658	269	792
仪器仪表制造业	13295	7656	5038	2618	5639	2322	3028	288	2
其他制造业	3121	2971	1820	1151	151		151		
电力、热力、燃气及水生产和供应业	1874	1809	1110	699	65		65		
电力、热力生产和供应业	1874	1809	1110	699	65		65		
批发和零售业	769	534	355	179	234		234		
批发业	769	534	355	179	234		234		
交通运输、仓储和邮政业	7924	7163	1993	5170	761		749	11	2
道路运输业	7924	7163	1993	5170	761		749	11	2
信息传输、软件和信息技术服务业	57539	52755	8931	43824	4783	709	1801	2214	60
软件和信息技术服务业	57539	52755	8931	43824	4783	709	1801	2214	60
租赁和商务服务业	109	109	60	50					
商务服务业	109	109	60	50					
科学研究和技术服务业	1344850	947211	490378	456833	397639	85825	295640	10979	5195
研究和试验发展	1073663	746906	378932	367974	326757	73187	239938	8718	4914
专业技术服务业	161198	132057	75385	56673	29141	2500	24807	1744	91

指标名称	R&D经费内部支出	日常性支出	人员劳务费	其他日常性支出	资产性支出	土建费	仪器与设备支出	资本化的计算机软件支出	专利和专有技术支出
科技推广和应用服务业	109989	68248	36061	32187	41741	10138	30896	518	190
水利、环境和公共设施管理业	42461	34565	14464	20101	7897	988	6324	432	152
水利管理业	12418	11153	5272	5881	1265	488	567	210	
生态保护和环境治理业	30043	23411	9191	14220	6632	500	5758	223	152
卫生和社会工作	20230	12130	6230	5900	8100	5777	2262	62	
卫生	20230	12130	6230	5900	8100	5777	2262	62	
文化、体育和娱乐业	2132	1782	1053	729	350		282	68	
体育	2132	1782	1053	729	350		282	68	
公共管理、社会保障和社会组织	364	362	274	88	2		2		
国家机构	364	362	274	88	2		2		
按机构所属学科分布									
自然科学	452836	348214	161933	186281	104623	11239	88832	4413	139
信息科学与系统科学	290105	233132	120118	113014	56973	7215	45647	4111	
力学	8488	7867	2589	5277	622		622		
物理学	175	150	124	26	25		15		10
化学	28667	22422	8226	14195	6245	198	5928	57	63
地球科学	68972	55991	18101	37890	12981	3100	9691	126	64
生物学	56430	28653	12775	15878	27776	726	26929	119	2
农业科学	248258	199747	111864	87883	48511	22709	25329	186	286
农学	190031	151640	87465	64175	38392	18000	19977	161	255
林学	28836	26572	16051	10521	2264	994	1224	14	32
水产学	29391	21536	8349	13187	7855	3716	4128	11	
医药科学	162310	114959	59684	55274	47352	12108	32315	2921	8
基础医学	94139	73402	37151	36251	20736	95	20194	439	8
临床医学	15395	12945	6752	6192	2450	1087	1363		
预防医学与公共卫生学	2691	536	172	363	2156		3	2153	
药学	34821	24482	13788	10695	10339	1281	8739	319	
中医学与中药学	15264	3594	1821	1773	11670	9645	2016	10	
工程与技术科学	1057442	699864	348673	351191	357578	80836	262616	7987	6139
工程与技术科学基础学科	147005	93230	58306	34924	53775	20196	32332	1084	163
信息与系统科学相关工程与技术	32962	28113	17914	10199	4849	122	3909	710	108
自然科学相关工程与技术	65012	31923	14177	17746	33089	4246	28607	209	27
测绘科学技术	13531	10386	5143	5244	3145		2649	493	3
材料科学	198844	126913	67838	59075	71930	5506	61492	651	4282

指标名称	R&D经费内部支出	日常性支出	人员劳务费	其他日常性支出	资产性支出	土建费	仪器与设备支出	资本化的计算机软件支出	专利和专有技术支出
机械工程	75956	52404	25523	26880	23552	7045	13093	2120	1295
动力与电气工程	32350	13954	8691	5263	18396	15936	2248	205	7
能源科学技术	3161	2020	855	1165	1141	248	893		
电子与通信技术	160948	114627	57621	57006	46321	5069	40617	630	5
计算机科学技术	54008	35865	15963	19903	18142	9726	8407	8	2
化学工程	66810	46406	13910	32495	20404	3608	16713	83	
产品应用相关工程与技术	40173	30227	15497	14730	9946	3665	5959	320	2
纺织科学技术	15881	11627	1557	10070	4254	773	3482		
食品科学技术	13898	9736	5646	4090	4163	1372	2723	65	2
土木建筑工程	503	488	464	24	15		15		
水利工程	14531	13201	6520	6680	1330	488	632	210	
交通运输工程	8734	7973	2385	5588	761		749	11	2
航空、航天科学技术	73225	38741	14688	24053	34484	2299	31399	678	107
环境科学技术及资源科学技术	24811	19371	8350	11021	5440	537	4606	172	124
安全科学技术	14242	11868	7030	4838	2374		2023	340	11
管理学	859	792	595	197	67		67		
人文与社会科学	35884	31600	12617	18982	4284		3159	1125	
马克思主义	7906	5183	3731	1452	2723		2723		
考古学	17432	17432	4237	13195					
经济学	277	277	172	105					
社会学	5100	4956	2621	2335	144		134	10	
图书馆、情报与文献学	3038	1971	803	1168	1067		21	1046	
体育科学	2132	1782	1053	729	350		282	68	
按机构从业人员规模分									
≥1000人	397501	311095	187127	123968	86406	12990	68532	4881	3
500～999人	246175	204191	96675	107515	41984	8435	32915	533	101
300～499人	236515	160600	84094	76506	75914	6161	67707	1224	822
200～299人	231864	179055	78186	100869	52809	8864	41346	1486	1113
100～199人	411126	290151	124460	165691	120975	29520	88275	2803	378
50～99人	257631	142238	73065	69173	115394	39440	71124	1133	3697
30～49人	102192	60390	29246	31144	41802	13836	25923	1662	381
20～29人	28343	19324	9894	9430	9019	3104	5217	677	22
10～19人	34244	20436	7953	12483	13808	4388	7214	2194	13
0～9人	11138	6904	4073	2831	4234	154	3999	40	42

2-16 科学研究和技术服务业事业单位 R&D 经费外部支出（2023）

单位：万元

指标名称	R&D 经费外部支出	对境内研究机构支出	对境内高等学校支出	对境内企业支出	对境内其他单位支出	对境外机构支出
总计	**62593**	**11371**	**34460**	**15268**	**1075**	**419**
按机构所属地域分布						
杭州市	37058	8700	15646	11374	919	419
宁波市	3840	604	800	2405	31	
温州市	1913	108	1378	426		
嘉兴市	8178	528	6985	665		
湖州市	50		50			
绍兴市	2539		2328	211		
金华市	3961		3795	40	126	
衢州市	13		13			
舟山市	4915	1431	3453	32		
台州市	127		12	115		
按机构所属隶属关系分布						
中央部门属	2785	817	1371	597		
非中央部门属	59809	10554	33089	14671	1075	419
省级部门属	20621	6498	9409	4198	97	419
副省级城市属	3571	2513	798	230	31	
地市级部门属	1746	66	1450	230		
按机构从事的国民经济行业分布						
科学研究和技术服务业	62593	11371	34460	15268	1075	419
研究和试验发展	60880	11119	33818	14514	1010	419
专业技术服务业	421	31	271	89	31	
科技推广和应用服务业	1293	221	372	665	35	
按机构服务的国民经济行业分布						
农、林、牧、渔业	3366	1123	1622	621		
农业	2769	838	1362	569		

指标名称	R&D 经费外部支出	对境内研究机构支出	对境内高等学校支出	对境内企业支出	对境内其他单位支出	对境外机构支出
林业	62		10	52		
渔业	535	285	250			
制造业	4197	615	1080	2467	35	
医药制造业	1000		1000			
通用设备制造业	2178		2	2176		
专用设备制造业	50	8	3	39		
汽车制造业	127		12	115		
电气机械和器材制造业	50		50			
计算机、通信和其他电子设备制造业	792	607	13	137	35	
交通运输、仓储和邮政业	1243	640	478	125		
道路运输业	1243	640	478	125		
信息传输、软件和信息技术服务业	176	34		142		
软件和信息技术服务业	176	34		142		
科学研究和技术服务业	53210	8959	31141	11709	982	419
研究和试验发展	45140	7452	25180	11142	948	419
专业技术服务业	7131	1434	5573	89	35	
科技推广和应用服务业	939	73	388	478		
水利、环境和公共设施管理业	402		140	204	58	
水利管理业	182		60	64	58	
生态保护和环境治理业	220		80	140		
按机构所属学科分布						
自然科学	15932	6276	5467	3732	39	419
信息科学与系统科学	13771	4216	5439	3698		419
力学	217	148		34	35	
地球科学	36	4	28		4	
生物学	1909	1909				
农业科学	3624	1196	1782	646		
农学	3027	911	1522	594		
林学	62		10	52		
水产学	535	285	250			

指标名称	R&D 经费外部支出	对境内研究机构支出	对境内高等学校支出	对境内企业支出	对境内其他单位支出	对境外机构支出
医药科学	2079	8	1026	1039	6	
基础医学	1079	8	26	1039	6	
药学	1000		1000			
工程与技术科学	40959	3891	26186	9851	1031	
工程与技术科学基础学科	4904	473	3363	1068		
信息与系统科学相关工程与技术	4830	874	497	2638	822	
自然科学相关工程与技术	9474	1400	8074			
测绘科学技术	103		72		31	
材料科学	2113	334	1161	498	120	
机械工程	564	17	82	466		
动力与电气工程	13		13			
电子与通信技术	4340	15	4230	95		
计算机科学技术	10173	34	5792	4347		
产品应用相关工程与技术	541	100	199	242		
水利工程	182		60	64	58	
交通运输工程	1243	640	478	125		
航空、航天科学技术	2000		2000			
环境科学技术及资源科学技术	479	4	166	309		
按机构从业人员规模分						
≥1000 人	13771	4216	5439	3698		419
500～999 人	4241	853	1601	1728	58	
300～499 人	3865	975	649	1413	828	
200～299 人	13893	668	8433	4792		
100～199 人	8959	467	8094	333	66	
50～99 人	14413	3748	9614	931	120	
30～49 人	2835	4	570	2257	4	
20～29 人	127		12	115		
10～19 人	490	440	50			
0～9 人	12	12				

2–17 科学研究和技术服务业事业单位R&D日常性支出（2023）

单位：万元

指标名称	R&D日常性支出	按活动类型分组			按来源分组				
		基础研究	应用研究	试验发展	政府资金	企业资金	事业单位资金	国外资金	其他资金
总计	**1394383**	**275178**	**462136**	**657069**	**1025030**	**169288**	**195743**	**780**	**3541**
按机构所属地域分布									
杭州市	636172	180261	223136	232776	520936	50350	62249	30	2608
宁波市	249496	39485	76736	133275	159825	46201	42700	745	24
温州市	134812	12400	38236	84176	91500	25782	17452		79
嘉兴市	96862	10684	46204	39974	45953	10994	39795		120
湖州市	38122	4381	11376	22365	21651	8651	7814		6
绍兴市	55640	4246	22091	29302	37853	13988	3799		
金华市	34264	5223	11769	17272	32463	785	1016		
衢州市	72377	10080	9557	52740	63043	6648	2686		
舟山市	23260	2332	5431	15497	20611	1467	472	5	705
台州市	31651	5831	10374	15445	15746	4255	11649		
丽水市	21729	257	7225	14247	15451	167	6111		
按机构所属隶属关系分布									
中央部门属	174568	31532	92375	50661	144129	11867	15419	748	2405
中国科学院	75519	14694	42612	18214	66906	7869		745	
非中央部门属	1219815	243646	369760	606408	880901	157421	180324	32	1136
省级部门属	414120	112039	147603	154479	331393	23918	58805	6	
副省级城市属	145489	30273	24426	90789	73184	33946	38334		24
地市级部门属	264407	25475	71575	167357	182764	19076	61773	5	789
按机构从事的国民经济行业分布									
科学研究和技术服务业	1394383	275178	462136	657069	1025030	169288	195743	780	3541
研究和试验发展	1148074	259326	392998	495750	913609	104777	126359	780	2549
专业技术服务业	136307	6821	42016	87470	61162	14199	60238		707
科技推广和应用服务业	110003	9032	27121	73850	50259	50312	9146		285
按机构服务的国民经济行业分布									
农、林、牧、渔业	159754	25446	35566	98741	137852	10248	11639	14	
农业	73277	8639	14354	50285	71042	588	1645	3	
林业	14943	2037	2499	10408	14460		478	5	
渔业	15577	1211	2870	11496	12653	1454	1470		

指标名称	R&D 日常性 支出	按活动类型分组			按来源分组				
		基础 研究	应用 研究	试验 发展	政府 资金	企业 资金	事业单位 资金	国外 资金	其他 资金
农、林、牧、渔专业及辅助性活动	55956	13559	15844	26553	39697	8206	8047	6	
制造业	176209	22642	56181	97386	94045	32683	48611		870
农副食品加工业	2439		641	1798	2439				
食品制造业	1362		338	1024	1002	360			
酒、饮料和精制茶制造业	2092		424	1668	1057	1035			
纺织业	11627	263	143	11221	6046	5581			
皮革、毛皮、羽毛及其制品和制鞋业	6069		2908	3161		6069			
文教、工美、体育和娱乐用品制造业	273			273			273		
化学原料和化学制品制造业	50607	7364	9517	33726	35279	13170	1993		165
医药制造业	19467	10091	6697	2679	4746	760	13961		
金属制品业	457		457		457				
通用设备制造业	6005	40	1413	4552	4781	836	387		
专用设备制造业	3793	54	2087	1652	1234	216	2343		
汽车制造业	1665	52	738	875	808	717	139		
铁路、船舶、航空航天和其他运输设备制造业	7539	649	2447	4442	6181	653			705
电气机械和器材制造业	2901	36	1311	1554	2247	654			
计算机、通信和其他电子设备制造业	49288	4068	24788	20432	18420	1353	29515		
仪器仪表制造业	7656	26	1848	5783	6377	1279			
其他制造业	2971		424	2547	2971				
电力、热力、燃气及水生产和供应业	1809		1583	226	146	1664			
电力、热力生产和供应业	1809		1583	226	146	1664			
批发和零售业	534			534	534				
批发业	534			534	534				
交通运输、仓储和邮政业	7163	88	3123	3952	7163				
道路运输业	7163	88	3123	3952	7163				
信息传输、软件和信息技术服务业	52755	6806	4309	41640	25828	26687	241		
软件和信息技术服务业	52755	6806	4309	41640	25828	26687	241		
租赁和商务服务业	109		109		109				
商务服务业	109		109		109				
科学研究和技术服务业	947211	210332	348897	387982	731021	92851	120404	766	2169
研究和试验发展	746906	193131	278970	274806	626317	68195	49484	766	2144
专业技术服务业	132057	8797	45095	78166	63200	6021	62833		3
科技推广和应用服务业	68248	8405	24832	35011	41503	18636	8087		22

指标名称	R&D 日常性 支出	按活动类型分组			按来源分组				
		基础 研究	应用 研究	试验 发展	政府 资金	企业 资金	事业单位 资金	国外 资金	其他 资金
水利、环境和公共设施管理业	34565	2131	8931	23503	20776	5155	8209		425
水利管理业	11153	1571	3196	6386	6181	2650	2018		305
生态保护和环境治理业	23411	560	5735	17116	14594	2506	6191		120
卫生和社会工作	12130	7733	1808	2589	5413		6639		79
卫生	12130	7733	1808	2589	5413		6639		79
文化、体育和娱乐业	1782		1461	321	1782				
体育	1782		1461	321	1782				
公共管理、社会保障和社会组织	362		167	195	362				
国家机构	362		167	195	362				
按机构所属学科分布									
自然科学	348214	90382	142286	115546	285013	38168	22765		2268
信息科学与系统科学	233132	57893	84091	91149	201838	31294			
力学	7867	1742	4497	1628	7769	93	4		
物理学	150		99	51	150				
化学	22422	3183	6812	12427	9186	4597	8474		165
地球科学	55991	6932	42415	6644	51292	1788	808		2103
生物学	28653	20633	4372	3648	14778	397	13478		
农业科学	199747	31202	42456	126089	165809	12675	21249	14	
农学	151640	25604	35521	90515	125011	11085	15535	9	
林学	26572	4241	3804	18527	23099		3468	5	
水产学	21536	1357	3132	17047	17699	1590	2247		
医药科学	114959	56911	29318	28730	85862	9133	19926		38
基础医学	73402	43474	19854	10075	61786	5328	6252		38
临床医学	12945	6775	3820	2350	3175	3131	6639		
预防医学与公共卫生学	536		1	535	535		1		
药学	24482	4503	4679	15301	16772	675	7035		
中医学与中药学	3594	2160	964	470	3594				
工程与技术科学	699864	76997	241173	381694	471323	109311	117250	766	1214
工程与技术科学基础学科	93230	9842	33991	49397	70056	4539	18557		79
信息与系统科学相关工程与技术	28113	4987	13222	9904	13207	8019	6860	22	6
自然科学相关工程与技术	31923	5579	16921	9424	28488	2074	1361		
测绘科学技术	10386	270	4643	5474	8	1196	9182		
材料科学	126913	25316	52961	48636	109287	13757	3124	745	

指标名称	R&D日常性支出	按活动类型分组			按来源分组				
		基础研究	应用研究	试验发展	政府资金	企业资金	事业单位资金	国外资金	其他资金
机械工程	52404	1346	10100	40958	26862	17270	8272		
动力与电气工程	13954	302	1711	11941	3786	2315	7852		
能源科学技术	2020	36	1071	913	1837	183			
电子与通信技术	114627	13857	39716	61053	72381	12702	29544		
计算机科学技术	35865	1095	11190	23580	26765	8861	240		
化学工程	46406	4334	7854	34218	33937	12469			
产品应用相关工程与技术	30227	1755	5174	23298	9654	4677	15896		
纺织科学技术	11627	263	143	11221	6046	5581			
食品科学技术	9736	166	2321	7249	9054	395	287		
土木建筑工程	488			488			488		
水利工程	13201	1571	4779	6851	6565	4313	2018		305
交通运输工程	7973	88	3123	4762	7268				705
航空、航天科学技术	38741	4424	19188	15129	32097	6644			
环境科学技术及资源科学技术	19371	1530	9134	8707	11734	999	6518		120
安全科学技术	11868	237	3906	7726	2291	3046	6531		
管理学	792		24	768		273	520		
人文与社会科学	31600	19686	6904	5010	17024		14554		22
马克思主义	5183	2254	2928		4062		1121		
考古学	17432	17432			8291		9141		
经济学	277		277		277				
社会学	4956		2208	2748	1284		3672		
图书馆、情报与文献学	1971		30	1941	1329		620		22
体育科学	1782		1461	321	1782				
按机构从业人员规模分									
≥1000 人	311095	76146	138689	96261	275761	20216	14367	750	
500～999 人	204191	60763	69664	73763	154717	16094	31239	3	2138
300～499 人	160600	40953	38359	81288	119648	12838	28093	22	
200～299 人	179055	33321	51077	94657	116050	27309	35691		6
100～199 人	290151	48312	93217	148623	182741	53893	53212		305
50～99 人	142238	10224	40064	91950	96962	24461	20792		22
30～49 人	60390	3243	21353	35794	42633	10407	7351		
20～29 人	19324	405	3894	15025	14100	2043	2278		903
10～19 人	20436	1464	3707	15265	16519	1734	2013	5	165
0～9 人	6904	348	2112	4443	5900	295	707		3

2-18 科学研究和技术服务业事业单位专利（2023）

指标名称	专利申请受理数（件）	#发明专利	专利授权数（件）	#发明专利	#国外授权	拥有有效发明专利总数（件）	专利所有权转让及许可数（件）	专利所有权转让及许可收入（万元）
总计	**10278**	**8945**	**4565**	**3383**	**143**	**15095**	**415**	**5069**
按机构所属地域分布								
杭州市	4062	3657	2121	1696	95	5806	82	4031
宁波市	2040	1809	872	701	17	4503	116	571
温州市	569	436	355	233	8	1153	76	159
嘉兴市	830	662	297	143	2	907	10	53
湖州市	1192	1100	261	176	7	368	5	55
绍兴市	523	443	131	64	2	190	4	75
金华市	215	140	95	56	4	129		
衢州市	319	299	99	87	1	268	7	55
舟山市	153	137	119	99	4	1089	86	18
台州市	298	203	181	107	3	536	28	53
丽水市	77	59	34	21		146	1	
按机构所属隶属关系分布								
中央部门属	1019	898	626	552	23	4520	126	3116
中国科学院	767	692	380	345	10	3256	108	425
非中央部门属	9259	8047	3939	2831	120	10575	289	1954
省级部门属	3303	2975	1861	1415	85	5216	48	810
副省级城市属	701	603	278	185	5	643	3	9
地市级部门属	2251	1904	765	483	16	1937	131	180
按机构从事的国民经济行业分布								
科学研究和技术服务业	10278	8945	4565	3383	143	15095	415	5069
研究和试验发展	8887	7947	3870	3026	140	12377	287	4908
专业技术服务业	586	343	469	222	3	1890	16	117
科技推广和应用服务业	805	655	226	135		828	112	44
按机构服务的国民经济行业分布								
农、林、牧、渔业	630	489	672	488	41	3143	115	655
农业	250	165	209	116	22	797	17	122
林业	49	45	48	44	6	166		

指标名称	专利申请受理数（件）	#发明专利	专利授权数（件）	#发明专利	#国外授权	拥有有效发明专利总数(件)	专利所有权转让及许可数（件）	专利所有权转让及许可收入（万元）
渔业	137	119	140	113	1	1014		
农、林、牧、渔专业及辅助性活动	194	160	275	215	12	1166	98	533
制造业	940	802	270	185	5	743	40	294
农副食品加工业	6	6	10	9	1	39		
食品制造业	18	18						
酒、饮料和精制茶制造业	12	12	12	10	2	64		
纺织业	83	69	19	10		16	2	71
皮革、毛皮、羽毛及其制品和制鞋业	5	1	15	5		9	21	
文教、工美、体育和娱乐用品制造业	2	2				3		
化学原料和化学制品制造业	195	180	46	46		130	1	30
医药制造业	36	35	15	14		45		
金属制品业	10	10	3	3		3		
通用设备制造业	79	59	22	12		126		
专用设备制造业	17	6	14	5		10		
汽车制造业	31	29	6	6		14	1	6
铁路、船舶、航空航天和其他运输设备制造业	57	56	2	2		4		
电气机械和器材制造业	33	25	14	14		15	1	30
计算机、通信和其他电子设备制造业	270	229	49	26		126	5	4
仪器仪表制造业	76	55	26	6	2	98	9	153
其他制造业	10	10	17	17		41		
电力、热力、燃气及水生产和供应业	2	2	2	2		11		
电力、热力生产和供应业	2	2	2	2		11		
交通运输、仓储和邮政业	42	27	41	15		28	2	5
道路运输业	42	27	41	15		28	2	5
信息传输、软件和信息技术服务业	240	194	136	69	1	181	6	25
软件和信息技术服务业	240	194	136	69	1	181	6	25
租赁和商务服务业						2		
商务服务业						2		
科学研究和技术服务业	8047	7158	3218	2497	95	10254	227	4054
研究和试验发展	6865	6333	2566	2154	90	8507	204	3910

指标名称	专利申请受理数（件）	#发明专利	专利授权数（件）	#发明专利	#国外授权	拥有有效发明专利总数（件）	专利所有权转让及许可数（件）	专利所有权转让及许可收入（万元）
专业技术服务业	471	285	333	149	2	747	8	64
科技推广和应用服务业	711	540	319	194	3	1000	15	80
水利、环境和公共设施管理业	270	217	157	108	1	627	23	
水利管理业	98	76	72	50	1	200		
生态保护和环境治理业	172	141	85	58		427	23	
卫生和社会工作	106	56	67	19		96	2	37
卫生	106	56	67	19		96	2	37
文化、体育和娱乐业	1		2			10		
体育	1		2			10		
按机构所属学科分布								
自然科学	2640	2566	1120	1007	56	2579	16	2339
信息科学与系统科学	2362	2321	968	892	53	1885	6	25
力学	52	44	10	2		3		
物理学	7	3	2					
化学	111	97	59	39	1	333	8	7
地球科学	63	59	79	72	2	339	2	2308
生物学	45	42	2	2		19		
农业科学	836	618	808	601	48	3909	129	945
农学	549	376	533	378	38	2255	41	929
林学	130	106	125	102	9	448	5	5
畜牧、兽医科学	3	3						
水产学	154	133	150	121	1	1206	83	12
医药科学	305	219	144	77	4	292	2	37
基础医学	150	121	56	38	4	55		
临床医学	61	36	30	17		84	2	37
药学	32	27	17	12		71		
中医学与中药学	62	35	41	10		82		
工程与技术科学	6494	5540	2481	1688	35	8292	268	1748
工程与技术科学基础学科	659	538	307	219	4	489	2	37
信息与系统科学相关工程与技术	300	198	213	112	3	739	18	53
自然科学相关工程与技术	373	333	72	33		87	5	6

指标名称	专利申请受理数（件）	#发明专利	专利授权数（件）	#发明专利	#国外授权	拥有有效发明专利总数（件）	专利所有权转让及许可数（件）	专利所有权转让及许可收入（万元）
测绘科学技术	36	25	23	12		33		
材料科学	1265	1113	543	465	14	3653	116	448
机械工程	598	519	237	161		784	55	182
动力与电气工程	131	62	78	29	2	82	3	60
能源科学技术	22	22	7	7		26	2	30
电子与通信技术	1777	1663	335	280	4	905	16	551
计算机科学技术	212	159	119	54		136	6	104
化学工程	202	196	59	49		136	22	30
产品应用相关工程与技术	223	136	148	62	4	425	18	165
纺织科学技术	83	69	19	10		16	2	71
食品科学技术	38	37	34	30	2	128		
水利工程	100	78	74	52	1	211		
交通运输工程	47	31	43	17		32	2	5
航空、航天科学技术	333	317	83	64	1	134	1	3
环境科学技术及资源科学技术	71	40	58	29		225		
安全科学技术	24	4	29	3		51		4
人文与社会科学	3	2	12	10		23		
经济学	1	1				3		
社会学	1	1	10	10		10		
体育科学	1		2			10		
按机构从业人员规模分								
≥1000人	3094	2965	1526	1372	71	5870	118	941
500～999人	870	659	484	296	7	1626	32	3016
300～499人	1615	1474	458	330	9	918	30	310
200～299人	952	800	358	244	10	994	26	463
100～199人	1862	1555	863	589	20	2998	46	119
50～99人	1181	963	551	325	15	1642	158	210
30～49人	445	336	202	147	10	647	3	5
20～29人	89	68	30	18		54	1	6
10～19人	134	99	49	30	1	141		
0～9人	36	26	44	32		205	1	

2-19 科学研究和技术服务业事业单位论文、著作及其他科技产出（2023）

指标名称	科技论文（篇）	#国外发表	科技著作（种）	形成国家或行业标准数（项）	集成电路布图设计登记数（件）	植物新品种权授予数（项）	软件著作权数（件）	新药证书数（件）
总计	11902	7776	287	351	43	188	1558	6
按机构所属地域分布								
杭州市	5670	3505	170	152	4	141	893	
宁波市	2607	2014	43	61		20	159	6
温州市	680	455	14	16		9	123	
嘉兴市	687	468	2	9	33	6	176	
湖州市	451	327	8	1	5		43	
绍兴市	278	130	5	36	1		27	
金华市	401	267	8	19		1	10	
衢州市	511	393	4	17			47	
舟山市	206	77	4	10			14	
台州市	279	125	17	26		3	50	
丽水市	132	15	12	4		8	16	
按机构所属隶属关系分布								
中央部门属	2319	1823	37	33		72	44	
中国科学院	1261	1079	15	8			16	
非中央部门属	9583	5953	250	318	43	116	1514	6
省级部门属	3666	1823	145	123	37	61	846	
副省级城市属	958	539	31	49		30	107	
地市级部门属	1995	1211	40	74	5	25	275	
按机构从事的国民经济行业分布								
科学研究和技术服务业	11902	7776	287	351	43	188	1558	6
研究和试验发展	9767	7244	239	160	9	188	1237	
专业技术服务业	1663	264	36	175	33		250	
科技推广和应用服务业	472	268	12	16	1		71	6
按机构服务的国民经济行业分布								
农、林、牧、渔业	1742	880	57	27		146	274	
农业	585	203	18	8		84	70	
林业	169	92	6	2		10	1	
渔业	162	53	5	1			6	

2-19 续表1

指标名称	科技论文（篇）	#国外发表	科技著作（种）	形成国家或行业标准数（项）	集成电路布图设计登记数（件）	植物新品种权授予数（项）	软件著作权数（件）	新药证书数（件）
农、林、牧、渔专业及辅助性活动	826	532	28	16		52	197	
制造业	952	668	7	51	1		139	
农副食品加工业	30	12						
食品制造业	2	1		1			7	
酒、饮料和精制茶制造业	38	13	1	5				
纺织业	60	42		11			2	
皮革、毛皮、羽毛及其制品和制鞋业	2	2					21	
文教、工美、体育和娱乐用品制造业				4				
化学原料和化学制品制造业	279	213		1			9	
医药制造业	210	198	1				1	
金属制品业	5						2	
通用设备制造业	10						3	
专用设备制造业	20			11			1	
汽车制造业	1	1		6			18	
铁路、船舶、航空航天和其他运输设备制造业	83	74					6	
电气机械和器材制造业	18	12					3	
计算机、通信和其他电子设备制造业	139	77	2	1	1		29	
仪器仪表制造业	45	23	3	11			27	
其他制造业	10						10	
电力、热力、燃气及水生产和供应业	14							
电力、热力生产和供应业	14							
批发和零售业				4				
批发业				4				
交通运输、仓储和邮政业	84	13					64	
道路运输业	84	13					64	
信息传输、软件和信息技术服务业	215	195	4	2			70	
软件和信息技术服务业	215	195	4	2			70	
租赁和商务服务业	28	4	2					
商务服务业	28	4	2					
科学研究和技术服务业	8266	5717	173	259	42	41	937	6
研究和试验发展	6175	5163	124	65	9	41	571	
专业技术服务业	1598	200	38	185			286	
科技推广和应用服务业	493	354	11	9	33		80	6

指标名称	科技论文（篇）	#国外发表	科技著作（种）	形成国家或行业标准数（项）	集成电路布图设计登记数（件）	植物新品种权授予数（项）	软件著作权数（件）	新药证书数（件）
水利、环境和公共设施管理业	289	143	27	2		1	70	
水利管理业	100	32	4	1			37	
生态保护和环境治理业	189	111	23	1		1	33	
卫生和社会工作	291	156	17	6			4	
卫生	291	156	17	6			4	
文化、体育和娱乐业	4							
体育	4							
公共管理、社会保障和社会组织	17							
国家机构	17							
按机构所属学科分布								
自然科学	2117	1859	24	33	4		339	
信息科学与系统科学	1196	1134	8	6	3		310	
力学	11	3			1		6	
物理学	5							
化学	159	69	1	9			3	
地球科学	458	366	14	18			19	
生物学	288	287	1				1	
农业科学	2279	1090	74	51		188	313	
农学	1701	871	57	40		176	272	
林学	375	142	12	4		12	35	
水产学	203	77	5	7			6	
医药科学	1214	909	23	43			11	
基础医学	726	626	1	12			1	
临床医学	132	98	3	1			2	
预防医学与公共卫生学	1							
药学	169	106	4	25			7	
中医学与中药学	186	79	15	5			1	
工程与技术科学	5912	3880	97	218	39		862	6
工程与技术科学基础学科	582	356	5	58			152	
信息与系统科学相关工程与技术	37	16			39		45	
自然科学相关工程与技术	175	153	4	2			29	
测绘科学技术	98	9		10			60	
材料科学	1634	1320	19	13			49	
机械工程	375	267	7	34			83	

指标名称	科技论文（篇）	#国外发表	科技著作（种）	形成国家或行业标准数（项）	集成电路布图设计登记数（件）	植物新品种权授予数（项）	软件著作权数（件）	新药证书数（件）
动力与电气工程	496	7	6	24			59	
能源科学技术	54	38	7					
电子与通信技术	796	686	3	4			68	
计算机科学技术	153	131	1	2			50	
化学工程	286	254		5			23	
产品应用相关工程与技术	183	64	7	41			52	6
纺织科学技术	60	42		11			2	
食品科学技术	93	27	5	5			7	
土木建筑工程	1							
水利工程	114	32	4	1			37	
交通运输工程	84	13					64	
航空、航天科学技术	406	357	8	1			22	
环境科学技术及资源科学技术	184	100	19	1			25	
安全科学技术	85	8	2	6			31	
管理学	16						4	
人文与社会科学	380	38	69	6			33	
马克思主义	65	1	45					
考古学	32	3	13					
经济学	179	27	7				19	
法学	2							
社会学	55	4	2	6			5	
图书馆、情报与文献学	43	3	2				9	
体育科学	4							
按机构从业人员规模分								
≥1000人	2982	2481	49	31	3	51	505	
500～999人	1758	1092	21	23	33	59	127	
300～499人	839	686	7	36			64	
200～299人	1317	847	28	69	5	20	233	
100～199人	2977	1632	119	62	1	39	324	
50～99人	1277	698	34	52		12	176	
30～49人	385	162	4	44		7	84	6
20～29人	118	45	10	20	1		22	
10～19人	174	97	14	8			18	
0～9人	75	36	1	6			5	

2-20 科学研究和技术服务业事业单位对外科技服务（2023）

单位：人年

指标名称	合计	科技成果的示范性推广工作	为用户提供可行性报告、技术方案、建议及进行技术论证等技术咨询工作	地形、地质和水文考察、天文、气象和地震的日常观察	为社会和公众提供的检验、检疫、测试、标准化、计量、计算、质量控制和专利服务	科技信息文献服务	提供孵化、平台搭建等科技服务活动	科学普及	其他科技服务活动
总计	**10574**	**1315**	**2564**	**153**	**3469**	**344**	**674**	**716**	**1339**
按机构所属地域分布									
杭州市	5116	603	1462	79	1536	163	217	236	820
宁波市	1402	163	212	16	690	35	78	102	106
温州市	1151	176	259	8	436	32	68	51	121
嘉兴市	688	111	142	7	143	21	163	40	61
湖州市	604	63	212		35	16	92	95	91
绍兴市	528	36	125	5	219	40	17	54	32
金华市	185	32	37	1	55	9	8	23	20
衢州市	222	21	22	9	112	8	6	19	25
舟山市	236	40	47	17	60	12	6	41	13
台州市	229	30	22	4	127	6	11	10	19
丽水市	213	40	24	7	56	2	8	45	31
按机构所属隶属关系分布									
中央部门属	1068	147	432	32	305	28	33	47	44
中国科学院	111	25	12		52	3	12	2	5
非中央部门属	9506	1168	2132	121	3164	316	641	669	1295
省级部门属	3661	381	888	60	1195	134	117	112	774
副省级城市属	1381	106	201	6	826	14	51	97	80
地市级部门属	2257	241	477	30	816	104	175	212	202
按机构从事的国民经济行业分布									
科学研究和技术服务业	10574	1315	2564	153	3469	344	674	716	1339
研究和试验发展	6080	932	1731	90	1661	261	464	452	489
专业技术服务业	3541	163	612	47	1662	44	104	190	719
科技推广和应用服务业	953	220	221	16	146	39	106	74	131
按机构服务的国民经济行业分布									
农、林、牧、渔业	1172	441	181	22	216	36	42	95	139
农业	431	170	43		77	23	23	25	70
林业	119	38	20	17	12		5	21	6

指标名称	合计	科技成果的示范性推广工作	为用户提供可行性报告、技术方案、建议及进行技术论证等技术咨询工作	地形、地质和水文考察、天文、气象和地震的日常观察	为社会和公众提供的检验、检疫、测试、标准化、计量、计算、质量控制和专利服务	科技信息文献服务	提供孵化、平台搭建等科技服务活动	科学普及	其他科技服务活动
渔业	100	33	26		23			6	12
农、林、牧、渔专业及辅助性活动	522	200	92	5	104	13	14	43	51
制造业	1136	97	271		524	26	84	94	40
农副食品加工业	26	2	2					22	
食品制造业	13	4	2		1	1	3	1	1
酒、饮料和精制茶制造业	26	3	3		9	4	2	4	1
纺织业	16	4	2		2		2	1	5
皮革、毛皮、羽毛及其制品和制鞋业	6		5			1			
文教、工美、体育和娱乐用品制造业	12		1		6	2		1	2
化学原料和化学制品制造业	156	8	86		12	6	16	22	6
医药制造业	89	1	13		65		4	3	3
金属制品业	4		1			1	1	1	
通用设备制造业	136	16	96		5	2	6	6	5
专用设备制造业	178	2	1		173				2
汽车制造业	33	11	8		1	1	9	1	2
铁路、船舶、航空航天和其他运输设备制造业	9	5	2				1		1
电气机械和器材制造业	35	3	12		5	1	1	5	8
计算机、通信和其他电子设备制造业	163	37	29		30	4	33	26	4
仪器仪表制造业	230		6		215	4	5		
其他制造业	4	1	2					1	
电力、热力、燃气及水生产和供应业	59	3	21		32	2		1	
电力、热力生产和供应业	59	3	21		32	2		1	
交通运输、仓储和邮政业	127	11	45		15	56			
道路运输业	127	11	45		15	56			
信息传输、软件和信息技术服务业	72	7	19	1	5	6	16	12	6
软件和信息技术服务业	72	7	19	1	5	6	16	12	6
租赁和商务服务业	42		32		2		4		4
商务服务业	42		32		2		4		4
科学研究和技术服务业	7275	702	1631	94	2529	200	513	499	1107
研究和试验发展	2681	388	845	26	520	84	301	244	273
专业技术服务业	3663	138	613	45	1840	43	45	205	734
科技推广和应用服务业	931	176	173	23	169	73	167	50	100

单位：人年

指标名称	合计	科技成果的示范性推广工作	为用户提供可行性报告、技术方案、建议及进行技术论证等技术咨询工作	地形、地质和水文考察、天文、气象和地震的日常观察	为社会和公众提供的检验、检疫、测试、标准化、计量、计算、质量控制和专利服务	科技信息文献服务	提供孵化、平台搭建等科技服务活动	科学普及	其他科技服务活动
水利、环境和公共设施管理业	562	46	332	34	92	5	11	14	28
水利管理业	377	17	230	31	77	3	1	1	17
生态保护和环境治理业	185	29	102	3	15	2	10	13	11
卫生和社会工作	97	8	12	2	46	13	4	1	11
卫生	97	8	12	2	46	13	4	1	11
文化、体育和娱乐业	11		4		3				4
体育	11		4		3				4
公共管理、社会保障和社会组织	21		16		5				
国家机构	21		16		5				
按机构所属学科分布									
自然科学	881	51	231	52	285	34	82	98	48
信息科学与系统科学	101	12	13		3	17	23	15	18
力学	7		7						
物理学	3	1						1	1
化学	280	24	43		129	10	25	31	18
地球科学	312	8	148	52	55	7	7	35	
生物学	178	6	20		98		27	16	11
农业科学	1629	532	442	22	255	48	50	121	159
农学	1076	423	150	5	196	48	43	76	135
林学	433	64	266	17	36		5	33	12
水产学	120	45	26		23		2	12	12
医药科学	502	32	32	2	348	14	15	27	32
基础医学	273	27	13		183		10	17	23
临床医学	5				3				2
预防医学与公共卫生学	1					1			
药学	154	2	11		122	1	4	9	5
中医学与中药学	69	3	8	2	40	12	1	1	2
工程与技术科学	7216	679	1682	75	2569	203	514	460	1034
工程与技术科学基础学科	1074	114	187	5	521	25	121	52	49
信息与系统科学相关工程与技术	365	51	49		57	5	108	81	14
自然科学相关工程与技术	164	10	22	1	60	10	25	21	15
测绘科学技术	816	22	61	11	73	12	12	8	617
材料科学	531	67	70		263	35	43	38	15

指标名称	合计	科技成果的示范性推广工作	为用户提供可行性报告、技术方案、建议及进行技术论证等技术咨询工作	地形、地质和水文考察、天文、气象和地震的日常观察	为社会和公众提供的检验、检疫、测试、标准化、计量、计算、质量控制和专利服务	科技信息文献服务	提供孵化、平台搭建等科技服务活动	科学普及	其他科技服务活动
机械工程	1003	126	191		500	5	60	55	66
动力与电气工程	225	43	46		62	8	10	11	45
能源科学技术	24	5	3		1	1	1	5	8
电子与通信技术	638	55	326	1	84	8	71	32	61
计算机科学技术	59	9	18		2	3	13	4	10
化学工程	95	2	63		18		4	4	4
产品应用相关工程与技术	788	69	117	2	473	14	19	34	60
纺织科学技术	16	4	2		2		2	1	5
食品科学技术	194	9	9		121	1	5	46	3
土木建筑工程	2								2
水利工程	438	21	251	31	109	5	1	3	17
交通运输工程	128	11	45		15	56			1
航空、航天科学技术	60	10	4				3	33	10
环境科学技术及资源科学技术	390	32	185	14	101	11	11	27	9
安全科学技术	148	15	30	10	75			4	14
管理学	58	4	3		32	4	5	1	9
人文与社会科学	346	21	177	2	12	45	13	10	66
马克思主义	9	2						7	
经济学	103		93		2		4		4
社会学	31	2	18		7	2	1	1	
图书馆、情报与文献学	192	17	62	2		43	8	2	58
体育科学	11		4		3				4
按机构从业人员规模分									
≥1000 人	1254	203	108	5	197	25	38	36	642
500～999 人	1351	174	550	50	313	33	116	43	72
300～499 人	1496	113	297	2	757		106	108	113
200～299 人	1688	144	445	12	800	69	64	113	41
100～199 人	2440	368	634	53	750	124	136	205	170
50～99 人	1356	147	272	15	444	27	118	145	188
30～49 人	466	72	162	3	113	20	35	29	32
20～29 人	213	33	52		45	20	24	8	31
10～19 人	257	52	32	11	47	26	27	25	37
0～9 人	53	9	12	2	3		10	4	13

2-21 转制为企业的研究机构机构、人员和经费概况（2023）

指标名称	单位数（个）	从业人员年末人数（人）	#专业技术人员	#本科及以上学历	技术性收入（万元）	#技术开发收入	科技活动经费支出（万元）
总计	**33**	**8685**	**5195**	**6020**	**358741**	**6512**	**98327**
按机构所属地域分布							
杭州市	26	7220	3973	4863	293279	5834	92286
宁波市	2	897	767	695	45538		2774
温州市	1	33	14	11	109		198
嘉兴市	1	1			7		13
绍兴市	1	22	14	17	609	609	76
金华市	1	21	14	7	250	70	114
台州市	1	491	413	427	18950		2867
按机构所属隶属关系分布							
中央属	3	427	254	350	713		5128
地方属	16	2596	1573	1784	175074	4091	20095
其他	14	5662	3368	3886	182955	2421	73104
按机构从事的国民经济行业分布							
制造业	16	4472	2221	2589	52427	1964	54573
纺织业	1	86	26	22	169		1043
化学原料和化学制品制造业	4	1937	662	1054	2401	1791	24114
医药制造业	1	53	35	40	1805		1195
有色金属冶炼和压延加工业	1	261	77	118	1447	22	4112
通用设备制造业	2	85	44	39	1114	152	244
专用设备制造业	2	362	272	300	2923		3015
计算机、通信和其他电子设备制造业	2	84	36	27			698
仪器仪表制造业	3	1604	1069	989	42568		20151
电力、热力、燃气及水生产和供应业	2	979	844	948	104426		18672
电力、热力生产和供应业	2	979	844	948	104426		18672
建筑业	1	1225	675	852	83635		4322
房屋建筑业	1	1225	675	852	83635		4322
信息传输、软件和信息技术服务业	4	259	204	196	5656	2910	1666
软件和信息技术服务业	4	259	204	196	5656	2910	1666
房地产业	1	7					

指标名称	单位数（个）	从业人员年末人数(人)	#专业技术人员	#本科及以上学历	技术性收入（万元）	#技术开发收入	科技活动经费支出（万元）
房地产业	1	7					
科学研究和技术服务业	8	1566	1119	1266	106850	1638	16811
研究和试验发展	2	541	447	467	19957	957	5208
专业技术服务业	4	854	559	652	83717	665	10709
科技推广和应用服务业	2	171	113	147	3177	17	893
水利、环境和公共设施管理业	1	177	132	169	5747		2283
生态保护和环境治理业	1	177	132	169	5747		2283
按机构所属学科分布							
自然科学	2	382	150	206	2371	80	5963
化学	1	329	115	166	566	80	4768
生物学	1	53	35	40	1805		1195
医药科学	1	50	34	40	1007	957	2341
中医学与中药学	1	50	34	40	1007	957	2341
工程与技术科学	30	8253	5011	5774	355364	5475	90023
工程与技术科学基础学科	1	22	14	17	609	609	76
材料科学	3	530	227	343	6374	22	7305
机械工程	6	1061	731	779	82402	208	11006
动力与电气工程	1	14	11	11	337		263
能源科学技术	1	965	833	937	104089		18409
电子与通信技术	5	1672	1108	1010	42558		20756
计算机科学技术	3	224	181	172	5482	2910	1454
化学工程	4	1753	643	1018	4990	1711	20034
纺织科学技术	2	93	26	22	169		1043
食品科学技术	1	26	17	17	22	17	206
土木建筑工程	1	1225	675	852	83635		4322
环境科学技术及资源科学技术	2	668	545	596	24697		5150
按机构登记注册类型分布							
国有	7	3603	1896	2402	111880	1711	26847
有限责任公司	20	3861	2701	2937	243066	4802	49409
股份有限公司	3	1030	469	533	16		21279
私营	3	191	129	148	3780		792

2-22 转制为企业的研究机构技术性收入情况（2023）

单位：万元

指标名称	技术性收入	技术转让收入	技术承包收入	技术咨询与服务收入	技术开发收入	政府委托	企业委托	其他
总计	**358741**	**38**	**108536**	**243654**	**6512**	**3145**	**3108**	**260**
按机构所属地域分布								
杭州市	293279	6	108536	178903	5834	2840	2734	260
宁波市	45538			45538				
温州市	109			109				
嘉兴市	7			7				
绍兴市	609				609	305	304	
金华市	250	32		147	70		70	
台州市	18950			18950				
按机构所属隶属关系分布								
中央属	713			713				
地方属	175074	38	102192	68753	4091	2840	1014	238
其他	182955		6345	174189	2421	305	2094	22
按机构从事的国民经济行业分布								
制造业	52427			50463	1964		1942	22
纺织业	169			169				
化学原料和化学制品制造业	2401			610	1791		1791	
医药制造业	1805			1805				
有色金属冶炼和压延加工业	1447			1425	22			22
通用设备制造业	1114			963	152		152	
专用设备制造业	2923			2923				
仪器仪表制造业	42568			42568				
电力、热力、燃气及水生产和供应业	104426		6345	98082				
电力、热力生产和供应业	104426		6345	98082				
建筑业	83635		30332	53303				
房屋建筑业	83635		30332	53303				
信息传输、软件和信息技术服务业	5656	32		2714	2910	2840	70	
软件和信息技术服务业	5656	32		2714	2910	2840	70	

指标名称	技术性收入	技术转让收入	技术承包收入	技术咨询与服务收入	技术开发收入	政府委托	企业委托	其他
科学研究和技术服务业	106850	6	71860	33346	1638	305	1096	238
研究和试验发展	19957			19000	957		736	221
专业技术服务业	83717		71860	11192	665	305	360	
科技推广和应用服务业	3177	6		3154	17			17
水利、环境和公共设施管理业	5747			5747				
生态保护和环境治理业	5747			5747				
按机构所属学科分布								
自然科学	2371			2291	80		80	
化学	566			486	80		80	
生物学	1805			1805				
医药科学	1007			50	957		736	221
中医学与中药学	1007			50	957		736	221
工程与技术科学	355364	38	108536	241314	5475	3145	2292	39
工程与技术科学基础学科	609				609	305	304	
材料科学	6374			6352	22			22
机械工程	82402		71860	10334	208		208	
动力与电气工程	337			337				
能源科学技术	104089		6345	97745				
电子与通信技术	42558			42558				
计算机科学技术	5482	32		2540	2910	2840	70	
化学工程	4990			3279	1711		1711	
纺织科学技术	169			169				
食品科学技术	22	6			17			17
土木建筑工程	83635		30332	53303				
环境科学技术及资源科学技术	24697			24697				
按机构登记注册类型分布								
国有	111880		30332	79838	1711		1711	
有限责任公司	243066	38	78205	160021	4802	3145	1398	260
股份有限公司	16			16				
私营	3780			3780				

2–23 转制为企业的研究机构科技活动经费支出与固定资产情况（2023）

单位：万元

指标名称	科技活动经费支出	人员人工费用（包含各种补贴）	直接投入费用	折旧费用与长期摊销费用	无形资产摊销费用	设计费用	装备调试费用与试验费用	委托外单位开展科技活动的经费支出	其他费用	年末固定资产原价	#科学仪器设备
总计	**98327**	**49958**	**33383**	**3763**	**164**	**8**	**803**	**5739**	**4511**	**543741**	**65422**
按机构所属地域分布											
杭州市	92286	44874	33088	3669	143	8	783	5497	4224	521009	64018
宁波市	2774	2732	3		19				20	8325	
温州市	198	95	86						17	5710	29
嘉兴市	13	8		1	1				4	82	
绍兴市	76	56	12	8						1137	
金华市	114	114								1421	14
台州市	2867	2080	193	85			20	242	246	6057	1361
按机构所属隶属关系分布											
中央属	5128	2731	1215	251		2	11	718	201	7417	2797
地方属	20095	10955	5827	249	51	5	766	1090	1152	76039	12044
其他	73104	36272	26341	3263	112	1	27	3931	3158	460285	50581
按机构从事的国民经济行业分布											
制造业	54573	29976	17704	3403	125	8	16	351	2991	432942	53104
纺织业	1043	241	753	44	5				1	6440	1361
化学原料和化学制品制造业	24114	12961	6959	2517	100			351	1227	291660	25070
医药制造业	1195	897							298	2874	1030
有色金属冶炼和压延加工业	4112	1682	1962	70					397	24333	6297

指标名称	科技活动经费支出	人员人工费用（包含各种补贴）	直接投入费用	折旧费用与长期摊销费用	无形资产摊销费用	设计费用	装备调试费用与试验费用	委托外单位开展科技活动的经费支出	其他费用	年末固定资产原价	#科学仪器设备
通用设备制造业	244	176	67						1	3325	607
专用设备制造业	3015	2124	587	211					93	14535	1159
计算机、通信和其他电子设备制造业	698	485	58	67	26		10		54	4565	1762
仪器仪表制造业	20151	11409	7319	494		3	7		920	85210	15819
电力、热力、燃气及水生产和供应业	18672	6876	8042	47	11		6	3339	352	39453	51
电力、热力生产和供应业	18672	6876	8042	47	11		6	3339	352	39453	51
建筑业	4322	3384	37	20	6		642	65	169	31240	1720
房屋建筑业	4322	3384	37	20	6		642	65	169	31240	1720
信息传输、软件和信息技术服务业	1666	1538	4	5	1			11	108	11954	226
软件和信息技术服务业	1666	1538	4	5	1			11	108	11954	226
房地产业										1797	
房地产业										1797	
科学研究和技术服务业	16811	7254	6262	289	20		139	1974	873	24585	9765
研究和试验发展	5208	3135	371	85			20	1256	341	9726	4734
专业技术服务业	10709	3313	5843	204	1		119	718	512	14276	4810
科技推广和应用服务业	893	806	48		19				20	583	221
水利、环境和公共设施管理业	2283	931	1334						18	1771	555
生态保护和环境治理业	2283	931	1334						18	1771	555
按机构所属学科分布											
自然科学	5963	3410	1507	236	100				83	627	38041	5350
化学	4768	2513	1507	236	100				83	329	35167	4320

指标名称	科技活动经费支出	人员人工费用（包含各种补贴）	直接投入费用	折旧费用与长期摊销费用	无形资产摊销费用	设计费用	装备调试费用与试验费用	委托外单位开展科技活动的经费支出	其他费用	年末固定资产原价	#科学仪器设备
生物学	1195	897							298	2874	1030
医药科学	2341	1055	178					1015	94	3669	3373
中医学与中药学	2341	1055	178					1015	94	3669	3373
工程与技术科学	90023	45493	31698	3527	64	8	802	4641	3790	502031	56699
工程与技术科学基础学科	76	56	12	8						1137	
材料科学	7305	2695	3110	190	1		4	718	586	27849	9415
机械工程	11006	4700	5425	314		2	121		445	31236	3927
动力与电气工程	263	137		39					87	51	51
能源科学技术	18409	6739	8042	8	11		6	3339	265	39402	
电子与通信技术	20756	11932	7290	538	26	1	10	11	949	90170	17220
计算机科学技术	1454	1344	3	1	1				105	7806	119
化学工程	20034	11097	5452	2280	19			267	918	256760	20749
纺织科学技术	1043	241	753	44		5			1	8237	1361
食品科学技术	206	158	48							315	221
土木建筑工程	4322	3384	37	20	6		642	65	169	31240	1720
环境科学技术及资源科学技术	5150	3011	1528	85			20	242	265	7828	1916
按机构登记注册类型分布											
国有	26847	16693	5070	2416	7	2	669	524	1466	294569	23960
有限责任公司	49409	21566	19738	623	136	5	124	5165	2051	158503	22168
股份有限公司	21279	10952	8574	723		1	10	50	970	89230	18984
私营	792	748		1	20				24	1439	310

2-24 转制为企业的研究机构科技项目概况（2023）

指标名称	项目数（个）	项目经费内部支出（万元）	#政府资金	项目人员折合全时工作量（人年）	#研究人员
总计	419	69093	3578	2084.3	1679.6
按机构所属地域分布					
杭州市	374	63540	3506	1857.2	1527.3
宁波市	24	2735		114.8	110.0
温州市	1	43	43	3.0	3.0
绍兴市	4	68		5.0	2.0
金华市	1	114		6.0	1.0
台州市	15	2594	29	98.3	36.3
按机构所属隶属关系分布					
中央属	25	3737	227	172.9	152.7
地方属	160	17805	1870	643.2	515.9
其他	234	47552	1481	1268.2	1011.0
按项目来源分布					
国家科技项目	9	1374	336	33.8	22.3
地方科技项目	94	18988	2617	499.2	420.6
企业委托科技项目	22	1871	134	66.7	27.2
自选科技项目	281	45144	25	1413.4	1152.3
其他科技项目	13	1717	466	71.2	57.2
按项目的活动类型分布					
基础研究	23	2145	355	83.5	50.6
应用研究	142	13661	772	499.5	385.6
试验发展	238	51721	2301	1432.3	1199.3
试制与工程化	11	634	151	39.8	34.5
技术咨询与技术服务	5	932		29.2	9.6
按项目所属学科分布					
自然科学	27	1648	227	87.9	58.7
信息科学与系统科学	1	114		6.0	1.0

指标名称	项目数（个）	项目经费内部支出（万元）	#政府资金	项目人员折合全时工作量（人年）	#研究人员
物理学	12	279		16.9	13.7
化学	8	238		32.0	29.0
生物学	6	1018	227	33.0	15.0
医药科学	18	1460	485	45.4	10.3
中医学与中药学	18	1460	485	45.4	10.3
工程与技术科学	374	65985	2867	1951.0	1610.6
信息与系统科学相关工程与技术	7	1444	50	63.6	61.3
材料科学	77	5382	533	173.9	125.0
机械工程	34	5525	278	151.9	127.2
动力与电气工程	2	254		12.5	0.5
能源科学技术	10	4300	108	132.0	131.5
电子与通信技术	22	17132	378	394.9	373.5
计算机科学技术	23	4428	285	108.5	90.0
化学工程	77	13362	536	318.3	209.0
产品应用相关工程与技术	10	1146	142	49.0	43.0
纺织科学技术	7	1009	170	29.0	24.0
食品科学技术	6	233		14.0	14.0
土木建筑工程	69	5879	211	342.1	337.3
航空、航天科学技术	2	94	2	2.1	1.1
环境科学技术及资源科学技术	28	5797	175	159.2	73.2
按项目的社会经济目标分布					
环境保护、生态建设及污染防治	30	5780	182	166.9	78.4
环境一般问题	2	818	63	21.9	9.1
环境与资源评估	2	263		13.4	4.6
环境监测	5	1056		38.4	14.4
生态建设	4	901		28.5	9.8
环境污染预防	9	439	84	21.8	12.4
环境治理	8	2303	35	42.9	28.1
能源生产、分配和合理利用	23	6516	424	204.9	183.6

指标名称	项目数（个）	项目经费内部支出（万元）	#政府资金	项目人员折合全时工作量（人年）	#研究人员
能源矿物的开采和加工技术	1	133	23	5.0	4.0
能源输送、储存与分配技术	4	431	164	7.9	6.8
可再生能源	7	977	129	35.8	29.6
能源设施和设备建造	2	940		9.2	7.7
能源安全生产管理和技术	1	68		21.0	21.0
节约能源的技术	5	2717	68	100.0	88.5
能源生产、输送、分配、储存、利用过程中污染的防治与处理	3	1250	40	26.0	26.0
卫生事业发展	11	1391	363	42.3	14.9
诊断与治疗	8	523	147	18.3	4.9
卫生医疗其他研究	3	868	216	24.0	10.0
基础设施以及城市和农村规划	41	3419	63	114.4	104.7
交通运输	13	1456	42	39.4	33.7
广播与电视	10	270	21	16.0	12.0
城市规划与市政工程	18	1692		59.0	59.0
基础社会发展和社会服务	18	1356	124	117.8	117.8
科技发展	18	1356	124	117.8	117.8
地球和大气层的探索与利用	1			1.3	1.3
水文地理	1			1.3	1.3
民用空间探测及开发	4	413	148	4.7	3.5
飞行器和运载工具研制	4	413	148	4.7	3.5
农林牧渔业发展	11	972	292	30.8	12.2
农作物种植及培育	7	737	292	21.5	4.2
农林牧渔业体系支撑	3	234		8.3	7.0
农林牧渔业生产中污染的防治与处理	1	1	1	1.0	1.0
工商业发展	260	44591	1776	1302.2	1087.2
促进工商业发展的一般问题	1	1	1	0.2	0.1
食品、饮料和烟草制品业	4	210	56	6.6	2.2
纺织业、服装及皮革制品业	5	936	170	23.0	18.0
化学工业	98	11274	536	340.6	230.9

指标名称	项目数（个）	项目经费内部支出（万元）	#政府资金	项目人员折合全时工作量（人年）	#研究人员
机械制造业（不包括电子设备、仪器仪表及办公机械	45	7336	613	194.8	154.2
电子设备、仪器仪表及办公机械	35	18456	389	410.6	383.0
其他制造业	10	918		37.8	36.0
建筑业	29	2110	4	176.0	175.4
信息与通信技术（ICT）服务业	5	1568	6	24.9	14.1
技术服务业	27	1602	2	83.7	71.3
工商业活动中的环境保护、污染防治与处理	1	180		4.0	2.0
其他民用目标	20	4656	206	99.0	76.0
按项目服务的国民经济行业分布					
农、林、牧、渔业	11	1221	292	38.8	20.2
农业	10	1006	292	34.5	17.2
农、林、牧、渔专业及辅助性活动	1	215		4.3	3.0
制造业	246	45733	2565	1190.8	940.2
农副食品加工业	1	15		1.0	1.0
食品制造业	4	210	56	6.6	2.2
纺织业	10	1040	170	31.0	23.0
纺织服装、服饰业	1	37		3.0	3.0
造纸和纸制品业	2	193		11.0	8.0
文教、工美、体育和娱乐用品制造业	1	23	14	0.9	0.7
石油、煤炭及其他燃料加工业	3	58		4.0	3.0
化学原料和化学制品制造业	81	12647	402	337.8	235.0
医药制造业	24	2429	354	58.1	22.1
化学纤维制造业	3	787	129	32.0	26.0
橡胶和塑料制品业	1			2.1	1.5
非金属矿物制品业	5	284	107	30.2	29.3
有色金属冶炼和压延加工业	3	315	65	9.0	6.6
金属制品业	6	163	50	7.0	2.4
通用设备制造业	24	3271	433	49.2	24.8

指标名称	项目数（个）	项目经费内部支出（万元）	#政府资金	项目人员折合全时工作量（人年）	#研究人员
专用设备制造业	14	2270		128.6	122.7
汽车制造业	2	629	69	7.8	3.5
铁路、船舶、航空航天和其他运输设备制造业	5	535	154	6.7	4.4
电气机械和器材制造业	14	2188	222	42.7	29.2
计算机、通信和其他电子设备制造业	32	18299	341	406.0	378.0
仪器仪表制造业	10	341		16.1	13.8
电力、热力、燃气及水生产和供应业	22	6929	298	210.5	181.5
电力、热力生产和供应业	12	4924	108	159.8	148.6
燃气生产和供应业	1	37		1.0	1.0
水的生产和供应业	9	1969	190	49.7	31.9
建筑业	56	4303	258	264.7	262.5
房屋建筑业	25	2361	6	104.9	104.8
土木工程建筑业	17	1243	247	81.9	79.8
建筑安装业	8	402	5	40.8	40.8
建筑装饰、装修和其他建筑业	6	297		37.1	37.1
交通运输、仓储和邮政业	3	236	8	9.2	8.7
道路运输业	3	236	8	9.2	8.7
信息传输、软件和信息技术服务业	17	3075	7	101.5	85.0
软件和信息技术服务业	17	3075	7	101.5	85.0
科学研究和技术服务业	47	3811	14	167.8	137.6
研究和试验发展	1	32		2.0	1.8
专业技术服务业	40	3547	14	151.8	121.8
科技推广和应用服务业	6	233		14.0	14.0
水利、环境和公共设施管理业	15	3775	127	99.2	42.6
水利管理业	1	574	63	14.0	6.0
生态保护和环境治理业	14	3201	64	85.2	36.6
卫生和社会工作	2	10	10	1.8	1.3
卫生	2	10	10	1.8	1.3

2-25 转制为企业的研究机构科技项目经费内部支出按活动类型分类（2023）

单位：万元

指标	项目经费内部支出	基础研究	应用研究	试验发展	试制与工程化	技术咨询与技术服务
总计	**69093**	**2145**	**13661**	**51721**	**634**	**932**
按机构所属地域分布						
杭州市	63540	2145	12108	47721	634	932
宁波市	2735		132	2604		
温州市	43		43			
绍兴市	68			68		
金华市	114		114			
台州市	2594		1266	1328		
按机构所属隶属关系分布						
中央属	3737	50		3687		
地方属	17805		4441	12790	131	442
其他	47552	2095	9220	35244	503	490
按课题来源分布						
国家科技项目	1374	328		1046		
地方科技项目	18988	409	3100	15248	194	37
企业委托科技项目	1871	50	639	781		401
自选科技项目	45144	1358	9831	33025	441	490
其他科技项目	1717		92	1621		4
按课题所属学科分布						
自然科学	1648	50	510	1076	13	
信息科学与系统科学	114		114			
物理学	279	50		229		
化学	238			225	13	

单位：万元

指标	项目经费内部支出	基础研究	应用研究	试验发展	试制与工程化	技术咨询与技术服务
生物学	1018		396	622		
医药科学	1460		339	965		156
中医学与中药学	1460		339	965		156
工程与技术科学	65985	2095	12813	49680	622	776
信息与系统科学相关工程与技术	1444			1444		
材料科学	5382		4048	1140	194	
机械工程	5525			5525		
动力与电气工程	254		9			245
能源科学技术	4300	212	195	3892		
电子与通信技术	17132			17132		
计算机科学技术	4428		1239	3190		
化学工程	13362	1883	3864	6830	296	490
产品应用相关工程与技术	1146			1146		
纺织科学技术	1009			875	97	37
食品科学技术	233		66	163		4
土木建筑工程	5879		2127	3717	35	
航空、航天科学技术	94			94		
环境科学技术及资源科学技术	5797		1266	4531		
按课题的社会经济目标分布						
环境保护、生态建设及污染防治	5780		1405	4368	7	
环境一般问题	818		244	574		
环境与资源评估	263		263			
环境监测	1056			1056		
生态建设	901		657	243		
环境污染预防	439		101	332	7	
环境治理	2303		140	2163		
能源生产、分配和合理利用	6516	212	738	5154	167	245

指标	项目经费内部支出	基础研究	应用研究	试验发展	试制与工程化	技术咨询与技术服务
能源矿物的开采和加工技术	133			133		
能源输送、储存与分配技术	431		407		24	
可再生能源	977		135	698	144	
能源设施和设备建造	940			940		
能源安全生产管理和技术	68			68		
节约能源的技术	2717	212		2260		245
能源生产、输送、分配、储存、利用过程中污染的防治与处理	1250		195	1055		
卫生事业发展	1391		420	972		
诊断与治疗	523		174	350		
卫生医疗其他研究	868		246	622		
基础设施以及城市和农村规划	3419		1188	2230		
交通运输	1456			1456		
广播与电视	270			270		
城市规划与市政工程	1692		1188	504		
基础社会发展和社会服务	1356		1328	28		
科技发展	1356		1328	28		
民用空间探测及开发	413		405	9		
飞行器和运载工具研制	413		405	9		
农林牧渔业发展	972		176	621	15	160
农作物种植及培育	737		176	406		156
农林牧渔业体系支撑	234			215	15	4
农林牧渔业生产中污染的防治与处理	1		1			
工商业发展	44591	1933	7534	34152	445	527
促进工商业发展的一般问题	1			1		
食品、饮料和烟草制品业	210			210		
纺织业、服装及皮革制品业	936			875	61	
化学工业	11274	1883	4563	3994	344	490

指标	项目经费内部支出	基础研究	应用研究	试验发展	试制与工程化	技术咨询与技术服务
机械制造业（不包括电子设备、仪器仪表及办公机械	7336		805	6532		
电子设备、仪器仪表及办公机械	18456	10	1259	17188		
其他制造业	918		9	909		
建筑业	2110		878	1227	4	
信息与通信技术（ICT）服务业	1568			1568		
技术服务业	1602	40	21	1468	36	37
工商业活动中的环境保护、污染防治与处理	180			180		
其他民用目标	4656		468	4188		
按课题服务的国民经济行业分布						
农、林、牧、渔业	1221		176	889		156
农业	1006		176	674		156
农、林、牧、渔专业及辅助性活动	215			215		
制造业	45733	1893	8032	34682	599	527
农副食品加工业	15				15	
食品制造业	210			210		
纺织业	1040			943	97	
纺织服装、服饰业	37					37
造纸和纸制品业	193		5	188		
文教、工美、体育和娱乐用品制造业	23		23			
石油、煤炭及其他燃料加工业	58		9	49		
化学原料和化学制品制造业	12647	1718	3695	6401	344	490
医药制造业	2429	116	1322	991		
化学纤维制造业	787			644	144	
非金属矿物制品业	284		256	28		
有色金属冶炼和压延加工业	315			315		
金属制品业	163		11	152		
通用设备制造业	3271		319	2952		

指标	项目经费内部支出	基础研究	应用研究	试验发展	试制与工程化	技术咨询与技术服务
专用设备制造业	2270		86	2184		
汽车制造业	629			629		
铁路、船舶、航空航天和其他运输设备制造业	535		526	9		
电气机械和器材制造业	2188	49	575	1564		
计算机、通信和其他电子设备制造业	18299		1204	17095		
仪器仪表制造业	341	10		332		
电力、热力、燃气及水生产和供应业	6929	212	321	6150		245
电力、热力生产和供应业	4924	212	321	4145		245
燃气生产和供应业	37			37		
水的生产和供应业	1969			1969		
建筑业	4303		2146	2122	35	
房屋建筑业	2361		1293	1068		
土木工程建筑业	1243		418	790	35	
建筑安装业	402		138	265		
建筑装饰、装修和其他建筑业	297		297			
交通运输、仓储和邮政业	236			236		
道路运输业	236			236		
信息传输、软件和信息技术服务业	3075		1352	1723		
软件和信息技术服务业	3075		1352	1723		
科学研究和技术服务业	3811	40	383	3385		4
研究和试验发展	32			32		
专业技术服务业	3547	40	316	3190		
科技推广和应用服务业	233		66	163		4
水利、环境和公共设施管理业	3775		1241	2533		
水利管理业	574			574		
生态保护和环境治理业	3201		1241	1960		
卫生和社会工作	10			10		
卫生	10			10		

2-26 转制为企业的研究机构科技项目投入人员全时工作量按活动类型分（2023）

单位：人年

指标	项目人员折合全时工作量	基础研究	应用研究	试验发展	试制与工程化	技术咨询与技术服务
总计	2084.3	83.5	499.5	1432.3	39.8	29.2
按机构所属地域分布						
杭州市	1857.2	83.5	437.5	1267.2	39.8	29.2
宁波市	114.8		5.0	109.8		
温州市	3.0		3.0			
绍兴市	5.0			5.0		
金华市	6.0		6.0			
台州市	98.3		48.0	50.3		
按机构所属隶属关系分布						
中央属	172.9	4.3		168.6		
地方属	643.2		296.3	304.6	18.5	23.8
其他	1268.2	79.2	203.2	959.1	21.3	5.4
按课题来源分布						
国家科技项目	33.8	6.2		27.6		
地方科技项目	499.2	18.2	146.7	312.8	18.5	3.0
企业委托科技项目	66.7	3.2	5.5	40.2		17.8
自选科技项目	1413.4	55.9	315.3	1015.5	21.3	5.4
其他科技项目	71.2		32.0	36.2		3.0
按课题所属学科分布						
自然科学	87.9	4.3	25.0	53.6	5.0	
信息科学与系统科学	6.0		6.0			
物理学	16.9	4.3		12.6		
化学	32.0			27.0	5.0	
生物学	33.0		19.0	14.0		

指标	项目人员折合全时工作量	基础研究	应用研究	试验发展	试制与工程化	技术咨询与技术服务
医药科学	45.4		4.6	34.0		6.8
中医学与中药学	45.4		4.6	34.0		6.8
工程与技术科学	1951.0	79.2	469.9	1344.7	34.8	22.4
信息与系统科学相关工程与技术	63.6			63.6		
材料科学	173.9		84.3	77.6	12.0	
机械工程	151.9			151.9		
动力与电气工程	12.5		1.5			11.0
能源科学技术	132.0	3.0	9.0	120.0		
电子与通信技术	394.9			394.9		
计算机科学技术	108.5		69.4	39.1		
化学工程	318.3	76.2	90.3	142.1	4.3	5.4
产品应用相关工程与技术	49.0			49.0		
纺织科学技术	29.0			19.0	7.0	3.0
食品科学技术	14.0		6.0	5.0		3.0
土木建筑工程	342.1		161.4	169.2	11.5	
航空、航天科学技术	2.1			2.1		
环境科学技术及资源科学技术	159.2		48.0	111.2		
按课题的社会经济目标分布						
环境保护、生态建设及污染防治	166.9		55.0	107.9	4.0	
环境一般问题	21.9		7.9	14.0		
环境与资源评估	13.4		13.4			
环境监测	38.4			38.4		
生态建设	28.5		19.2	9.3		
环境污染预防	21.8		7.6	10.2	4.0	
环境治理	42.9		6.9	36.0		
能源生产、分配和合理利用	204.9	3.0	14.3	166.2	10.4	11.0
能源矿物的开采和加工技术	5.0			5.0		

单位：人年

指标	项目人员折合全时工作量	基础研究	应用研究	试验发展	试制与工程化	技术咨询与技术服务
能源输送、储存与分配技术	7.9		3.5	4.4		
可再生能源	35.8		1.8	28.0	6.0	
能源设施和设备建造	9.2			9.2		
能源安全生产管理和技术	21.0			21.0		
节约能源的技术	100.0	3.0		86.0		11.0
能源生产、输送、分配、储存、利用过程中污染的防治与处理	26.0		9.0	17.0		
卫生事业发展	42.3		13.2	29.1		
诊断与治疗	18.3		3.2	15.1		
卫生医疗其他研究	24.0		10.0	14.0		
基础设施以及城市和农村规划	114.4		56.3	58.1		
交通运输	39.4			39.4		
广播与电视	16.0			16.0		
城市规划与市政工程	59.0		56.3	2.7		
基础社会发展和社会服务	117.8		104.8	13.0		
科技发展	117.8		104.8	13.0		
地球和大气层的探索与利用	1.3			1.3		
水文地理	1.3			1.3		
民用空间探测及开发	4.7		3.8	0.9		
飞行器和运载工具研制	4.7		3.8	0.9		
农林牧渔业发展	30.8		3.4	16.6	1.0	9.8
农作物种植及培育	21.5		2.4	12.3		6.8
农林牧渔业体系支撑	8.3			4.3	1.0	3.0
农林牧渔业生产中污染的防治与处理	1.0		1.0			
工商业发展	1302.2	80.5	225.7	963.2	24.4	8.4
促进工商业发展的一般问题	0.2			0.2		
食品、饮料和烟草制品业	6.6			6.6		
纺织业、服装及皮革制品业	23.0			19.0	4.0	
化学工业	340.6	76.2	97.0	147.7	14.3	5.4

指标	项目人员折合全时工作量	基础研究	应用研究	试验发展	试制与工程化	技术咨询与技术服务
机械制造业（不包括电子设备、仪器仪表及办公机械	194.8		16.5	178.3		
电子设备、仪器仪表及办公机械	410.6	0.5	14.5	395.6		
其他制造业	37.8		1.5	36.3		
建筑业	176.0		94.6	78.3	3.1	
信息与通信技术（ICT）服务业	24.9			24.9		
技术服务业	83.7	3.8	1.6	72.3	3.0	3.0
工商业活动中的环境保护、污染防治与处理	4.0			4.0		
其他民用目标	99.0		23.0	76.0		
按课题服务的国民经济行业分布						
农、林、牧、渔业	38.8		3.4	28.6		6.8
农业	34.5		3.4	24.3		6.8
农、林、牧、渔专业及辅助性活动	4.3			4.3		
制造业	1190.8	76.7	170.2	907.2	28.3	8.4
农副食品加工业	1.0				1.0	
食品制造业	6.6			6.6		
纺织业	31.0			24.0	7.0	
纺织服装、服饰业	3.0					3.0
造纸和纸制品业	11.0		5.0	6.0		
文教、工美、体育和娱乐用品制造业	0.9		0.9			
石油、煤炭及其他燃料加工业	4.0		1.0	3.0		
化学原料和化学制品制造业	337.8	68.8	81.0	168.3	14.3	5.4
医药制造业	58.1	3.2	23.7	31.2		
化学纤维制造业	32.0			26.0	6.0	
橡胶和塑料制品业	2.1			2.1		
非金属矿物制品业	30.2		17.2	13.0		
有色金属冶炼和压延加工业	9.0			9.0		
金属制品业	7.0		5.0	2.0		
通用设备制造业	49.2		6.4	42.8		

指标	项目人员折合全时工作量	基础研究	应用研究	试验发展	试制与工程化	技术咨询与技术服务
专用设备制造业	128.6		1.3	127.3		
汽车制造业	7.8			7.8		
铁路、船舶、航空航天和其他运输设备制造业	6.7		5.8	0.9		
电气机械和器材制造业	42.7	4.2	10.9	27.6		
计算机、通信和其他电子设备制造业	406.0		12.0	394.0		
仪器仪表制造业	16.1	0.5		15.6		
电力、热力、燃气及水生产和供应业	210.5	3.0	9.8	186.7		11.0
电力、热力生产和供应业	159.8	3.0	9.8	136.0		11.0
燃气生产和供应业	1.0			1.0		
水的生产和供应业	49.7			49.7		
建筑业	264.7		171.3	81.9	11.5	
房屋建筑业	104.9		67.6	37.3		
土木工程建筑业	81.9		45.5	24.9	11.5	
建筑安装业	40.8		21.1	19.7		
建筑装饰、装修和其他建筑业	37.1		37.1			
交通运输、仓储和邮政业	9.2			9.2		
道路运输业	9.2			9.2		
信息传输、软件和信息技术服务业	101.5		75.4	26.1		
软件和信息技术服务业	101.5		75.4	26.1		
科学研究和技术服务业	167.8	3.8	19.4	141.6		3.0
研究和试验发展	2.0			2.0		
专业技术服务业	151.8	3.8	13.4	134.6		
科技推广和应用服务业	14.0		6.0	5.0		3.0
水利、环境和公共设施管理业	99.2		48.2	51.0		
水利管理业	14.0			14.0		
生态保护和环境治理业	85.2		48.2	37.0		
卫生和社会工作	1.8			1.8		
卫生	1.8			1.8		

2-27 转制为企业的研究机构 R&D 人员（2023）

指标名称	R&D 人员（人）	#女性	#高中级职称	按工作量分		按学历分				R&D 人员折合全时工作量（人年）	研究人员
				R&D 全时人员	R&D 非全时人员	博士毕业	硕士毕业	本科毕业	其他		
总计	**2889**	**601**	**1645**	**1620**	**1269**	**147**	**1007**	**1331**	**404**	**2119**	**1727**
按机构所属地域分布											
杭州市	2618	570	1422	1419	1199	142	940	1145	391	1868	1542
宁波市	146	12	126	114	32	3	51	91	1	137	137
温州市	9	2	9		9		2	7		3	3
绍兴市	6	1	2	6			1	5		6	2
金华市	6			6			1	3	2	6	6
台州市	104	16	86	75	29	2	12	80	10	99	37
按机构所属隶属关系分布											
中央属	235	60	126	161	74	3	54	155	23	173	155
地方属	820	205	471	403	417	20	182	507	111	630	517
其他	1834	336	1048	1056	778	124	771	669	270	1316	1055
按机构从事的国民经济行业分布											
制造业	1349	297	579	1049	300	61	403	595	290	1217	1003
纺织业	26	12	14	20	6		5	17	4	22	20
化学原料和化学制品制造业	464	106	240	312	152	41	163	136	124	400	272
医药制造业	44	28	12	32	12	3	15	16	10	33	15
有色金属冶炼和压延加工业	86	13	36	31	55	9	28	39	10	68	31
通用设备制造业	22	1	13	4	18	1	4	12	5	16	9
专用设备制造业	164	30	59	148	16		23	119	22	152	152
计算机、通信和其他电子设备制造业	23	10	12	16	7			11	12	16	12
仪器仪表制造业	520	97	193	486	34	7	165	245	103	510	492
电力、热力、燃气及水生产和供应业	576	94	464	86	490	64	379	115	18	170	170
电力、热力生产和供应业	576	94	464	86	490	64	379	115	18	170	170
建筑业	312	48	232	137	175	10	79	191	32	288	288
房屋建筑业	312	48	232	137	175	10	79	191	32	288	288
信息传输、软件和信息技术服务业	175	48	33	92	83		10	133	32	94	81

指标名称	R&D人员（人）	#女性	#高中级职称	按工作量分		按学历分				R&D人员折合全时工作量（人年）	研究人员
				R&D全时人员	R&D非全时人员	博士毕业	硕士毕业	本科毕业	其他		
软件和信息技术服务业	175	48	33	92	83		10	133	32	94	81
科学研究和技术服务业	430	107	319	221	209	11	114	273	32	314	159
研究和试验发展	150	38	117	102	48	5	29	103	13	138	47
专业技术服务业	247	62	183	86	161	6	75	148	18	143	79
科技推广和应用服务业	33	7	19	33			10	22	1	33	33
水利、环境和公共设施管理业	47	7	18	35	12	1	22	24		36	26
生态保护和环境治理业	47	7	18	35	12	1	22	24		36	26
按机构所属学科分布											
自然科学	181	56	64	125	56	8	46	77	50	151	114
化学	137	28	52	93	44	5	31	61	40	118	99
生物学	44	28	12	32	12	3	15	16	10	33	15
医药科学	46	22	31	27	19	3	17	23	3	39	10
中医学与中药学	46	22	31	27	19	3	17	23	3	39	10
工程与技术科学	2662	523	1550	1468	1194	136	944	1231	351	1929	1603
工程与技术科学基础学科	6	1	2	6			1	5		6	2
材料科学	188	45	112	69	119	12	60	100	16	116	59
机械工程	343	68	193	210	133	4	74	225	40	274	226
能源科学技术	576	94	464	86	490	64	379	115	18	170	170
电子与通信技术	543	105	197	491	52	7	164	255	117	516	493
计算机科学技术	157	42	25	87	70		6	122	29	87	76
化学工程	349	81	207	241	108	36	137	92	84	304	195
纺织科学技术	26	12	14	20	6		5	17	4	22	20
食品科学技术	11	4		11			5	5	1	11	11
土木建筑工程	312	48	232	137	175	10	79	191	32	288	288
环境科学技术及资源科学技术	151	23	104	110	41	3	34	104	10	135	63
按机构登记注册类型分布											
国有	883	166	552	574	309	46	238	456	143	802	639
有限责任公司	1525	328	959	603	922	94	634	657	140	852	659
股份有限公司	448	104	108	421	27	6	128	193	121	436	403
私营	33	3	26	22	11	1	7	25		29	26

2–28 转制为企业的研究机构R&D经费支出（2023）

单位：万元

指标名称	R&D经费内部支出	政府资金	企业资金	R&D经费外部支出	#对境内研究机构支出	对境内高等学校支出	对境内企业支出	对境内其他单位支出
总计	**86311**	**6792**	**79518**	**5446**	**785**	**1952**	**2687**	**22**
按机构所属地域分布								
杭州市	80730	6714	74015	5204	785	1952	2445	22
宁波市	2755		2755					
温州市	43	43						
绍兴市	76	35	41					
金华市	114		114					
台州市	2594		2594	242			242	
按机构所属隶属关系分布								
中央属	4186	130	4056	718		265	453	
地方属	17997	2296	15700	1015	772	180	50	12
其他	64128	4366	59763	3713	13	1507	2183	10
按机构从事的国民经济行业分布								
制造业	48154	1800	46354	133		40	83	10
纺织业	875	170	705					
化学原料和化学制品制造业	18264	715	17549	133		40	83	10
医药制造业	1195	298	897					
有色金属冶炼和压延加工业	4258	255	4003					

指标名称	R&D 经费内部支出	政府资金	企业资金	R&D 经费外部支出	# 对境内研究机构支出	对境内高等学校支出	对境内企业支出	对境内其他单位支出
通用设备制造业	244		244					
专用设备制造业	2804		2804					
计算机、通信和其他电子设备制造业	362	43	319					
仪器仪表制造业	20151	320	19831					
电力、热力、燃气及水生产和供应业	15619	2949	12670	3339	13	1467	1858	
电力、热力生产和供应业	15619	2949	12670	3339	13	1467	1858	
建筑业	4046	254	3792					
房屋建筑业	4046	254	3792					
信息传输、软件和信息技术服务业	1638	7	1631					
软件和信息技术服务业	1638	7	1631					
科学研究和技术服务业	14571	1748	12823	1974	772	445	745	12
研究和试验发展	3968	643	3325	1256	772	180	292	12
专业技术服务业	9702	914	8787	718		265	453	
科技推广和应用服务业	902	190	711					
水利、环境和公共设施管理业	2283	35	2248					
生态保护和环境治理业	2283	35	2248					
按机构所属学科分布								
自然科学	5389	427	4962	83			83	
化学	4194	129	4065	83			83	
生物学	1195	298	897					

单位：万元

指标名称	R&D 经费内部支出	政府资金	企业资金	R&D 经费外部支出	#对境内研究机构支出	对境内高等学校支出	对境内企业支出	对境内其他单位支出
医药科学	1374	643	731	1015	772	180	50	12
中医学与中药学	1374	643	731	1015	772	180	50	12
工程与技术科学	79548	5723	73825	4348	13	1772	2553	10
工程与技术科学基础学科	76	35	41					
材料科学	6523	442	6080	718		265	453	
机械工程	10716	692	10024					
能源科学技术	15619	2949	12670	3339	13	1467	1858	
电子与通信技术	20403	363	20041					
计算机科学技术	1441	7	1435					
化学工程	14739	586	14153	50		40		10
纺织科学技术	875	170	705					
食品科学技术	233	190	43					
土木建筑工程	4046	254	3792					
环境科学技术及资源科学技术	4877	35	4842	242			242	
按机构登记注册类型分布								
国有	21132	854	20279	242			242	
有限责任公司	43399	5576	37823	5154	785	1912	2445	12
股份有限公司	21019	363	20656	50		40		10
私营	760		760					

2–29 转制为企业的研究机构R&D经费内部支出按经费类型分（2023）

单位：万元

指标	R&D经费内部支出	R&D日常性支出	人员人工费	直接投入费用	其他费用	R&D资产性支出	土建与建筑物支出	仪器与设备支出	资本化的计算机软件支出	非基建的科学仪器与设备支出
总计	86311	82634	46331	29833	6470	3677	872	2573	6	226
按机构所属地域分布										
杭州市	80730	77115	41332	29585	6198	3615	864	2519	6	226
宁波市	2755	2755	2732	3	20					
温州市	43	43	18	20	5					
绍兴市	76	68	56	12		8	8			
金华市	114	114	114							
台州市	2594	2540	2080	213	246	54		54		
按机构所属隶属关系分布										
中央属	4186	4159	2731	1215	213	27		27		
地方属	17997	17612	10118	5997	1498	384		374	6	4
其他	64128	60863	33483	22621	4759	3266	872	2172		221
按机构从事的国民经济行业分布										
制造业	48154	45445	26885	13879	4681	2709	864	1624		221
纺织业	875	865	148	717	1	10		10		
化学原料和化学制品制造业	18264	16335	10179	3214	2942	1930	864	858		208
医药制造业	1195	1195	897		298					
有色金属冶炼和压延加工业	4258	4028	1682	1962	384	230		216		13

指标	R&D经费内部支出	R&D日常性支出	人员人工费	直接投入费用	其他费用	R&D资产性支出	土建与建筑物支出	仪器与设备支出	资本化的计算机软件支出	非基建的科学仪器与设备支出
通用设备制造业	244	244	176	67	1					
专用设备制造业	2804	2804	2124	587	93					
计算机、通信和其他电子设备制造业	362	316	268	14	34	46		46		
仪器仪表制造业	20151	19657	11409	7319	929	494		494		
电力、热力、燃气及水生产和供应业	15619	15051	6739	8047	265	569		569		
电力、热力生产和供应业	15619	15051	6739	8047	265	569		569		
建筑业	4046	4029	3092	292	644	17		6	6	4
房屋建筑业	4046	4029	3092	292	644	17		6	6	4
信息传输、软件和信息技术服务业	1638	1638	1530	4	104					
软件和信息技术服务业	1638	1638	1530	4	104					
科学研究和技术服务业	14571	14189	7155	6277	757	382	8	373		1
研究和试验发展	3968	3756	3051	372	333	212		212		
专业技术服务业	9702	9559	3313	5842	404	142	8	134		1
科技推广和应用服务业	902	874	791	63	20	27		27		
水利、环境和公共设施管理业	2283	2283	931	1334	18					
生态保护和环境治理业	2283	2283	931	1334	18					
按机构所属学科分布										
自然科学	5389	5061	3138	1226	697	328		328		
化学	4194	3866	2241	1226	399	328		328		
生物学	1195	1195	897		298					

指标	R&D经费内部支出	R&D日常性支出	人员人工费	直接投入费用	其他费用	R&D资产性支出	土建与建筑物支出	仪器与设备支出	资本化的计算机软件支出	非基建的科学仪器与设备支出
医药科学	1374	1216	971	158	87	158		158		
中医学与中药学	1374	1216	971	158	87	158		158		
工程与技术科学	79548	76357	42222	28449	5686	3190	872	2086	6	226
工程与技术科学基础学科	76	68	56	12		8	8			
材料科学	6523	6284	2695	3110	479	238		224		14
机械工程	10716	10563	4700	5424	439	153		153		
能源科学技术	15619	15051	6739	8047	265	569		569		
电子与通信技术	20403	19891	11716	7246	929	513		513		
计算机科学技术	1441	1441	1337	3	102					
化学工程	14739	13137	8587	1988	2563	1601	864	530		208
纺织科学技术	875	865	148	717	1	10		10		
食品科学技术	233	206	142	63		27		27		
土木建筑工程	4046	4029	3092	292	644	17		6	6	4
环境科学技术及资源科学技术	4877	4823	3011	1548	265	54		54		
按机构登记注册类型分布										
国有	21132	19425	13968	1948	3509	1707	864	624	6	212
有限责任公司	43399	41943	20671	19311	1961	1456	8	1435		13
股份有限公司	21019	20505	10952	8574	980	513		513		
私营	760	760	741		20					

2-30 转制为企业的研究机构R&D经费内部支出按活动类型分（2023）

单位：万元

指标	R&D经费内部支出	基础研究	应用研究	试验发展
总计	**86311**	**3219**	**15622**	**67469**
按机构所属地域分布				
杭州市	80730	3219	14065	63445
宁波市	2755		135	2619
温州市	43		43	
绍兴市	76			76
金华市	114		114	
台州市	2594		1266	1328
按机构所属隶属关系分布				
中央属	4186	55		4131
地方属	17997		4753	13244
其他	64128	3164	10869	50094
按机构从事的国民经济行业分布				
制造业	48154	2491	9399	36263
纺织业	875			875
化学原料和化学制品制造业	18264	2436	4854	10974
医药制造业	1195		465	730
有色金属冶炼和压延加工业	4258		4081	177

指标	R&D经费内部支出	基础研究	应用研究	试验发展
通用设备制造业	244			244
专用设备制造业	2804			2804
计算机、通信和其他电子设备制造业	362			362
仪器仪表制造业	20151	55		20096
电力、热力、燃气及水生产和供应业	15619	728	670	14222
电力、热力生产和供应业	15619	728	670	14222
建筑业	4046		2286	1759
房屋建筑业	4046		2286	1759
信息传输、软件和信息技术服务业	1638		1441	197
软件和信息技术服务业	1638		1441	197
科学研究和技术服务业	14571		1826	12745
研究和试验发展	3968		1623	2345
专业技术服务业	9702			9702
科技推广和应用服务业	902		203	699
水利、环境和公共设施管理业	2283			2283
生态保护和环境治理业	2283			2283
按机构所属学科分布				
自然科学	5389		589	4800
化学	4194		124	4070
生物学	1195		465	730

单位：万元

指标	R&D 经费内部支出	基础研究	应用研究	试验发展
医药科学	1374		358	1016
中医学与中药学	1374		358	1016
工程与技术科学	79548	3219	14676	61652
工程与技术科学基础学科	76			76
材料科学	6523		4081	2442
机械工程	10716	55		10661
能源科学技术	15619	728	670	14222
电子与通信技术	20403			20403
计算机科学技术	1441		1441	
化学工程	14739	2436	4865	7437
纺织科学技术	875			875
食品科学技术	233		68	166
土木建筑工程	4046		2286	1759
环境科学技术及资源科学技术	4877		1266	3611
按机构登记注册类型分布				
国有	21132	2491	8082	10559
有限责任公司	43399	728	7248	35423
股份有限公司	21019		156	20862
私营	760		135	625

2–31 转制为企业的研究机构专利（2023）

指标	专利申请受理数（件）	#发明专利	专利授权数（件）	#发明专利	国外授权	有效发明专利数（件）	专利所有权转让及许可数（件）
总计	**857**	**481**	**779**	**435**	**7**	**1659**	**6**
按机构所属地域分布							
杭州市	840	476	762	432	7	1580	6
宁波市	8	1	11	3		28	
温州市						6	
绍兴市			1			45	
台州市	9	4	5				
按机构所属隶属关系分布							
中央属	29	24	29	24		121	
地方属	101	44	84	34	1	235	
其他	727	413	666	377	6	1303	6
按机构从事的国民经济行业分布							
制造业	227	184	168	127	5	630	6
纺织业	4	4	4	3		26	
化学原料和化学制品制造业	116	106	75	64	5	393	6
医药制造业	3	3	1	1		6	
有色金属冶炼和压延加工业	21	16	39	35		83	
通用设备制造业						14	

指标	专利申请受理数（件）	#发明专利	专利授权数（件）	#发明专利	国外授权	有效发明专利数（件）	专利所有权转让及许可数（件）
专用设备制造业	30	26	16	13		57	
计算机、通信和其他电子设备制造业	7	1	5	1		4	
仪器仪表制造业	46	28	28	10		47	
电力、热力、燃气及水生产和供应业	493	233	504	258	1	643	
电力、热力生产和供应业	493	233	504	258	1	643	
建筑业	10	3	10	3		67	
房屋建筑业	10	3	10	3		67	
信息传输、软件和信息技术服务业	3	3				10	
软件和信息技术服务业	3	3				10	
科学研究和技术服务业	97	44	87	41	1	250	
研究和试验发展	12	7	7	2		14	
专业技术服务业	77	34	75	37		220	
科技推广和应用服务业	8	3	5	2	1	16	
水利、环境和公共设施管理业	27	14	10	6		59	
生态保护和环境治理业	27	14	10	6		59	
按机构所属学科分布							
自然科学	13	13	7	7		50	
化学	10	10	6	6		44	
生物学	3	3	1	1		6	

指标	专利申请受理数（件）	#发明专利	专利授权数（件）	#发明专利	国外授权	有效发明专利数（件）	专利所有权转让及许可数（件）
医药科学	3	3	2	2		14	
中医学与中药学	3	3	2	2		14	
工程与技术科学	841	465	770	426	7	1595	6
工程与技术科学基础学科			1			45	
材料科学	35	26	56	50		180	
机械工程	95	51	75	36		154	
能源科学技术	493	233	504	258	1	643	
电子与通信技术	54	31	31	10		53	
计算机科学技术						3	
化学工程	109	96	70	58	5	363	6
纺织科学技术	4	4	4	3		26	
食品科学技术	5	3	4	2	1	2	
土木建筑工程	10	3	10	3		67	
环境科学技术及资源科学技术	36	18	15	6		59	
按机构登记注册类型分布							
国有	145	119	89	66	5	431	
有限责任公司	650	324	656	354	2	1129	
股份有限公司	59	38	33	15		77	6
私营	3		1			22	

2-32 转制为企业的研究机构论文、著作及其他科技产出（2023）

指标名称	科技论文（篇）	#国外发表	科技著作（种）	形成国家或行业标准（项）	集成电路布图设计登记数（件）	软件著作权数（件）
总计	**405**	**50**	**4**	**71**	**126**	**101**
按机构所属地域分布						
杭州市	370	47	4	70	113	98
宁波市	7			1	4	
绍兴市					1	
金华市					1	1
台州市	28	3			7	2
按机构所属隶属关系分布						
中央属	25	2		10	10	1
地方属	101	11	3	21	57	61
其他	279	37	1	40	59	39
按机构从事的国民经济行业分布						
制造业	114	7		57	33	12
纺织业	1			7		
化学原料和化学制品制造业	66	5		8		
医药制造业	3	2			12	7
有色金属冶炼和压延加工业	6			12		
通用设备制造业	12			8		

指标名称	科技论文（篇）	# 国外发表	科技著作（种）	形成国家或行业标准（项）	集成电路布图设计登记数（件）	软件著作权数（件）
专用设备制造业	10			15	12	1
计算机、通信和其他电子设备制造业					3	3
仪器仪表制造业	16			7	6	1
电力、热力、燃气及水生产和供应业	126	22	1	5	41	36
电力、热力生产和供应业	126	22	1	5	41	36
建筑业	30		2	2	7	13
房屋建筑业	30		2	2	7	13
信息传输、软件和信息技术服务业	1			1	13	8
软件和信息技术服务业	1			1	13	8
科学研究和技术服务业	97	14	1	6	30	32
研究和试验发展	42	6	1		7	2
专业技术服务业	50	8		5	20	27
科技推广和应用服务业	5			1	3	3
水利、环境和公共设施管理业	37	7			2	
生态保护和环境治理业	37	7			2	
按机构所属学科分布						
自然科学	5	2		1	12	7
化学	2			1		
生物学	3	2			12	7

指标名称	科技论文（篇）	#国外发表	科技著作（种）	形成国家或行业标准（项）	集成电路布图设计登记数（件）	软件著作权数（件）
医药科学	14	3	1			
中医学与中药学	14	3	1			
工程与技术科学	386	45	3	70	114	94
工程与技术科学基础学科					1	
材料科学	21	2		15		
机械工程	66	6		31	31	28
能源科学技术	126	22	1	5	41	36
电子与通信技术	8			2	10	4
计算机科学技术					12	8
化学工程	64	5		7		
纺织科学技术	1			7		
食品科学技术	5			1	3	3
土木建筑工程	30		2	2	7	13
环境科学技术及资源科学技术	65	10			9	2
按机构登记注册类型分布						
国有	115	4	2	29	26	16
有限责任公司	251	42	2	33	95	81
股份有限公司	27	4		1	5	4
私营	12			8		

三、规模以上
工业企业

3-1 规模以上工业企业研发活动情况（2021—2023）

指标名称	单位	2021	2022	2023
有 R&D 活动的企业数	个	26189	24871	20376
企业有研发机构	个	20752	25401	26987
从业人员年平均人数	万人	738.72	754.71	
研发活动人员	万人	64.50	67.29	81.94
参加项目人员	万人	60.49	63.82	
企业内部的日常研发经费支出	亿元	2642.60	3066.21	
人工费用	亿元	1024.00	1218.56	
直接投入费用	亿元	1246.43	1420.27	
委托外单位开发经费支出	亿元	126.02	162.97	
折合全时 R&D 人员	万人年	48.21	51.92	65.10
R&D 经费支出	亿元	1591.66	1768.06	1827.58
新产品开发经费支出	亿元	2325.07	2711.07	2958.72
新产品销售收入	亿元	36890.10	41281.82	41836.29
出口	亿元	7740.85	8663.58	8290.98
专利申请数	项	159920	171872	180387
发明专利	项	41292	44941	48296
拥有发明专利数	项	120873	146012	181101
技术改造经费支出	亿元	242.35	297.86	258.52
引进境外技术经费支出	亿元	12.20	15.88	12.92
引进境外技术的消化吸收经费支出	亿元	0.44	0.27	0.42
购买境内技术经费支出	亿元	18.10	23.52	17.93

3-2 规模以上工业企业基本情况（2023）

指标名称	单位数（个）	#有R&D活动	#有研发机构	#有新产品销售	资产总计（亿元）	主营业务收入（亿元）	利润总额（亿元）
总计	**56857**	**20376**	**26987**	**30154**	**137801.30**	**107164.66**	**6104.26**
按企业规模分组							
大型	665	595	552	584	44977.25	33964.64	2232.84
中型	3903	3267	3006	3186	36856.42	26879.27	1833.69
小型	48224	16279	22668	25443	51499.42	42817.00	1865.49
微型	4065	235	761	941	4468.21	3503.74	172.24
按登记注册类型分组							
内资企业	53002	18946	24913	28014	113135.48	89733.77	4724.36
国有独资公司	36	15	8	6	905.43	785.02	99.99
私营有限责任公司	42099	13760	18861	21719	43146.10	40649.44	1759.23
其他有限责任公司	4448	2240	2145	2267	36561.19	29839.16	1082.14
私营股份有限公司	4141	2012	2927	2947	11533.29	7460.05	594.44
其他股份有限公司	916	733	723	739	19780.49	10411.30	1144.20
全民所有制企业（国有企业）	13	3	2	3	149.79	42.16	1.42
集体所有制企业（集体企业）	14		1	1	575.73	22.13	25.53
股份合作企业	291	66	104	127	161.10	160.00	8.24
联营企业	2				1.25	0.67	-0.08
个人独资企业	831	94	104	164	274.06	307.10	8.30
合伙企业	164	23	37	40	47.06	56.73	1.40
港澳台商投资	1787	679	996	1042	12045.88	8211.09	604.51
港澳台投资有限责任公司	1663	588	900	944	8582.12	6932.41	382.22
港澳台投资股份有限公司	115	90	95	96	3450.09	1264.80	221.45
港澳台投资合伙企业	6				3.68	3.85	0.68
其他港澳台投资企业	3	1	1	2	9.99	10.04	0.16
外商投资	2068	751	1078	1098	12619.94	9219.79	775.39
外商投资有限责任公司	1942	663	979	995	8459.52	7080.76	624.37
外商投资股份有限公司	112	84	94	97	3808.24	1541.70	94.40

指标名称	单位数（个）	#有R&D活动	#有研发机构	#有新产品销售	资产总计（亿元）	主营业务收入（亿元）	利润总额（亿元）
外商投资合伙企业	6	2	4	2	25.93	14.01	1.69
其他外商投资企业	8	2	1	4	326.25	583.31	54.94
按国民经济行业大类分组							
采矿业	155	35	36	21	989.77	202.52	30.24
煤炭开采和洗选业	1				0.22	0.22	0.02
黑色金属矿采选业	4	1			1.96	0.80	0.02
有色金属矿采选业	11	1	3	2	9.41	4.75	0.37
非金属矿采选业	139	33	33	19	978.18	196.75	29.83
制造业	55916	20117	26802	30091	124160.61	99377.02	5614.32
农副食品加工业	771	184	215	253	1163.47	1290.13	25.66
食品制造业	456	163	202	222	909.42	740.61	47.64
酒、饮料和精制茶制造业	214	50	65	89	722.88	573.82	78.97
烟草制品业	2	1	2	2	479.84	638.82	92.20
纺织业	5078	1372	2166	2397	5434.64	4502.08	194.40
纺织服装、服饰业	2444	489	835	990	2713.85	2174.31	81.59
皮革、毛皮、羽毛及其制品和制鞋业	1759	465	647	1081	1108.99	1042.85	33.56
木材加工和木、竹、藤、棕、草制品业	606	130	173	227	574.83	413.00	21.64
家具制造业	1150	325	407	582	1450.03	1099.42	69.26
造纸和纸制品业	1080	332	498	521	2161.21	1606.89	85.18
印刷和记录媒介复制业	897	236	432	449	882.56	681.75	34.55
文教、工美、体育和娱乐用品制造业	1659	405	695	844	1651.23	1477.68	73.04
石油加工、炼焦和核燃料加工业	75	18	30	24	1043.62	1954.86	34.22
化学原料和化学制品制造业	1949	795	1022	1083	13792.68	10845.92	392.89
医药制造业	612	429	423	405	4586.15	1952.20	242.21
化学纤维制造业	753	274	309	315	4391.10	4054.71	77.84
橡胶和塑料制品业	3994	1349	1839	2033	4296.58	3844.44	220.30
非金属矿物制品业	2521	785	1029	943	5496.98	3519.80	200.18
黑色金属冶炼和压延加工业	669	215	276	284	1732.09	2238.98	107.50

指标名称	单位数（个）	#有R&D活动	#有研发机构	#有新产品销售	资产总计（亿元）	主营业务收入（亿元）	利润总额（亿元）
有色金属冶炼和压延加工业	785	216	234	270	1919.73	3787.10	36.09
金属制品业	4612	1477	2034	2253	4933.33	4655.63	256.18
通用设备制造业	6951	2757	3667	4345	10255.20	7760.14	654.21
专用设备制造业	3022	1361	1727	1950	5317.67	3196.73	298.56
汽车制造业	2802	1284	1548	1767	10870.79	7814.95	541.41
铁路、船舶、航空航天和其他运输设备制造业	855	358	431	472	1651.85	1243.90	60.38
电气机械和器材制造业	5900	2496	3352	3540	16411.03	14142.65	813.96
计算机、通信和其他电子设备制造业	2549	1378	1614	1716	14156.95	9247.01	572.19
仪器仪表制造业	1004	546	643	711	2842.99	1742.43	222.85
其他制造业	469	133	199	247	420.85	351.88	18.07
废弃资源综合利用业	203	72	69	66	522.18	608.26	14.38
金属制品、机械和设备修理业	75	22	19	10	265.90	174.06	13.19
电力、热力、燃气及水生产和供应业	786	224	149	42	12650.91	7585.11	459.71
电力、热力生产和供应业	442	140	95	24	9143.19	5944.14	381.23
燃气生产和供应业	134	25	23	3	1195.54	1289.50	63.58
水的生产和供应业	210	59	31	15	2312.18	351.46	14.89
按地区分组							
杭州市	6940	2754	3411	3623	27176.64	20024.22	1393.93
宁波市	10338	3558	4628	4715	27831.42	23552.02	1347.29
温州市	8626	2514	4518	5153	9543.90	7384.00	418.91
嘉兴市	6556	2569	5076	4235	18374.23	14765.41	764.55
湖州市	4093	1315	1594	2013	8338.28	6849.36	401.27
绍兴市	5344	2332	1875	2802	12087.41	7868.61	574.39
金华市	5751	1943	2652	2997	8213.22	6889.56	290.62
衢州市	1415	575	508	680	4169.98	3078.40	130.64
舟山市	510	175	198	134	5124.78	3925.92	67.73
台州市	5589	2021	1882	2844	9987.51	6663.10	451.50
丽水市	1693	618	644	957	2508.07	2093.65	132.88

3-3　规模以上工业企业 R&D 人员情况（2023）

指标名称	R&D 人员合计（人）	# 女性	# 研究人员	# 全时人员	R&D 人员折合全时当量合计（人年）
总计	**819375**	**187798**	**172645**	**529592**	**651025**
按企业规模分组					
大型	199641	45554	61116	134654	157548
中型	234484	54452	47502	151803	184564
小型	378274	86225	61897	240437	305222
微型	6976	1567	2130	2698	3691
按登记注册类型分组					
内资企业	702579	160027	138170	448998	555092
国有独资公司	1286	308	525	569	767
私营有限责任公司	400102	94058	59320	255718	321554
其他有限责任公司	121864	25282	33714	74092	90920
私营股份有限公司	90917	20822	17208	57392	71257
其他股份有限公司	85015	18717	26907	59350	67902
全民所有制企业（国有企业）	247	28	75	146	193
集体所有制企业（集体企业）	16	7		6	10
股份合作企业	1556	296	203	973	1268
联营企业					
个人独资企业	1270	427	173	587	970
合伙企业	302	82	43	162	249
港澳台商投资	61265	14952	17874	43883	50704
港澳台投资有限责任公司	40709	10194	9144	27102	32959
港澳台投资股份有限公司	20502	4746	8708	16737	17691
港澳台投资合伙企业					
其他港澳台投资企业	54	12	22	44	55
外商投资	55531	12819	16601	36711	45229
外商投资有限责任公司	41633	9696	12161	27122	34396
外商投资股份有限公司	13734	3086	4395	9460	10684

3-3 续表1

指标名称	R&D 人员合计（人）	# 女性	# 研究人员	# 全时人员	R&D 人员折合全时当量合计（人年）
外商投资合伙企业	134	34	41	111	123
其他外商投资企业	30	3	4	18	26
按国民经济行业大类分组					
采矿业	870	95	172	373	579
煤炭开采和洗选业					
黑色金属矿采选业	6	1	1		2
有色金属矿采选业	14	1	1	6	12
非金属矿采选业	850	93	170	367	565
制造业	810483	186832	169388	526726	646638
农副食品加工业	3973	1486	676	2273	3107
食品制造业	5347	2055	1008	2879	3935
酒、饮料和精制茶制造业	1642	594	351	829	1137
烟草制品业	583	158	313	204	201
纺织业	48451	17423	6053	28696	37930
纺织服装、服饰业	18866	9992	2467	12968	15709
皮革、毛皮、羽毛及其制品和制鞋业	16353	6022	1384	10403	13348
木材加工和木、竹、藤、棕、草制品业	4550	1171	629	2339	3605
家具制造业	14961	3892	1914	9771	11937
造纸和纸制品业	11292	2308	1228	6924	8849
印刷和记录媒介复制业	7645	2011	985	4624	6165
文教、工美、体育和娱乐用品制造业	16535	5558	2288	10032	13162
石油加工、炼焦和核燃料加工业	698	115	182	245	394
化学原料和化学制品制造业	31269	7367	8471	20814	25047
医药制造业	25822	11773	10200	17525	20694
化学纤维制造业	14754	4190	1421	7561	10771
橡胶和塑料制品业	37369	8294	4968	23258	30131
非金属矿物制品业	22983	4109	3505	13149	17086
黑色金属冶炼和压延加工业	6949	754	1017	4183	5312

3-3　续表 2

指标名称	R&D 人员合计（人）	#女性	#研究人员	#全时人员	R&D 人员折合全时当量合计（人年）
有色金属冶炼和压延加工业	7989	1439	1314	4534	5898
金属制品业	46376	8962	5575	28470	36706
通用设备制造业	95906	15811	19289	62233	77677
专用设备制造业	44394	6984	10599	30587	36127
汽车制造业	63894	10407	12824	43560	51422
铁路、船舶、航空航天和其他运输设备制造业	14294	2410	2664	9184	11594
电气机械和器材制造业	109071	23043	22022	70969	85279
计算机、通信和其他电子设备制造业	102746	21807	35217	75046	84912
仪器仪表制造业	29082	5226	9954	19561	23449
其他制造业	4295	1178	520	2648	3247
废弃资源综合利用业	1822	269	251	1041	1434
金属制品、机械和设备修理业	572	24	99	216	374
电力、热力、燃气及水生产和供应业	8022	871	3085	2493	3808
电力、热力生产和供应业	5938	442	2380	1583	2392
燃气生产和供应业	862	158	226	401	590
水的生产和供应业	1222	271	479	509	826
按地区分组					
杭州市	146854	32871	50885	106232	120631
宁波市	162359	34489	35194	112282	131485
温州市	80428	17957	11945	57318	67247
嘉兴市	103317	25677	18142	57619	77091
湖州市	48561	11057	9175	33221	39663
绍兴市	70144	16816	15780	44297	54897
金华市	78154	20560	10704	45964	61318
衢州市	19950	4470	3252	9961	13746
舟山市	8591	1394	1811	4473	6085
台州市	81750	18380	12988	47802	64372
丽水市	18640	3966	2431	10179	14248

3–4　规模以上工业企业 R&D 经费情况（2023）

单位：亿元

指标名称	R&D 经费内部支出合计	按支出用途分组			
		经常费支出	# 人员劳务费	资产性支出	仪器和设备
总计	**1827.58**	**1711.39**	**615.61**	**116.19**	**114.30**
按企业规模分组					
大型	655.83	616.84	240.03	38.99	38.44
中型	543.99	509.01	180.18	34.98	34.25
小型	621.18	579.44	194.26	41.74	41.14
微型	6.59	6.11	1.15	0.48	0.46
按登记注册类型分组					
内资企业	1483.34	1384.22	471.74	99.13	97.49
国有独资公司	3.41	3.37	1.36	0.04	0.02
私营有限责任公司	661.54	620.96	211.53	40.58	39.97
其他有限责任公司	388.23	354.15	101.69	34.08	33.56
私营股份有限公司	177.57	166.55	62.94	11.02	10.72
其他股份有限公司	248.29	235.02	92.95	13.27	13.07
全民所有制企业（国有企业）	0.56	0.55	0.18	0.01	0.01
集体所有制企业（集体企业）					
股份合作企业	2.19	2.11	0.66	0.09	0.08
联营企业					
个人独资企业	1.30	1.27	0.36	0.03	0.03
合伙企业	0.25	0.24	0.07	0.02	0.02
港澳台商投资	186.46	177.90	78.57	8.56	8.43
港澳台投资有限责任公司	98.14	92.18	34.27	5.95	5.87
港澳台投资股份有限公司	88.08	85.47	44.21	2.61	2.56
港澳台投资合伙企业					
其他港澳台投资企业	0.25	0.25	0.10		
外商投资	157.77	149.28	65.31	8.49	8.38
外商投资有限责任公司	108.01	101.95	47.93	6.06	5.96

　　单位：亿元

指标名称	R&D经费内部支出合计	按支出用途分组			
		经常费支出	#人员劳务费	资产性支出	仪器和设备
外商投资股份有限公司	49.39	47.04	17.22	2.35	2.34
外商投资合伙企业	0.31	0.23	0.14	0.08	0.08
其他外商投资企业	0.05	0.05	0.02		
按国民经济行业大类分组					
采矿业	1.35	1.32	0.44	0.03	0.03
煤炭开采和洗选业					
黑色金属矿采选业	0.01	0.01			
有色金属矿采选业	0.02	0.02			
非金属矿采选业	1.33	1.30	0.44	0.03	0.03
制造业	1810.61	1696.87	611.17	113.75	111.91
农副食品加工业	6.90	6.32	1.54	0.58	0.58
食品制造业	6.94	6.51	2.43	0.44	0.44
酒、饮料和精制茶制造业	2.20	1.94	0.66	0.26	0.26
烟草制品业	1.46	1.45	0.88	0.01	
纺织业	75.48	70.51	22.11	4.97	4.92
纺织服装、服饰业	21.64	21.25	9.01	0.39	0.37
皮革、毛皮、羽毛及其制品和制鞋业	14.47	13.89	5.86	0.58	0.53
木材加工和木、竹、藤、棕、草制品业	6.13	5.83	1.88	0.30	0.30
家具制造业	19.44	18.77	7.89	0.66	0.65
造纸和纸制品业	22.35	20.78	4.91	1.57	1.56
印刷和记录媒介复制业	9.74	8.90	3.35	0.84	0.84
文教、工美、体育和娱乐用品制造业	17.40	17.01	6.95	0.39	0.38
石油加工、炼焦和核燃料加工业	1.39	1.33	0.51	0.05	0.05
化学原料和化学制品制造业	127.28	121.04	25.23	6.24	6.15
医药制造业	72.19	66.48	22.02	5.71	5.64
化学纤维制造业	49.64	48.21	8.35	1.43	1.42
橡胶和塑料制品业	67.83	63.18	19.52	4.64	4.61
非金属矿物制品业	44.16	41.28	10.58	2.88	2.82
黑色金属冶炼和压延加工业	25.99	25.01	3.78	0.98	0.97

单位：亿元

指标名称	R&D经费内部支出合计	按支出用途分组			
		经常费支出	#人员劳务费	资产性支出	仪器和设备
有色金属冶炼和压延加工业	20.43	19.71	3.70	0.72	0.71
金属制品业	78.25	73.55	23.10	4.70	4.66
通用设备制造业	185.49	173.55	67.96	11.95	11.76
专用设备制造业	93.04	88.44	37.15	4.60	4.50
汽车制造业	136.39	123.90	52.57	12.49	12.36
铁路、船舶、航空航天和其他运输设备制造业	31.24	29.70	10.10	1.55	1.51
电气机械和器材制造业	287.41	268.01	82.50	19.40	19.11
计算机、通信和其他电子设备制造业	320.40	298.64	147.14	21.76	21.24
仪器仪表制造业	54.42	51.18	26.25	3.24	3.18
其他制造业	4.54	4.44	1.81	0.10	0.10
废弃资源综合利用业	5.45	5.16	1.15	0.29	0.29
金属制品、机械和设备修理业	0.91	0.91	0.31		
电力、热力、燃气及水生产和供应业	15.61	13.20	4.00	2.41	2.36
电力、热力生产和供应业	12.58	10.60	2.90	1.98	1.97
燃气生产和供应业	1.17	0.91	0.33	0.27	0.22
水的生产和供应业	1.86	1.69	0.77	0.16	0.16
按地区分组					
杭州市	378.61	357.36	193.88	21.24	20.68
宁波市	374.89	348.58	128.84	26.31	26.06
温州市	166.05	157.62	42.43	8.43	8.16
嘉兴市	219.10	206.99	70.06	12.11	12.00
湖州市	118.24	108.89	28.77	9.35	9.18
绍兴市	201.57	187.53	43.68	14.04	13.92
金华市	123.92	117.59	36.71	6.33	6.25
衢州市	35.52	30.16	10.39	5.36	5.22
舟山市	35.28	34.82	5.63	0.45	0.45
台州市	140.99	130.58	45.14	10.41	10.27
丽水市	33.09	30.94	9.20	2.14	2.11

指标名称	R&D经费内部支出合计			
	按资金来源分组			
	政府资金	企业资金	境外资金	其他资金
总计	**18.93**	**1807.32**	**0.63**	**0.70**
按企业规模分组				
大型	5.96	649.62	0.22	0.04
中型	5.53	538.02	0.35	0.09
小型	7.31	613.47	0.06	0.34
微型	0.14	6.21		0.23
按登记注册类型分组				
内资企业	15.71	1466.73	0.20	0.70
国有独资公司	0.04	3.32		0.04
私营有限责任公司	6.90	654.12	0.17	0.34
其他有限责任公司	3.55	384.37	0.02	0.29
私营股份有限公司	1.83	175.73	0.01	
其他股份有限公司	3.34	244.92		0.03
全民所有制企业（国有企业）	0.01	0.56		
集体所有制企业（集体企业）				
股份合作企业	0.04	2.15		
联营企业				
个人独资企业		1.30		
合伙企业		0.25		
港澳台商投资	1.55	184.91		
港澳台投资有限责任公司	0.75	97.39		
港澳台投资股份有限公司	0.80	87.27		
港澳台投资合伙企业				
其他港澳台投资企业		0.25		
外商投资	1.66	155.68	0.42	
外商投资有限责任公司	0.37	107.42	0.22	
外商投资股份有限公司	1.30	47.89	0.20	
外商投资合伙企业		0.31		

单位：亿元

指标名称	R&D经费内部支出合计			
	按资金来源分组			
	政府资金	企业资金	境外资金	其他资金
其他外商投资企业		0.05		
按国民经济行业大类分组				
采矿业		1.35		
煤炭开采和洗选业				
黑色金属矿采选业		0.01		
有色金属矿采选业		0.02		
非金属矿采选业		1.33		
制造业	18.90	1790.62	0.63	0.47
农副食品加工业	0.11	6.79		
食品制造业	0.10	6.85		
酒、饮料和精制茶制造业	0.02	2.18		
烟草制品业		1.43		0.04
纺织业	0.23	75.14		0.12
纺织服装、服饰业	0.09	21.55		
皮革、毛皮、羽毛及其制品和制鞋业	0.06	14.42		
木材加工和木、竹、藤、棕、草制品业	0.15	5.98	0.01	
家具制造业	0.07	19.36		0.01
造纸和纸制品业	0.24	22.11		
印刷和记录媒介复制业	0.07	9.67		
文教、工美、体育和娱乐用品制造业	0.13	17.26		
石油加工、炼焦和核燃料加工业	0.01	1.37		
化学原料和化学制品制造业	1.14	126.14		
医药制造业	1.76	70.25		
化学纤维制造业	0.31	49.32		0.02
橡胶和塑料制品业	0.70	67.12		0.01
非金属矿物制品业	0.33	43.82		
黑色金属冶炼和压延加工业	0.13	25.85		0.01
有色金属冶炼和压延加工业	0.84	19.57		0.01

指标名称	R&D经费内部支出合计			
	按资金来源分组			
	政府资金	企业资金	境外资金	其他资金
金属制品业	0.58	77.65	0.02	
通用设备制造业	2.59	182.89	0.01	0.01
专用设备制造业	1.89	91.10	0.02	0.04
汽车制造业	0.56	135.83		
铁路、船舶、航空航天和其他运输设备制造业	0.91	30.33		
电气机械和器材制造业	1.97	285.05	0.39	
计算机、通信和其他电子设备制造业	2.67	317.54		0.18
仪器仪表制造业	1.17	53.22		0.03
其他制造业	0.02	4.52		
废弃资源综合利用业	0.02	5.43		
金属制品、机械和设备修理业	0.01	0.90		
电力、热力、燃气及水生产和供应业	0.03	15.35		0.23
电力、热力生产和供应业	0.02	12.34		0.22
燃气生产和供应业		1.17		
水的生产和供应业	0.01	1.84		
按地区分组				
杭州市	5.01	373.31	0.20	0.09
宁波市	3.11	371.46	0.16	0.15
温州市	0.60	165.44	0.01	
嘉兴市	1.09	217.51	0.23	0.25
湖州市	0.83	117.41		
绍兴市	1.63	199.79		0.16
金华市	2.64	121.28		
衢州市	0.74	34.75	0.02	
舟山市	0.21	35.07		
台州市	2.26	138.72		
丽水市	0.81	32.27		

指标名称	R&D经费外部支出合计	对境内研究机构支出	对境内高等学校支出	对境内企业支出	对境外支出
总计	**99.32**	**20.32**	**7.16**	**61.79**	**10.05**
按企业规模分组					
大型	54.51	12.70	1.68	33.92	6.22
中型	25.24	2.40	2.52	17.25	3.06
小型	16.20	2.06	2.95	10.42	0.77
微型	3.37	3.16	0.02	0.20	
按登记注册类型分组					
内资企业	74.23	16.99	6.41	45.29	5.54
国有独资公司	0.55	0.18	0.27	0.09	
私营有限责任公司	17.97	2.20	2.59	12.35	0.83
其他有限责任公司	34.52	11.99	1.49	20.56	0.49
私营股份有限公司	5.58	0.71	0.98	3.14	0.74
其他股份有限公司	15.46	1.91	1.07	9.00	3.48
全民所有制企业（国有企业）					
集体所有制企业（集体企业）					
股份合作企业	0.14			0.14	
联营企业					
个人独资企业	0.01		0.01		
合伙企业					
港澳台商投资	5.35	0.19	0.49	3.70	0.98
港澳台投资有限责任公司	3.43	0.15	0.32	2.20	0.76
港澳台投资股份有限公司	1.91	0.04	0.17	1.49	0.22
港澳台投资合伙企业					
其他港澳台投资企业	0.01		0.01		
外商投资	19.75	3.14	0.27	12.81	3.53
外商投资有限责任公司	14.85	0.46	0.19	11.14	3.07
外商投资股份有限公司	4.90	2.68	0.08	1.67	0.47
外商投资合伙企业					

指标名称	R&D经费外部支出合计	对境内研究机构支出	对境内高等学校支出	对境内企业支出	对境外支出
其他外商投资企业					
按国民经济行业大类分组					
采矿业	0.10	0.04	0.03	0.03	
煤炭开采和洗选业					
黑色金属矿采选业					
有色金属矿采选业					
非金属矿采选业	0.10	0.04	0.03	0.03	
制造业	92.68	15.97	7.03	59.64	10.05
农副食品加工业	0.06	0.01	0.01	0.04	
食品制造业	0.26	0.04	0.14	0.09	
酒、饮料和精制茶制造业	0.13	0.01	0.04	0.08	
烟草制品业	0.55	0.18	0.27	0.09	
纺织业	0.69	0.04	0.14	0.41	0.10
纺织服装、服饰业	0.24	0.01	0.04	0.09	0.11
皮革、毛皮、羽毛及其制品和制鞋业	0.04		0.01	0.02	
木材加工和木、竹、藤、棕、草制品业	0.03			0.03	
家具制造业	0.34	0.01	0.10	0.23	
造纸和纸制品业	0.09	0.01	0.08	0.01	
印刷和记录媒介复制业	0.19	0.01	0.01	0.02	0.16
文教、工美、体育和娱乐用品制造业	0.16	0.01	0.05	0.08	0.02
石油加工、炼焦和核燃料加工业	0.27	0.09	0.01	0.17	
化学原料和化学制品制造业	3.87	1.08	0.65	2.14	
医药制造业	14.69	2.47	0.93	10.89	0.40
化学纤维制造业	0.21	0.05	0.10	0.06	
橡胶和塑料制品业	0.56	0.11	0.29	0.16	
非金属矿物制品业	0.50	0.08	0.18	0.21	0.03
黑色金属冶炼和压延加工业	0.24	0.01	0.09	0.13	
有色金属冶炼和压延加工业	0.10	0.02	0.06	0.02	

单位：亿元

指标名称	R&D经费外部支出合计	对境内研究机构支出	对境内高等学校支出	对境内企业支出	对境外支出
金属制品业	0.32	0.03	0.11	0.17	0.02
通用设备制造业	3.31	0.19	0.77	2.05	0.30
专用设备制造业	2.38	0.32	0.43	1.31	0.33
汽车制造业	24.22	9.15	0.34	12.93	1.80
铁路、船舶、航空航天和其他运输设备制造业	1.93	0.05	0.12	1.35	0.41
电气机械和器材制造业	14.62	0.28	1.12	9.70	3.52
计算机、通信和其他电子设备制造业	20.59	1.22	0.59	16.19	2.58
仪器仪表制造业	2.04	0.48	0.31	0.98	0.27
其他制造业	0.02		0.02		
废弃资源综合利用业	0.03		0.03		
金属制品、机械和设备修理业	0.01			0.01	
电力、热力、燃气及水生产和供应业	6.54	4.31	0.10	2.12	
电力、热力生产和供应业	6.24	4.30	0.09	1.85	
燃气生产和供应业	0.05	0.02		0.04	
水的生产和供应业	0.25		0.01	0.23	
按地区分组					
杭州市	23.95	1.34	1.94	17.35	3.32
宁波市	28.44	6.87	1.47	15.82	4.28
温州市	2.15	0.30	0.26	1.54	0.05
嘉兴市	11.84	6.34	0.46	4.16	0.88
湖州市	4.11	1.04	0.49	2.05	0.53
绍兴市	5.64	0.56	0.74	4.23	0.11
金华市	5.37	0.32	0.55	4.24	0.26
衢州市	2.82	0.34	0.22	2.25	
舟山市	0.22	0.10	0.05	0.07	
台州市	13.26	2.68	0.59	9.39	0.60
丽水市	0.88	0.25	0.12	0.50	0.01

3-5 规模以上工业企业办研发机构情况（2023）

指标名称	机构数（个）	机构人员数（人）	#博士	#硕士	机构经费支出（亿元）	仪器和设备原价（亿元）
总计	**27663**	**812415**	**5730**	**47323**	**2858.44**	**1731.08**
按企业规模分组						
大型	747	191754	1532	21075	1001.33	411.74
中型	3269	224584	1652	11979	790.63	543.45
小型	22885	391153	2466	14058	1053.03	767.13
微型	762	4924	80	211	13.44	8.76
按登记注册类型分组						
内资企业	25489	689164	4525	35369	2310.68	1465.04
国有独资公司	8	510	14	82	4.87	5.70
私营有限责任公司	19047	391881	1910	11227	1043.34	702.97
其他有限责任公司	2274	113708	893	9970	613.15	359.43
私营股份有限公司	3005	94615	666	3467	276.53	182.98
其他股份有限公司	903	85640	1033	10551	366.15	208.36
全民所有制企业（国有企业）	3	222	4	6	0.66	0.60
集体所有制企业（集体企业）	1	29			0.02	0.01
股份合作企业	105	1597	4	43	4.10	3.73
联营企业						
个人独资企业	105	761	1	17	1.47	0.99
合伙企业	37	196		6	0.39	0.26
港澳台商投资	1037	63365	605	4166	281.03	143.87
港澳台投资有限责任公司	918	42232	323	2359	157.19	96.91
港澳台投资股份有限公司	118	21058	282	1800	123.49	46.94
港澳台投资合伙企业						
其他港澳台投资企业	1	75		7	0.35	0.02
外商投资	1137	59886	600	7788	266.73	122.17
外商投资有限责任公司	1006	45910	273	5214	193.41	93.85
外商投资股份有限公司	125	13800	320	2546	72.82	27.81

指标名称	机构数（个）	机构人员数（人）	#博士	#硕士	机构经费支出（亿元）	仪器和设备原价（亿元）
外商投资合伙企业	5	161	7	27	0.46	0.45
其他外商投资企业	1	15		1	0.04	0.05
按国民经济行业大类分组						
采矿业	36	629	9	34	2.33	1.59
煤炭开采和洗选业						
黑色金属矿采选业						
有色金属矿采选业	3	19			0.05	0.03
非金属矿采选业	33	610	9	34	2.28	1.57
制造业	27472	807993	5705	47103	2839.02	1696.18
农副食品加工业	217	3704	47	237	10.81	6.07
食品制造业	212	5429	65	395	13.44	10.72
酒、饮料和精制茶制造业	66	1354	12	105	3.80	5.76
烟草制品业	2	235	13	78	2.90	4.20
纺织业	2186	44326	175	836	107.29	90.13
纺织服装、服饰业	841	18789	31	339	36.79	13.33
皮革、毛皮、羽毛及其制品和制鞋业	648	13976	30	119	22.82	10.12
木材加工和木、竹、藤、棕、草制品业	176	3913	53	96	8.90	6.37
家具制造业	411	11244	50	183	23.53	10.41
造纸和纸制品业	508	11818	45	192	40.27	46.46
印刷和记录媒介复制业	433	8164	31	129	18.40	22.42
文教、工美、体育和娱乐用品制造业	704	16183	27	269	30.35	15.80
石油加工、炼焦和核燃料加工业	30	343	11	14	1.68	1.09
化学原料和化学制品制造业	1067	32906	538	2879	255.62	123.65
医药制造业	492	26664	685	4551	122.12	84.96
化学纤维制造业	324	15983	62	205	68.92	45.22
橡胶和塑料制品业	1848	36760	172	735	98.58	77.56
非金属矿物制品业	1052	21721	164	691	72.39	66.25
黑色金属冶炼和压延加工业	279	6537	34	168	49.14	20.65

指标名称	机构数（个）	机构人员数（人）	#博士	#硕士	机构经费支出（亿元）	仪器和设备原价（亿元）
有色金属冶炼和压延加工业	250	6016	119	404	27.88	19.01
金属制品业	2059	45886	191	656	115.31	77.06
通用设备制造业	3766	93466	545	4694	268.12	177.84
专用设备制造业	1769	46556	382	2786	139.97	81.45
汽车制造业	1565	60626	236	2580	231.12	127.04
铁路、船舶、航空航天和其他运输设备制造业	438	14302	57	503	47.15	21.25
电气机械和器材制造业	3463	114549	640	5794	418.79	185.96
计算机、通信和其他电子设备制造业	1698	108412	1039	13870	493.52	274.98
仪器仪表制造业	680	32504	230	3490	94.80	61.09
其他制造业	199	3510	10	47	6.47	3.51
废弃资源综合利用业	70	1609	11	50	7.09	3.99
金属制品、机械和设备修理业	19	508		8	1.07	1.83
电力、热力、燃气及水生产和供应业	155	3793	16	186	17.09	33.30
电力、热力生产和供应业	99	2539	7	91	13.22	27.89
燃气生产和供应业	23	495	1	12	1.62	2.26
水的生产和供应业	33	759	8	83	2.25	3.15
按地区分组						
杭州市	3663	164099	1586	21963	690.84	349.90
宁波市	4652	163710	880	7235	573.34	352.40
温州市	4541	90118	327	2034	217.39	140.73
嘉兴市	5129	129866	684	5258	454.38	283.31
湖州市	1641	42493	505	1967	152.08	101.68
绍兴市	1972	51231	696	3685	205.66	160.74
金华市	2693	70934	360	1906	199.99	111.95
衢州市	548	14151	135	723	52.14	50.33
舟山市	200	8388	31	212	100.13	23.62
台州市	1959	61795	410	2017	159.79	123.41
丽水市	664	15419	103	250	49.86	28.87

3-6 规模以上工业企业自主知识产权保护情况（2023）

指标名称	专利申请数（件）	发明专利	有效发明专利数（件）	专利所有权转让及许可数（件）	专利所有权转让及许可收入（亿元）	拥有注册商标（件）	形成国家或行业标准（项）
总计	**180387**	**48296**	**181101**	**7883**	**31.6683**	**203024**	**10308**
按企业规模分组							
大型	40010	15959	49277	835	10.22	51463	1590
中型	35262	10549	40995	1597	0.98	58402	5548
小型	102647	21367	88888	5270	20.46	92289	3150
微型	2468	421	1941	181	0.01	870	20
按登记注册类型分组							
内资企业	159281	40757	147734	7166	22.29	179087	9452
国有独资公司	641	356	628			339	6
私营有限责任公司	95968	18387	75466	4584	1.22	94121	2735
其他有限责任公司	22829	8438	23686	817	13.01	15948	3722
私营股份有限公司	20698	5427	21397	834	0.85	32695	1369
其他股份有限公司	18833	8082	26218	927	7.22	35738	1593
全民所有制企业(国有企业)	46	16	26			2	4
集体所有制企业(集体企业)	2		1				
股份合作企业	207	33	252			121	23
联营企业							
个人独资企业	49	17	55	4		106	
合伙企业	3	1	5			17	
港澳台商投资	9762	3413	15501	262	0.37	12473	487
港澳台投资有限责任公司	6427	1885	8806	211	0.37	8229	282
港澳台投资股份有限公司	3226	1504	6684	51		4244	205
港澳台投资合伙企业							
其他港澳台投资企业	109	24	11				
外商投资	11344	4126	17866	455	9.01	11464	369
外商投资有限责任公司	6897	2329	13343	368	0.09	6927	206
外商投资股份有限公司	4434	1796	4398	87	8.92	4529	163

指标名称	专利申请数（件）	发明专利	有效发明专利数（件）	专利所有权转让及许可数（件）	专利所有权转让及许可收入（亿元）	拥有注册商标（件）	形成国家或行业标准（项）
外商投资合伙企业	5	1	20			8	
其他外商投资企业	8		105				
按国民经济行业大类分组							
采矿业	129	28	92			11	2
煤炭开采和洗选业							
黑色金属矿采选业							
有色金属矿采选业			3				
非金属矿采选业	129	28	89			11	2
制造业	179015	47854	179962	7857	31.59	202867	10292
农副食品加工业	521	114	598	41		3655	22
食品制造业	986	258	1091	18		6608	81
酒、饮料和精制茶制造业	259	66	387	16		4186	17
烟草制品业	517	312	565			294	4
纺织业	5697	988	5405	94	0.29	4627	160
纺织服装、服饰业	2219	328	1472	90	0.01	10338	40
皮革、毛皮、羽毛及其制品和制鞋业	2769	258	1113	44		5372	100
木材加工和木、竹、藤、棕、草制品业	939	276	937	31	0.03	3012	244
家具制造业	4976	605	2357	232		5863	118
造纸和纸制品业	2049	421	1797	27	0.19	2381	104
印刷和记录媒介复制业	1443	212	1091	69		978	29
文教、工美、体育和娱乐用品制造业	4505	412	2263	117	0.08	10653	143
石油加工、炼焦和核燃料加工业	148	60	304			197	
化学原料和化学制品制造业	5186	2426	9851	560	0.41	15334	490
医药制造业	2418	1305	6897	128	1.13	13051	261
化学纤维制造业	1073	316	1218	13	0.01	817	82
橡胶和塑料制品业	8535	1583	7068	416	2.08	7241	315
非金属矿物制品业	4269	1038	4449	239	2.21	3929	168
黑色金属冶炼和压延加工业	1079	256	901	112		311	29

指标名称	专利申请数（件）	发明专利	有效发明专利数（件）	专利所有权转让及许可数（件）	专利所有权转让及许可收入（亿元）	拥有注册商标（件）	形成国家或行业标准（项）
有色金属冶炼和压延加工业	945	271	1257	1	0.14	1049	151
金属制品业	11046	1521	7253	450	0.37	11052	303
通用设备制造业	23794	5891	21998	1416	14.08	19787	1362
专用设备制造业	13398	3795	14101	743	0.15	10187	508
汽车制造业	11062	2957	9195	327	0.01	6601	224
铁路、船舶、航空航天和其他运输设备制造业	3746	771	2271	109		3564	41
电气机械和器材制造业	36043	8087	25626	1178	2.17	26600	1297
计算机、通信和其他电子设备制造业	20587	9889	38185	783	8.17	17445	3503
仪器仪表制造业	7340	3154	8870	491	0.07	5301	446
其他制造业	1075	124	954	100		2276	34
废弃资源综合利用业	333	145	438	12		149	15
金属制品、机械和设备修理业	58	15	50			9	1
电力、热力、燃气及水生产和供应业	1243	414	1047	26	0.07	146	14
电力、热力生产和供应业	954	320	834	25	0.07	131	9
燃气生产和供应业	68	21	65				
水的生产和供应业	221	73	148	1		15	5
按地区分组							
杭州市	39777	16403	54138	1469	18.86	44366	4648
宁波市	35745	9106	36149	1741	0.77	33967	1275
温州市	21726	3332	14235	730	0.20	23281	851
嘉兴市	18802	4646	19345	391	0.89	19335	411
湖州市	10960	2940	13005	1052	0.08	13296	742
绍兴市	14193	3570	13369	880	10.33	11455	774
金华市	15894	2879	10189	385	0.23	26111	514
衢州市	3816	1217	3625	156	0.09	2985	308
舟山市	840	236	765	37		447	24
台州市	13206	2637	12829	699	0.18	20504	634
丽水市	4890	997	2720	343	0.03	6983	123

3-7 规模以上工业企业新产品开发、生产及销售情况（2023）

指标名称	新产品开发项目数（项）	新产品开发经费支出（亿元）	新产品销售收入（亿元）	#出口
总计	**207990**	**2958.72**	**41836.29**	**8290.98**
按企业规模分组				
大型	14553	876.50	15956.09	3895.57
中型	35083	796.34	12102.93	2237.43
小型	153515	1260.63	13549.08	2149.52
微型	4839	25.25	228.18	8.45
按登记注册类型分组				
内资企业	189229	2424.56	34973.80	6806.32
国有独资公司	141	2.57	41.71	27.11
私营有限责任公司	133027	1216.79	14926.18	2713.76
其他有限责任公司	21220	547.91	10534.40	2062.00
私营股份有限公司	22252	292.76	4082.20	856.55
其他股份有限公司	11413	355.30	5301.88	1133.48
全民所有制企业（国有企业）	33	0.63	7.51	0.04
集体所有制企业（集体企业）	8	0.03	0.09	
股份合作企业	601	4.77	48.71	7.53
联营企业				
个人独资企业	428	3.13	25.81	4.36
合伙企业	97	0.66	4.84	1.05
港澳台商投资	9055	278.26	3397.06	649.06
港澳台投资有限责任公司	7421	159.02	2547.11	503.00
港澳台投资股份有限公司	1623	118.90	844.55	145.51
港澳台投资合伙企业				
其他港澳台投资企业	11	0.35	5.40	0.55
外商投资	9706	255.91	3465.42	835.60
外商投资有限责任公司	8007	176.32	2270.69	664.76
外商投资股份有限公司	1676	79.32	1045.67	150.43

3-7 续表1

指标名称	新产品开发项目数（项）	新产品开发经费支出（亿元）	新产品销售收入（亿元）	#出口
外商投资合伙企业	14	0.21	3.52	
其他外商投资企业	9	0.06	145.54	20.41
按国民经济行业大类分组				
采矿业	94	0.70	48.86	
煤炭开采和洗选业				
黑色金属矿采选业	1	0.01		
有色金属矿采选业	5	0.02	0.35	
非金属矿采选业	88	0.67	48.51	
制造业	206945	2944.77	41709.71	8290.31
农副食品加工业	1296	13.86	134.56	12.97
食品制造业	1496	14.42	178.91	28.95
酒、饮料和精制茶制造业	524	4.93	85.39	6.54
烟草制品业	76	0.81	7.12	0.47
纺织业	11475	125.51	1720.07	283.59
纺织服装、服饰业	4612	45.57	782.24	241.03
皮革、毛皮、羽毛及其制品和制鞋业	3946	32.87	443.99	137.96
木材加工和木、竹、藤、棕、草制品业	1254	10.71	153.24	39.41
家具制造业	3766	36.20	494.29	254.66
造纸和纸制品业	3360	45.96	746.92	70.27
印刷和记录媒介复制业	2470	20.61	247.43	38.84
文教、工美、体育和娱乐用品制造业	5094	38.38	530.94	164.61
石油加工、炼焦和核燃料加工业	227	2.53	37.64	2.38
化学原料和化学制品制造业	8747	170.88	4435.36	279.07
医药制造业	6558	102.67	828.91	199.23
化学纤维制造业	2527	72.32	1619.59	97.90
橡胶和塑料制品业	12982	127.34	1457.85	278.98
非金属矿物制品业	6502	79.02	1075.50	85.50
黑色金属冶炼和压延加工业	1937	47.96	712.37	22.57

指标名称	新产品开发项目数 （项）	新产品开发经费支出 （亿元）	新产品销售收入 （亿元）	#出口
有色金属冶炼和压延加工业	1824	37.86	1084.96	80.43
金属制品业	14073	134.54	1686.46	444.96
通用设备制造业	29898	314.96	3661.97	739.25
专用设备制造业	14757	158.95	1682.66	311.88
汽车制造业	13867	205.70	2888.89	578.27
铁路、船舶、航空航天和其他运输设备制造业	3830	49.71	566.04	222.70
电气机械和器材制造业	27212	446.97	7771.70	1584.13
计算机、通信和其他电子设备制造业	15104	492.19	5521.05	1891.47
仪器仪表制造业	5908	96.10	931.74	159.64
其他制造业	1196	8.35	103.14	23.66
废弃资源综合利用业	316	5.56	106.90	2.54
金属制品、机械和设备修理业	111	1.34	11.87	6.43
电力、热力、燃气及水生产和供应业	951	13.25	77.71	0.66
电力、热力生产和供应业	734	10.28	55.87	0.66
燃气生产和供应业	94	1.68	10.63	
水的生产和供应业	123	1.29	11.22	
按地区分组				
杭州市	30597	727.29	7947.01	1434.25
宁波市	43644	567.68	7064.79	1515.41
温州市	26439	236.17	2967.41	488.79
嘉兴市	25924	410.01	7635.77	1814.84
湖州市	13286	175.75	3168.55	505.87
绍兴市	14643	266.09	3409.99	460.74
金华市	20019	210.81	2970.66	814.14
衢州市	5203	71.80	1448.51	146.30
舟山市	1269	31.94	1857.58	126.89
台州市	20718	198.66	2549.06	865.81
丽水市	6175	61.83	810.51	117.46

3-8 规模以上工业企业政府相关政策落实情况（2023）

单位：亿元

指标名称	使用来自政府部门的研发资金	研究开发费用加计扣除减免税	高新技术企业减免税
总计	**2666.39**	**330.65**	**263.38**
按企业规模分组			
大型	811.70	108.03	94.35
中型	750.83	95.67	92.83
小型	1084.88	124.68	75.76
微型	18.97	2.27	0.44
按登记注册类型分组			
内资企业	2234.12	267.82	209.96
国有独资公司	1.01	0.09	0.07
私营有限责任公司	1053.66	128.14	78.50
其他有限责任公司	568.86	57.54	47.07
私营股份有限公司	256.20	35.16	31.38
其他股份有限公司	348.74	46.26	52.62
全民所有制企业（国有企业）	0.66	0.08	0.01
集体所有制企业（集体企业）	0.02		
股份合作企业	4.04	0.49	0.30
联营企业			
个人独资企业	0.78	0.06	
合伙企业	0.14		
港澳台商投资	228.25	32.02	29.43
港澳台投资有限责任公司	136.88	18.99	15.80
港澳台投资股份有限公司	91.03	12.98	13.61
港澳台投资合伙企业			
其他港澳台投资企业	0.35	0.05	0.01
外商投资	204.01	30.81	23.99
外商投资有限责任公司	155.60	19.74	18.55

指标名称	使用来自政府部门的研发资金	研究开发费用加计扣除减免税	高新技术企业减免税
外商投资股份有限公司	47.86	10.92	5.33
外商投资合伙企业	0.45	0.14	0.11
其他外商投资企业	0.10	0.02	
按国民经济行业大类分组			
采矿业	1.93	0.29	1.28
煤炭开采和洗选业			
黑色金属矿采选业	0.02		
有色金属矿采选业	0.03		
非金属矿采选业	1.88	0.29	1.28
制造业	2646.87	327.79	259.13
农副食品加工业	11.25	1.12	0.84
食品制造业	13.43	1.83	2.10
酒、饮料和精制茶制造业	4.61	0.59	0.38
烟草制品业			
纺织业	116.97	13.62	7.30
纺织服装、服饰业	29.57	4.09	1.84
皮革、毛皮、羽毛及其制品和制鞋业	21.96	2.49	0.90
木材加工和木、竹、藤、棕、草制品业	10.30	1.12	1.24
家具制造业	31.19	3.98	2.88
造纸和纸制品业	36.95	4.25	4.36
印刷和记录媒介复制业	18.02	2.24	1.33
文教、工美、体育和娱乐用品制造业	33.04	4.52	3.54
石油加工、炼焦和核燃料加工业	2.56	0.43	0.04
化学原料和化学制品制造业	234.37	24.83	30.90
医药制造业	112.93	20.81	24.36
化学纤维制造业	46.85	5.60	1.38
橡胶和塑料制品业	109.54	14.17	8.48
非金属矿物制品业	67.92	9.26	12.10

单位：亿元

指标名称	使用来自政府部门的研发资金	研究开发费用加计扣除减免税	高新技术企业减免税
黑色金属冶炼和压延加工业	36.41	4.24	1.60
有色金属冶炼和压延加工业	27.27	4.16	0.73
金属制品业	110.87	13.50	9.32
通用设备制造业	284.09	35.50	28.43
专用设备制造业	140.51	16.60	18.79
汽车制造业	195.09	24.47	17.54
铁路、船舶、航空航天和其他运输设备制造业	42.47	4.63	2.80
电气机械和器材制造业	363.48	44.33	35.23
计算机、通信和其他电子设备制造业	433.99	49.18	27.33
仪器仪表制造业	96.03	14.46	12.40
其他制造业	7.17	0.87	0.29
废弃资源综合利用业	6.36	0.67	0.65
金属制品、机械和设备修理业	1.68	0.22	0.07
电力、热力、燃气及水生产和供应业	17.59	2.57	2.97
电力、热力生产和供应业	14.34	2.17	2.27
燃气生产和供应业	1.40	0.20	0.46
水的生产和供应业	1.85	0.20	0.24
按地区分组			
杭州市	662.34	89.14	72.32
宁波市	473.26	64.33	54.63
温州市	194.64	25.08	16.83
嘉兴市	297.85	31.66	29.61
湖州市	171.48	21.08	20.04
绍兴市	255.40	29.22	24.93
金华市	204.44	23.18	13.08
衢州市	58.39	7.74	6.18
舟山市	99.67	4.63	5.92
台州市	188.63	27.44	16.62
丽水市	60.18	7.13	3.20

3-9 规模以上工业企业技术获取和技术改造情况（2023）

单位：亿元

指标名称	技术改造经费支出	购买境内技术经费支出	引进境外技术经费支出	引进境外技术的消化吸收经费支出
总计	**258.52**	**17.93**	**12.92**	**0.42**
按企业规模分组				
大型	110.57	7.55	7.74	0.05
中型	94.31	3.41	3.84	0.19
小型	53.10	6.97	1.28	0.18
微型	0.55	0.01	0.06	
按登记注册类型分组				
内资企业	225.68	13.78	6.55	0.28
国有独资公司	7.89			
私营有限责任公司	81.54	8.31	5.01	0.01
其他有限责任公司	60.83	0.75	0.04	0.08
私营股份有限公司	21.44	1.72	0.05	
其他股份有限公司	53.09	2.89	1.45	0.19
全民所有制企业（国有企业）	0.12	0.12		
集体所有制企业（集体企业）	0.01			
股份合作企业	0.67			
联营企业				
个人独资企业	0.09			
合伙企业				
港澳台商投资	16.97	3.69	0.53	
港澳台投资有限责任公司	10.06	0.64		
港澳台投资股份有限公司	6.91	3.05	0.53	
港澳台投资合伙企业				
其他港澳台投资企业				
外商投资	15.87	0.46	5.84	0.14
外商投资有限责任公司	11.57	0.02	4.47	0.14

指标名称	技术改造经费支出	购买境内技术经费支出	引进境外技术经费支出	引进境外技术的消化吸收经费支出
外商投资股份有限公司	4.30	0.43	1.37	
外商投资合伙企业				
其他外商投资企业				
按国民经济行业大类分组				
采矿业	0.11			
煤炭开采和洗选业				
黑色金属矿采选业				
有色金属矿采选业				
非金属矿采选业	0.11			
制造业	251.01	17.91	12.92	0.42
农副食品加工业	0.24	0.01		
食品制造业	0.52	0.04	0.01	
酒、饮料和精制茶制造业	0.12	0.01		
烟草制品业	7.96			
纺织业	3.43	0.07	0.04	0.05
纺织服装、服饰业	0.75	0.02		
皮革、毛皮、羽毛及其制品和制鞋业	0.92	0.01		
木材加工和木、竹、藤、棕、草制品业	0.23		0.01	
家具制造业	0.97			
造纸和纸制品业	3.03	0.03		
印刷和记录媒介复制业	1.57	0.25		
文教、工美、体育和娱乐用品制造业	2.29	0.19		
石油加工、炼焦和核燃料加工业	7.09	0.45	0.89	
化学原料和化学制品制造业	40.77	0.08	2.51	0.01
医药制造业	18.56	2.97	4.54	0.05
化学纤维制造业	0.68	0.01	0.11	
橡胶和塑料制品业	5.67	0.33	0.14	0.01
非金属矿物制品业	2.40	0.38	0.04	
黑色金属冶炼和压延加工业	7.91	0.01		

单位：亿元

指标名称	技术改造经费支出	购买境内技术经费支出	引进境外技术经费支出	引进境外技术的消化吸收经费支出
有色金属冶炼和压延加工业	4.42	0.01		
金属制品业	16.74	3.26	0.99	0.14
通用设备制造业	28.02	2.12	0.97	0.06
专用设备制造业	4.45	0.38	0.26	0.02
汽车制造业	30.98	1.83	0.65	
铁路、船舶、航空航天和其他运输设备制造业	6.48	0.37		
电气机械和器材制造业	25.15	1.05	1.39	
计算机、通信和其他电子设备制造业	23.15	3.45	0.25	0.07
仪器仪表制造业	6.04	0.49	0.12	
其他制造业	0.18			
废弃资源综合利用业	0.17			
金属制品、机械和设备修理业	0.12	0.12		
电力、热力、燃气及水生产和供应业	7.41	0.02		
电力、热力生产和供应业	5.90			
燃气生产和供应业	0.15			
水的生产和供应业	1.37	0.02		
按地区分组				
杭州市	39.70	5.39	5.77	0.01
宁波市	82.36	7.23	4.68	0.10
温州市	20.46	0.85		0.05
嘉兴市	7.82	0.58	2.34	0.21
湖州市	10.59	0.68	0.01	
绍兴市	8.85	0.42		0.05
金华市	19.25	0.46	0.02	
衢州市	27.13	0.32	0.02	
舟山市	3.21	0.19		
台州市	19.38	1.68	0.05	
丽水市	11.88	0.14	0.04	

3-10 规模以上工业企业新产品开发、生产及销售情况
（2016年数据更正）

指标名称	新产品开发项目数（项）	新产品开发经费支出（万元）	新产品产值（万元）	新产品销售收入（万元）
总计	**63124**	**10041634**	**234448643**	**213968302**
按企业规模分组				
大型	6823	3407844	87980566	82897382
中型	16883	3122786	74661476	68317302
小型	39123	3484316	70977756	62057711
微型	295	26689	828845	695907
按隶属关系分组				
中央	214	56364	1020024	1009492
省（自治区、直辖市）	354	104166	1326203	1203816
地（区、市、州、盟）	1201	266004	3636830	3540657
县（区、市、旗）	1247	235812	8316100	7560193
街道	1003	117431	2433337	2450185
镇	383	57037	1916588	1624259
乡	7	557	13025	12998
（社区）居委会	3	506	100505	46948
村委会	13	1304	21390	19413
其他	58699	9202454	215664642	196500342
按登记注册类型分组				
内资企业	51858	7552616	179185079	163558749
国有企业	80	10965	167697	158600
集体企业	9	1068	29344	21859
股份合作企业	216	17702	306062	229682
联营企业	1	44		
其他联营企业	1	44		

指标名称	新产品开发项目数（项）	新产品开发经费支出（万元）	新产品产值（万元）	新产品销售收入（万元）
有限责任公司	11323	2169701	58692102	53781906
国有独资公司	146	25822	572260	525109
其他有限责任公司	11177	2143879	58119842	53256797
股份有限公司	7054	1538343	28878540	27596422
私营企业	33173	3814473	91110382	81769326
私营独资企业	401	43167	897581	756222
私营合伙企业	98	7940	144287	132759
私营有限责任公司	30169	3426151	82416593	73819733
私营股份有限公司	2505	337215	7651922	7060613
其他企业	2	320	953	953
港、澳、台商投资企业	6043	1481146	28510604	26095866
合资经营企业（港或澳、台资）	3529	606458	17190985	15607695
合作经营企业（港或澳、台资）	82	12788	371938	313423
港、澳、台商独资经营企业	2234	622019	8857923	8190080
港、澳、台商投资股份有限公司	189	234081	1927169	1832666
其他港澳台投资企业	9	5800	162589	152003
外商投资企业	5223	1007873	26752960	24313686
中外合资经营企业	2899	631486	17177193	15837142
中外合作经营企业	39	3920	67935	57177
外资企业	2112	345629	8750739	7787658
外商投资股份有限公司	150	25582	664843	616436
其他外商投资企业	23	1255	92251	15274
按国民经济行业大类分组				
采矿业	12	1049	129386	120697
有色金属矿采选业	1	31	1430	100
非金属矿采选业	11	1019	127956	120597
制造业	63007	10028470	233848379	213539868
农副食品加工业	568	76728	1550920	1404723

指标名称	新产品开发项目数（项）	新产品开发经费支出（万元）	新产品产值（万元）	新产品销售收入（万元）
食品制造业	566	76198	1418018	1234898
酒、饮料和精制茶制造业	228	49437	910592	735566
烟草制品业	28	3921	20951	17040
纺织业	2950	498507	17532652	15005023
纺织服装、服饰业	1296	227588	8409553	7540492
皮革、毛皮、羽毛及其制品和制鞋业	978	161928	4751832	4327740
木材加工和木、竹、藤、棕、草制品业	312	55210	1526111	1344139
家具制造业	862	119149	4051615	3663828
造纸和纸制品业	683	138963	4414588	3760238
印刷和记录媒介复制业	399	48641	1040306	941274
文教、工美、体育和娱乐用品制造业	1499	181193	5521136	5219991
石油加工、炼焦和核燃料加工业	72	16854	1144584	1077494
化学原料和化学制品制造业	3479	642493	17537240	15809928
医药制造业	2743	324017	5691846	5092407
化学纤维制造业	771	266488	9150605	8696351
橡胶和塑料制品业	2946	398619	9296408	8400926
非金属矿物制品业	1343	186833	4063820	3451067
黑色金属冶炼和压延加工业	700	198951	6087076	5290290
有色金属冶炼和压延加工业	872	190976	6886400	6519869
金属制品业	2836	331550	7597356	6756884
通用设备制造业	9083	994535	18324435	17087810
专用设备制造业	4779	460864	7458445	6642592
汽车制造业	5358	843903	27519233	26322041
铁路、船舶、航空航天和其他运输设备制造业	1094	194637	4860663	3484587
电气机械和器材制造业	9671	1444695	30903738	29098158
计算机、通信和其他电子设备制造业	4236	1529253	20550847	19376470
仪器仪表制造业	2344	315046	4136031	3875819
其他制造业	250	30021	846508	790305

指标名称	新产品开发项目数（项）	新产品开发经费支出（万元）	新产品产值（万元）	新产品销售收入（万元）
废弃资源综合利用业	52	19876	643124	571363
金属制品、机械和设备修理业	9	1396	1749	553
电力、热力、燃气及水生产和供应业	105	12115	470878	307737
电力、热力生产和供应业	92	11386	395289	291395
燃气生产和供应业	2	130	50087	2166
水的生产和供应业	11	599	25502	14176
按经济成分分组				
公有经济	3098	916285	20515566	19234215
非公有经济	60026	9125349	213933077	194734086
按企业控股情况分组				
国有控股	1898	670162	15275326	14339429
集体控股	1200	246123	5240240	4894786
私人控股	49374	6816546	161618778	147569084
港澳台商控股	3995	912882	16448617	14926772
外商控股	3485	682939	18287795	16727666
其他	3172	712982	17577887	15510565
按地区分组				
杭州市	10669	2544541	46423002	44116137
宁波市	16250	2034169	44804565	41302874
温州市	7368	851537	13525704	12161894
嘉兴市	6978	1171143	31665233	29569785
湖州市	4338	631982	16206650	14959862
绍兴市	3938	1082446	37130381	32753888
金华市	4743	679377	16355240	14123070
衢州市	1162	153183	4593052	4097934
舟山市	455	150334	3227501	1980403
台州市	6128	597025	13880235	12981485
丽水市	1095	145898	6637080	5920971

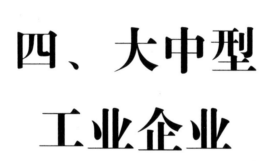

四、大中型
工业企业

4-1　大中型工业企业研发活动情况（2021—2023）

指标名称	单位	2021	2022	2023
企业数	个	4599	4508	4568
有 R&D 活动的企业数	个	3719	3728	3862
企业有研发机构	个	3696	3929	3558
从业人员年平均人数	万人	337.60	339.90	
研发活动人员	万人	32.40	36.55	
参加项目人员	万人	30.75	34.98	
企业内部的日常研发经费支出	亿元	1533.90	1795.01	
人工费用	亿元	603.12	715.21	
直接投入费用	亿元	694.80	797.12	
委托外单位开发经费支出	亿元	100.69	129.08	
折合全时 R&D 人员	万人年	24.47	28.22	34.21
R&D 经费支出	亿元	967.58	1103.01	1279.57
新产品开发经费支出	亿元	1337.32	1570.87	1672.84
新产品销售收入	亿元	25585.80	28012.77	28059.02
出口	亿元	5536.03	6440.12	6133.00
专利申请数	项	70114	73364	75272
发明专利	项	23809	25968	26508
拥有发明专利数	项	62667	74568	90272
技术改造经费支出	亿元	185.64	225.64	204.88
引进境外技术经费支出	亿元	11.06	14.72	11.58
引进境外技术的消化吸收经费支出	亿元	0.24	0.17	0.24
购买境内技术经费支出	亿元	12.75	16.61	10.96

4–2　大中型工业企业基本情况（2023）

指标名称	单位数（个）	#有R&D活动	#有研发机构	#有新产品销售	资产总计（亿元）	主营业收入（亿元）	利润总额（亿元）
总计	**4568**	**3862**	**3558**	**3770**	**81833.67**	**60843.91**	**4066.53**
按企业规模分组							
大型	665	595	552	584	44977.25	33964.64	2232.84
中型	3903	3267	3006	3186	36856.42	26879.27	1833.69
按登记注册类型分组							
内资企业	3782	3293	2973	3160	63804.45	48441.75	2996.18
国有独资公司	11	7	5	5	717.87	737.24	97.95
私营有限责任公司	2029	1758	1592	1707	13875.79	12611.05	742.57
其他有限责任公司	763	597	511	542	24206.84	21295.49	681.09
私营股份有限公司	527	506	470	501	7449.74	4207.27	408.35
其他股份有限公司	429	417	386	395	17395.31	9480.72	1060.25
全民所有制企业（国有企业）	4	1	1	2	95.89	31.68	1.40
集体所有制企业（集体企业）	2				10.69	17.60	0.12
股份合作企业	6	6	6	5	40.14	39.78	3.69
个人独资企业	7	1	2	3	12.19	20.92	0.66
港澳台商投资	381	293	306	310	8907.84	6108.86	497.37
港澳台投资有限责任公司	314	231	243	246	5842.85	4970.50	283.30
港澳台投资股份有限公司	65	61	62	63	3058.67	1129.27	213.92
港澳台投资合伙企业	1						
其他港澳台投资企业	1	1	1	1	6.32	9.08	0.15
外商投资	405	276	279	300	9121.39	6293.31	572.98
外商投资有限责任公司	341	216	225	240	5413.32	4634.22	466.04
外商投资股份有限公司	60	58	52	57	3527.05	1429.46	82.85
外商投资合伙企业	2	2	2	1	17.73	6.17	1.27

指标名称	单位数（个）	#有R&D活动	#有研发机构	#有新产品销售	资产总计（亿元）	主营业收入（亿元）	利润总额（亿元）
其他外商投资企业	2			2	163.29	223.47	22.83
按国民经济行业大类分组							
采矿业	2	1	1		40.82	22.92	4.04
非金属矿采选业	2	1	1		40.82	22.92	4.04
制造业	4502	3830	3543	3768	74784.67	55696.70	3911.83
农副食品加工业	37	29	25	24	306.37	200.48	7.87
食品制造业	66	42	38	36	446.41	375.97	23.65
酒、饮料和精制茶制造业	22	14	10	20	338.74	277.15	43.58
烟草制品业	1	1	1	1	478.11	636.62	91.76
纺织业	376	297	257	297	2242.45	1631.30	128.10
纺织服装、服饰业	208	130	130	136	1575.37	1099.88	61.33
皮革、毛皮、羽毛及其制品和制鞋业	109	87	73	88	421.18	292.79	14.05
木材加工和木、竹、藤、棕、草制品业	27	25	23	26	267.56	130.39	13.10
家具制造业	115	93	72	104	837.62	551.76	54.96
造纸和纸制品业	57	52	51	51	1350.53	754.62	64.34
印刷和记录媒介复制业	49	46	39	43	312.87	189.67	16.11
文教、工美、体育和娱乐用品制造业	105	93	86	91	845.26	728.18	50.73
石油加工、炼焦和核燃料加工业	3	3	3	2	847.56	1766.30	24.50
化学原料和化学制品制造业	165	151	137	136	10323.27	7718.75	248.83
医药制造业	163	155	139	130	3707.65	1507.45	209.65
化学纤维制造业	77	57	58	58	3525.10	3201.81	64.00
橡胶和塑料制品业	184	155	141	151	1750.54	1505.74	128.09
非金属矿物制品业	83	66	62	57	1705.68	768.28	87.38
黑色金属冶炼和压延加工业	31	26	21	26	1132.35	1265.35	81.02
有色金属冶炼和压延加工业	31	29	26	28	1120.02	1764.60	15.40
金属制品业	287	243	218	235	2063.80	1721.56	160.04

指标名称	单位数（个）	#有 R&D 活动	#有研发机构	#有新产品销售	资产总计（亿元）	主营业收入（亿元）	利润总额（亿元）
通用设备制造业	439	395	375	397	5046.85	3396.90	387.05
专用设备制造业	220	199	183	195	2494.62	1316.66	162.92
汽车制造业	378	331	307	333	6390.77	4514.52	382.75
铁路、船舶、航空航天和其他运输设备制造业	76	70	67	69	856.85	666.48	44.78
电气机械和器材制造业	607	536	512	532	11150.30	9256.29	629.85
计算机、通信和其他电子设备制造业	411	360	349	360	10787.56	6981.31	525.55
仪器仪表制造业	114	104	101	103	1863.49	1040.94	160.36
其他制造业	31	23	25	28	190.61	127.71	13.83
废弃资源综合利用业	12	10	9	9	181.28	171.06	4.43
金属制品、机械和设备修理业	18	8	5	2	223.88	136.17	11.79
电力、热力、燃气及水生产和供应业	64	31	14	2	7008.18	5124.29	150.66
电力、热力生产和供应业	37	19	10	2	5730.14	4736.04	143.04
燃气生产和供应业	5	3			261.40	246.70	10.67
水的生产和供应业	22	9	4		1016.64	141.56	-3.04
按地区分组							
杭州市	739	573	548	575	17633.21	12877.18	1026.73
宁波市	1022	833	796	805	17139.06	14135.35	956.48
温州市	416	376	359	372	4255.66	2529.67	217.66
嘉兴市	593	488	537	520	10120.25	8233.05	410.41
湖州市	286	246	208	245	3986.78	3027.57	261.73
绍兴市	451	385	296	363	7165.82	3841.94	393.67
金华市	366	326	307	316	4133.53	3295.04	183.78
衢州市	120	103	80	96	2422.56	1764.21	75.70
舟山市	56	44	41	25	3989.88	3278.51	45.91
台州市	425	407	316	370	5477.95	3024.01	292.62
丽水市	92	79	69	82	1063.12	766.99	71.27

4–3 大中型工业企业 R&D 人员情况（2023）

指标名称	R&D 人员合计（人）	#女性	#研究人员	#全时人员	R&D 人员折合全时当量合计（人年）
总计	**434125**	**100006**	**108618**	**286457**	**342112**
按企业规模分组					
大型	199641	45554	61116	134654	157548
中型	234484	54452	47502	151803	184564
按登记注册类型分组					
内资企业	343324	78400	79693	222887	267031
国有独资公司	1064	299	475	482	583
私营有限责任公司	135279	32069	21203	86648	105925
其他有限责任公司	76263	16917	21788	47435	57750
私营股份有限公司	53918	12101	11646	34668	41518
其他股份有限公司	76118	16877	24454	53176	60725
全民所有制企业 (国有企业)	202	24	66	120	156
集体所有制企业 (集体企业)					
股份合作企业	399	52	60	308	299
个人独资企业	81	61	1	50	74
港澳台商投资	49476	12149	15638	36150	41173
港澳台投资有限责任公司	30028	7673	7254	20143	24313
港澳台投资股份有限公司	19397	4466	8363	15963	16809
港澳台投资合伙企业					
其他港澳台投资企业	51	10	21	44	51
外商投资	41325	9457	13287	27420	33908
外商投资有限责任公司	28641	6634	9245	18695	24100
外商投资股份有限公司	12571	2790	4002	8625	9698
外商投资合伙企业	113	33	40	100	110

指标名称	R&D人员合计（人）	#女性	#研究人员	#全时人员	R&D人员折合全时当量合计（人年）
其他外商投资企业					
按国民经济行业大类分组					
采矿业	156	12	21	17	60
非金属矿采选业	156	12	21	17	60
制造业	431944	99705	107682	285747	341025
农副食品加工业	1123	472	198	702	884
食品制造业	2682	990	426	1187	1861
酒、饮料和精制茶制造业	877	319	211	434	592
烟草制品业	583	158	313	204	201
纺织业	24953	8367	3212	14753	19104
纺织服装、服饰业	9367	5398	1374	6917	7736
皮革、毛皮、羽毛及其制品和制鞋业	6901	2852	463	4457	5418
木材加工和木、竹、藤、棕、草制品业	2201	597	313	1164	1842
家具制造业	8915	2348	1343	6074	7189
造纸和纸制品业	4276	828	511	2561	3277
印刷和记录媒介复制业	2946	871	447	1823	2390
文教、工美、体育和娱乐用品制造业	8038	2740	1322	4800	6180
石油加工、炼焦和核燃料加工业	413	50	120	79	192
化学原料和化学制品制造业	16117	3376	5037	10880	12767
医药制造业	19497	9097	8137	13146	15690
化学纤维制造业	10838	3104	925	5248	7638
橡胶和塑料制品业	12770	2462	2010	7831	10127
非金属矿物制品业	6168	1105	1233	3740	4361
黑色金属冶炼和压延加工业	2984	218	585	1743	2262
有色金属冶炼和压延加工业	4199	772	872	2286	2902
金属制品业	19470	3655	2473	12160	15007

指标名称	R&D 人员合计（人）	#女性	#研究人员	#全时人员	R&D 人员折合全时当量合计（人年）
通用设备制造业	40979	6819	10498	27748	32810
专用设备制造业	17384	2780	4600	12171	14076
汽车制造业	40228	6328	9198	27718	32022
铁路、船舶、航空航天和其他运输设备制造业	7567	1235	1583	4786	6083
电气机械和器材制造业	63600	12952	14745	41535	48522
计算机、通信和其他电子设备制造业	76008	15858	28180	56130	63454
仪器仪表制造业	17825	3336	6945	11750	14287
其他制造业	1982	541	293	1224	1387
废弃资源综合利用业	667	70	73	366	536
金属制品、机械和设备修理业	386	7	42	130	227
电力、热力、燃气及水生产和供应业	2025	289	915	693	1026
电力、热力生产和供应业	1314	111	624	337	512
燃气生产和供应业	323	78	104	221	258
水的生产和供应业	388	100	187	135	257
按地区分组					
杭州市	92887	20522	36871	68574	77003
宁波市	93160	19850	24170	65497	74657
温州市	32918	7660	5482	24078	26836
嘉兴市	53023	13226	9795	29927	39191
湖州市	22167	5347	4450	15339	18260
绍兴市	37689	8680	9065	24039	28902
金华市	36405	9743	5641	20790	27732
衢州市	10486	2499	2016	5046	6942
舟山市	5891	824	1324	3082	4020
台州市	41640	9892	8477	25902	32774
丽水市	7232	1602	989	3939	5553

4-4 大中型工业企业R&D经费情况（2023）

单位：亿元

指标名称	R&D经费内部支出合计	按支出用途分组			
		经常费支出	#人员劳务费	资产性支出	仪器和设备
总计	**1199.81**	**1125.85**	**420.21**	**73.97**	**73.97**
按企业规模分组					
大型	655.83	616.84	240.03	38.99	38.99
中型	543.99	509.01	180.18	34.98	72.70
按登记注册类型分组					
内资企业	906.92	845.66	293.42	61.26	38.44
国有独资公司	3.18	3.15	1.30	0.04	34.25
私营有限责任公司	277.12	261.21	92.43	15.90	
其他有限责任公司	276.99	251.53	68.90	25.46	60.20
私营股份有限公司	119.21	111.04	44.35	8.18	0.02
其他股份有限公司	228.82	217.17	85.94	11.65	15.65
全民所有制企业(国有企业)	0.43	0.42	0.16	0.01	25.09
集体所有制企业(集体企业)					7.95
股份合作企业	1.15	1.13	0.33	0.02	11.46
个人独资企业	0.02	0.02	0.01		0.01
港澳台商投资	163.59	157.12	71.85	6.46	
港澳台投资有限责任公司	78.62	74.52	28.60	4.09	0.02
港澳台投资股份有限公司	84.72	82.35	43.15	2.37	
港澳台投资合伙企业					6.35
其他港澳台投资企业	0.25	0.25	0.10	0.00	4.03
外商投资	129.31	123.06	54.94	6.25	2.32
外商投资有限责任公司	82.56	78.35	38.59	4.21	
外商投资股份有限公司	46.44	44.48	16.21	1.96	
外商投资合伙企业	0.31	0.23	0.14	0.08	6.14

指标名称	R&D经费内部支出合计	按支出用途分组			
		经常费支出	#人员劳务费	资产性支出	仪器和设备
其他外商投资企业					4.12
按国民经济行业大类分组					
采矿业	0.27	0.27	0.11		0.08
非金属矿采选业	0.27	0.27	0.11		
制造业	1194.30	1121.41	418.87	72.89	
农副食品加工业	1.63	1.61	0.49	0.02	
食品制造业	3.52	3.26	1.21	0.26	
酒、饮料和精制茶制造业	1.32	1.18	0.41	0.13	71.63
烟草制品业	1.46	1.45	0.88	0.01	0.02
纺织业	43.56	40.34	14.12	3.21	0.26
纺织服装、服饰业	14.20	13.92	6.31	0.28	0.13
皮革、毛皮、羽毛及其制品和制鞋业	7.35	7.00	3.30	0.35	
木材加工和木、竹、藤、棕、草制品业	3.63	3.46	1.14	0.17	3.19
家具制造业	13.54	13.27	5.91	0.27	0.27
造纸和纸制品业	11.29	11.08	2.28	0.21	0.31
印刷和记录媒介复制业	4.71	4.41	1.82	0.29	0.17
文教、工美、体育和娱乐用品制造业	10.41	10.26	4.57	0.15	0.27
石油加工、炼焦和核燃料加工业	1.01	0.96	0.38	0.05	0.21
化学原料和化学制品制造业	89.79	85.62	15.65	4.17	0.29
医药制造业	60.22	55.50	18.01	4.72	0.14
化学纤维制造业	37.72	37.06	6.28	0.66	0.05
橡胶和塑料制品业	30.90	28.82	8.74	2.09	4.11
非金属矿物制品业	14.09	13.57	3.51	0.52	4.68
黑色金属冶炼和压延加工业	15.59	14.86	1.87	0.73	0.65
有色金属冶炼和压延加工业	12.15	11.79	2.14	0.36	2.08
金属制品业	41.21	38.59	12.25	2.62	0.52

单位：亿元

指标名称	R&D 经费内部支出合计	按支出用途分组			
		经常费支出	#人员劳务费	资产性支出	仪器和设备
通用设备制造业	105.08	98.98	39.99	6.11	0.72
专用设备制造业	45.34	43.01	18.94	2.33	0.35
汽车制造业	99.88	90.23	39.60	9.65	2.60
铁路、船舶、航空航天和其他运输设备制造业	20.36	19.43	6.80	0.92	6.04
电气机械和器材制造业	203.56	189.41	57.75	14.15	2.27
计算机、通信和其他电子设备制造业	258.97	243.10	124.90	15.87	9.54
仪器仪表制造业	36.36	33.93	17.83	2.43	0.89
其他制造业	2.61	2.57	1.17	0.04	13.92
废弃资源综合利用业	2.19	2.07	0.40	0.11	15.40
金属制品、机械和设备修理业	0.67	0.67	0.21		2.40
电力、热力、燃气及水生产和供应业	5.25	4.17	1.23	1.08	0.04
电力、热力生产和供应业	4.55	3.58	0.90	0.98	0.11
燃气生产和供应业	0.21	0.13	0.09	0.08	
水的生产和供应业	0.48	0.47	0.24	0.02	1.07
按地区分组					
杭州市	302.20	289.00	152.20	13.21	0.08
宁波市	259.45	240.45	88.98	19.00	0.02
温州市	85.59	81.21	23.93	4.37	
嘉兴市	136.58	128.94	43.68	7.64	12.79
湖州市	65.58	61.20	15.87	4.38	18.81
绍兴市	118.71	108.36	27.83	10.35	4.18
金华市	74.02	70.22	21.36	3.81	7.58
衢州市	22.73	19.19	6.74	3.54	4.32
舟山市	31.19	30.87	4.33	0.32	10.28
台州市	86.94	80.50	29.69	6.44	3.77
丽水市	16.48	15.58	4.72	0.90	3.43

单位：亿元

指标名称	R&D经费内部支出合计			
	按资金来源分组			
	政府资金	企业资金	境外资金	其他资金
总计	**11.49**	**1187.64**	**0.57**	**0.13**
按企业规模分组				
大型	5.96	649.62	0.22	0.04
中型	5.53	538.02	0.35	0.09
按登记注册类型分组				
内资企业	8.88	897.73	0.17	0.13
国有独资公司	0.04	3.10		0.04
私营有限责任公司	2.78	274.09	0.16	0.09
其他有限责任公司	2.00	274.97	0.02	
私营股份有限公司	1.01	118.20		
其他股份有限公司	3.03	225.79		
全民所有制企业（国有企业）	0.01	0.42		
集体所有制企业（集体企业）				
股份合作企业	0.02	1.13		
个人独资企业		0.02		
港澳台商投资	1.20	162.39		
港澳台投资有限责任公司	0.56	78.06		
港澳台投资股份有限公司	0.64	84.08		
港澳台投资合伙企业				
其他港澳台投资企业		0.25		
外商投资	1.40	127.51	0.39	
外商投资有限责任公司	0.23	82.14	0.19	
外商投资股份有限公司	1.18	45.06	0.20	
外商投资合伙企业		0.31		
其他外商投资企业				

指标名称	R&D经费内部支出合计			
	按资金来源分组			
	政府资金	企业资金	境外资金	其他资金
按国民经济行业大类分组				
采矿业		0.27		
非金属矿采选业		0.27		
制造业	11.49	1182.12	0.57	0.13
农副食品加工业	0.01	1.62		
食品制造业	0.05	3.47		
酒、饮料和精制茶制造业	0.01	1.30		
烟草制品业		1.43		0.04
纺织业	0.11	43.38		0.07
纺织服装、服饰业	0.04	14.16		
皮革、毛皮、羽毛及其制品和制鞋业	0.02	7.33		
木材加工和木、竹、藤、棕、草制品业	0.14	3.49		
家具制造业	0.04	13.51		
造纸和纸制品业	0.15	11.15		
印刷和记录媒介复制业	0.04	4.67		
文教、工美、体育和娱乐用品制造业	0.08	10.33		
石油加工、炼焦和核燃料加工业	0.01	0.99		
化学原料和化学制品制造业	0.67	89.12		
医药制造业	1.57	58.48	0.18	
化学纤维制造业	0.23	37.49		
橡胶和塑料制品业	0.41	30.49		
非金属矿物制品业	0.13	13.96		
黑色金属冶炼和压延加工业	0.11	15.49		
有色金属冶炼和压延加工业	0.73	11.42		
金属制品业	0.26	40.95		

指标名称	R&D 经费内部支出合计			
	按资金来源分组			
	政府资金	企业资金	境外资金	其他资金
通用设备制造业	1.51	103.57		
专用设备制造业	0.54	44.78		0.02
汽车制造业	0.33	99.55		
铁路、船舶、航空航天和其他运输设备制造业	0.56	19.80		
电气机械和器材制造业	1.53	201.64	0.39	
计算机、通信和其他电子设备制造业	1.46	257.51		
仪器仪表制造业	0.74	35.62		
其他制造业		2.61		
废弃资源综合利用业	0.01	2.18		
金属制品、机械和设备修理业	0.01	0.65		
电力、热力、燃气及水生产和供应业		5.25		
电力、热力生产和供应业		4.55		
燃气生产和供应业		0.21		
水的生产和供应业		0.48		
按地区分组				
杭州市	2.91	299.12	0.18	
宁波市	1.86	257.44	0.16	
温州市	0.36	85.23		
嘉兴市	0.71	135.64	0.21	0.02
湖州市	0.58	65.00		
绍兴市	1.36	117.28		0.07
金华市	1.62	72.40		
衢州市	0.37	22.34	0.02	
舟山市	0.16	31.03		
台州市	1.34	85.60		
丽水市	0.22	16.25		

单位：亿元

指标名称	R&D 经费外部支出合计	对境内研究机构支出	对境内高等学校支出	对境内企业支出	对境外支出
总计	**79.75**	**15.10**	**4.20**	**51.17**	**9.28**
按企业规模分组					
大型	54.51	12.70	1.68	33.92	6.22
中型	25.24	2.40	2.52	17.25	3.06
按登记注册类型分组					
内资企业	57.54	12.09	3.73	36.58	5.14
国有独资公司	0.55	0.18	0.27	0.09	
私营有限责任公司	10.56	1.47	0.97	7.40	0.72
其他有限责任公司	26.99	8.11	0.93	17.71	0.23
私营股份有限公司	4.60	0.57	0.62	2.69	0.72
其他股份有限公司	14.69	1.76	0.92	8.55	3.47
全民所有制企业（国有企业）					
集体所有制企业（集体企业）					
股份合作企业	0.14			0.14	
个人独资企业	0.01		0.01		
港澳台商投资	4.59	0.16	0.30	3.21	0.92
港澳台投资有限责任公司	2.96	0.13	0.20	1.90	0.74
港澳台投资股份有限公司	1.63	0.03	0.09	1.32	0.18
港澳台投资合伙企业					
其他港澳台投资企业	0.01		0.01		
外商投资	17.62	2.85	0.18	11.38	3.22
外商投资有限责任公司	13.88	0.21	0.10	10.66	2.91
外商投资股份有限公司	3.74	2.64	0.08	0.71	0.31
外商投资合伙企业					
其他外商投资企业					

指标名称	R&D经费外部支出合计	对境内研究机构支出	对境内高等学校支出	对境内企业支出	对境外支出
按国民经济行业大类分组					
采矿业	0.03	0.03			
非金属矿采选业	0.03	0.03			
制造业	76.59	13.93	4.14	49.23	9.28
农副食品加工业	0.03	0.01		0.02	
食品制造业	0.08		0.07		
酒、饮料和精制茶制造业	0.04		0.03	0.01	
烟草制品业	0.55	0.18	0.27	0.09	
纺织业	0.57	0.02	0.09	0.38	0.08
纺织服装、服饰业	0.21	0.01	0.03	0.07	0.11
皮革、毛皮、羽毛及其制品和制鞋业	0.02			0.02	
木材加工和木、竹、藤、棕、草制品业	0.01			0.01	
家具制造业	0.29		0.09	0.20	
造纸和纸制品业	0.04	0.01	0.04		
印刷和记录媒介复制业	0.19	0.01	0.01	0.02	0.16
文教、工美、体育和娱乐用品制造业	0.11		0.03	0.08	
石油加工、炼焦和核燃料加工业	0.26	0.09	0.01	0.17	
化学原料和化学制品制造业	2.97	0.69	0.41	1.88	
医药制造业	11.57	2.22	0.73	8.26	0.36
化学纤维制造业	0.10	0.05	0.05		
橡胶和塑料制品业	0.33	0.09	0.10	0.14	
非金属矿物制品业	0.32	0.07	0.10	0.15	
黑色金属冶炼和压延加工业	0.20	0.01	0.05	0.13	
有色金属冶炼和压延加工业	0.01		0.01		
金属制品业	0.15	0.01	0.05	0.07	0.02

指标名称	R&D 经费外部支出合计	对境内研究机构支出	对境内高等学校支出	对境内企业支出	对境外支出
通用设备制造业	1.85	0.13	0.33	1.31	0.09
专用设备制造业	0.97	0.19	0.15	0.43	0.20
汽车制造业	23.44	8.99	0.25	12.42	1.78
铁路、船舶、航空航天和其他运输设备制造业	1.41	0.01	0.02	0.98	0.39
电气机械和器材制造业	13.16	0.16	0.80	8.72	3.49
计算机、通信和其他电子设备制造业	16.29	0.57	0.25	13.12	2.35
仪器仪表制造业	1.34	0.39	0.14	0.54	0.26
其他制造业	0.02		0.02		
废弃资源综合利用业	0.01				
金属制品、机械和设备修理业	0.01			0.01	
电力、热力、燃气及水生产和供应业	3.13	1.14	0.06	1.93	
电力、热力生产和供应业	2.85	1.12	0.05	1.67	
燃气生产和供应业	0.05	0.02		0.03	
水的生产和供应业	0.23		0.01	0.23	
按地区分组					
杭州市	19.98	0.77	1.19	14.84	3.19
宁波市	24.17	6.56	0.81	12.68	4.12
温州市	1.64	0.20	0.13	1.31	
嘉兴市	6.61	2.97	0.23	2.63	0.78
湖州市	3.09	0.97	0.25	1.49	0.37
绍兴市	4.08	0.23	0.42	3.33	0.09
金华市	4.09	0.22	0.30	3.43	0.14
衢州市	2.27	0.11	0.12	2.04	
舟山市	0.09	0.03	0.04	0.01	
台州市	12.41	2.62	0.39	8.82	0.59
丽水市	0.68	0.23	0.02	0.42	

4-5 大中型工业企业办研发机构情况（2023）

指标名称	机构数（个）	机构人员数（人）	#博士	#硕士	机构经费支出（亿元）	仪器和设备原价（亿元）
总计	**4016**	**416338**	**3184**	**33054**	**1791.96**	**955.19**
按企业规模分组						
大型	747	191754	1532	21075	1001.33	411.74
中型	3269	224584	1652	11979	790.63	543.45
按登记注册类型分组						
内资企业	3357	324649	2242	22824	1344.31	765.43
国有独资公司	5	452	14	82	4.66	5.60
私营有限责任公司	1677	123430	533	3896	385.54	227.93
其他有限责任公司	602	72219	462	6892	451.34	242.51
私营股份有限公司	529	52886	368	2337	168.85	104.07
其他股份有限公司	532	75069	861	9604	331.50	183.21
全民所有制企业（国有企业）	2	187	4	5	0.50	0.60
集体所有制企业（集体企业）						
股份合作企业	7	354		8	1.74	1.35
个人独资企业	3	52			0.18	0.14
港澳台商投资	333	49232	507	3561	236.31	109.00
港澳台投资有限责任公司	250	29160	250	1906	119.39	64.53
港澳台投资股份有限公司	82	19997	257	1648	116.57	44.45
港澳台投资合伙企业						
其他港澳台投资企业	1	75		7	0.35	0.02
外商投资	326	42457	435	6669	211.35	80.76
外商投资有限责任公司	243	30104	146	4242	146.18	55.79
外商投资股份有限公司	80	12212	282	2401	64.78	24.59
外商投资合伙企业	3	141	7	26	0.38	0.38

指标名称	机构数（个）	机构人员数（人）	#博士	#硕士	机构经费支出（亿元）	仪器和设备原价（亿元）
其他外商投资企业						
按国民经济行业大类分组						
采矿业	1	17	1	3	0.38	0.05
非金属矿采选业	1	17	1	3	0.38	0.05
制造业	3999	415452	3178	32950	1785.35	947.32
农副食品加工业	25	1167	8	43	2.67	2.05
食品制造业	44	2363	15	184	5.64	4.72
酒、饮料和精制茶制造业	11	508	2	39	1.78	3.45
烟草制品业	1	211	13	73	2.82	4.15
纺织业	272	19145	96	337	49.42	35.27
纺织服装、服饰业	134	9418	11	223	21.28	6.72
皮革、毛皮、羽毛及其制品和制鞋业	74	6153	15	26	9.52	4.21
木材加工和木、竹、藤、棕、草制品业	26	1737	40	49	4.30	2.92
家具制造业	76	5885	42	98	13.69	4.02
造纸和纸制品业	57	4637	26	102	21.45	21.91
印刷和记录媒介复制业	39	2804	16	53	7.15	5.59
文教、工美、体育和娱乐用品制造业	88	7047	11	116	14.20	5.92
石油加工、炼焦和核燃料加工业	3	89		3	0.87	0.36
化学原料和化学制品制造业	169	16305	268	1732	188.00	85.15
医药制造业	189	19534	537	3764	97.03	66.35
化学纤维制造业	71	12193	30	108	54.35	33.31
橡胶和塑料制品业	146	11451	61	319	37.41	26.51
非金属矿物制品业	74	5674	45	199	21.44	13.57
黑色金属冶炼和压延加工业	24	2615	23	98	31.61	8.13
有色金属冶炼和压延加工业	40	2900	95	325	14.53	11.89
金属制品业	226	18495	57	214	54.16	32.36

指标名称	机构数（个）	机构人员数（人）	#博士	#硕士	机构经费支出（亿元）	仪器和设备原价（亿元）
通用设备制造业	437	38427	256	3001	135.56	79.51
专用设备制造业	207	17462	119	1127	61.68	26.29
汽车制造业	320	37592	143	1988	172.32	83.00
铁路、船舶、航空航天和其他运输设备制造业	71	7722	20	294	31.07	12.10
电气机械和器材制造业	607	64463	440	4413	279.86	111.07
计算机、通信和其他电子设备制造业	401	77515	652	11339	383.60	208.34
仪器仪表制造业	128	19674	133	2650	61.30	44.59
其他制造业	25	1289		13	2.63	1.03
废弃资源综合利用业	9	666	4	19	3.38	1.37
金属制品、机械和设备修理业	5	311		1	0.64	1.48
电力、热力、燃气及水生产和供应业	16	869	5	101	6.24	7.82
电力、热力生产和供应业	12	690	4	67	5.62	6.37
燃气生产和供应业						
水的生产和供应业	4	179	1	34	0.61	1.44
按地区分组						
杭州市	694	99457	1031	16707	490.55	205.62
宁波市	808	90009	445	5031	381.44	222.04
温州市	376	35298	119	1053	95.46	49.79
嘉兴市	577	59720	261	3271	254.25	137.78
湖州市	237	19060	241	830	83.27	42.09
绍兴市	367	29167	450	2646	128.27	114.31
金华市	343	31115	186	1116	112.59	52.47
衢州市	109	7237	82	472	31.08	29.49
舟山市	43	5780	16	155	92.20	16.50
台州市	383	33243	309	1603	95.94	70.54
丽水市	78	6041	31	97	24.09	10.44

4-6 大中型工业企业新产品开发、生产及销售情况（2023）

指标名称	新产品开发项目数（项）	新产品开发经费支出（亿元）	新产品销售收入（亿元）	# 出口
总计	**49636**	**1672.84**	**28059.02**	**6133.00**
按企业规模分组				
大型	14553	876.50	15956.09	3895.57
中型	35083	796.34	12102.93	2237.43
按登记注册类型分组				
内资企业	41187	1247.71	22444.47	4969.62
国有独资公司	113	2.35	40.52	27.11
私营有限责任公司	17462	380.95	6375.67	1357.60
其他有限责任公司	7833	370.06	8508.79	1890.49
私营股份有限公司	7341	172.78	2634.03	610.78
其他股份有限公司	8333	319.34	4856.46	1079.50
全民所有制企业 (国有企业)	21	0.48	6.13	
集体所有制企业 (集体企业)				
股份合作企业	78	1.56	21.44	4.14
个人独资企业	6	0.19	1.44	
港澳台商投资	4301	227.78	2878.22	529.80
港澳台投资有限责任公司	2973	114.79	2071.20	398.20
港澳台投资股份有限公司	1318	112.65	801.80	131.24
港澳台投资合伙企业				
其他港澳台投资企业	10	0.34	5.21	0.37
外商投资	4148	197.36	2736.33	633.58
外商投资有限责任公司	2830	124.79	1614.29	476.13
外商投资股份有限公司	1315	72.45	973.46	137.04
外商投资合伙企业	3	0.12	3.44	

指标名称	新产品开发项目数（项）	新产品开发经费支出（亿元）	新产品销售收入（亿元）	#出口
其他外商投资企业			145.14	20.41
按国民经济行业大类分组				
采矿业	10	0.05		
非金属矿采选业	10	0.05		
制造业	49432	1668.01	28045.43	6132.34
农副食品加工业	194	3.40	27.73	5.52
食品制造业	394	5.75	72.58	14.35
酒、饮料和精制茶制造业	134	1.91	47.42	0.01
烟草制品业	73	0.69	6.44	0.47
纺织业	2045	50.12	848.38	130.73
纺织服装、服饰业	1104	22.62	534.22	159.77
皮革、毛皮、羽毛及其制品和制鞋业	675	11.23	160.90	63.44
木材加工和木、竹、藤、棕、草制品业	240	4.40	91.40	25.23
家具制造业	983	19.36	329.90	184.57
造纸和纸制品业	577	21.60	470.88	54.03
印刷和记录媒介复制业	401	7.03	112.89	22.79
文教、工美、体育和娱乐用品制造业	1071	15.57	316.06	86.45
石油加工、炼焦和核燃料加工业	61	1.10	18.60	0.90
化学原料和化学制品制造业	2053	100.82	3427.63	179.86
医药制造业	3525	79.09	670.35	176.74
化学纤维制造业	1082	52.79	1331.58	85.08
橡胶和塑料制品业	1744	49.96	674.86	149.72
非金属矿物制品业	761	21.07	405.99	53.54
黑色金属冶炼和压延加工业	452	29.36	429.77	16.33
有色金属冶炼和压延加工业	459	20.42	821.20	72.47
金属制品业	2498	56.24	899.50	265.35

指标名称	新产品开发项目数（项）	新产品开发经费支出（亿元）	新产品销售收入（亿元）	#出口
通用设备制造业	5693	143.40	1887.12	429.99
专用设备制造业	2776	64.30	850.45	175.98
汽车制造业	4502	135.37	2141.00	453.90
铁路、船舶、航空航天和其他运输设备制造业	1102	27.37	367.64	163.78
电气机械和器材制造业	8020	287.12	5790.95	1269.58
计算机、通信和其他电子设备制造业	4994	372.46	4564.18	1769.90
仪器仪表制造业	1497	56.32	629.79	102.39
其他制造业	218	3.35	51.94	10.48
废弃资源综合利用业	51	2.79	54.53	2.52
金属制品、机械和设备修理业	53	0.97	9.53	6.43
电力、热力、燃气及水生产和供应业	194	4.78	13.60	0.66
电力、热力生产和供应业	184	4.66	13.60	0.66
燃气生产和供应业	4	0.03		
水的生产和供应业	6	0.09		
按地区分组				
杭州市	8710	493.53	5883.15	1200.07
宁波市	12485	345.26	5126.15	1116.88
温州市	4095	90.27	1376.09	275.40
嘉兴市	5416	223.89	5048.63	1432.87
湖州市	3317	89.66	1879.85	357.57
绍兴市	3925	140.24	2080.45	310.95
金华市	3705	103.08	1929.56	537.98
衢州市	1138	39.41	1030.63	108.08
舟山市	428	24.57	1770.93	112.53
台州市	5358	97.90	1529.07	616.17
丽水市	986	24.34	398.07	64.03

4-7 大中型工业企业自主知识产权保护情况（2023）

指标名称	专利申请数（件）	发明专利	有效发明专利数（件）	专利所有权转让及许可数（件）	专利所有权转让及许可收入（亿元）	拥有注册商标（件）	形成国家或行业标准（项）
总计	**75272**	**26508**	**90272**	**2432**	**11.20**	**109865**	**7138**
按企业规模分组							
大型	40010	15959	49277	835	10.22	51463	1590
中型	35262	10549	40995	1597	0.98	58402	5548
按登记注册类型分组							
内资企业	61138	20773	64353	1935	1.91	93131	6511
国有独资公司	613	355	589			338	6
私营有限责任公司	21618	5101	17786	630	0.09	31799	741
其他有限责任公司	11457	4873	13942	317	0.30	8975	3429
私营股份有限公司	10973	3325	10492	404	0.01	21958	914
其他股份有限公司	16403	7091	21444	584	1.52	30049	1412
全民所有制企业（国有企业）	41	16	26			1	4
集体所有制企业（集体企业）							
股份合作企业	28	7	72			10	5
个人独资企业	5	5	2			1	
港澳台商投资	6479	2697	11832	184	0.37	8532	349
港澳台投资有限责任公司	3351	1242	5551	148	0.37	4632	179
港澳台投资股份有限公司	3019	1431	6270	36		3900	170
港澳台投资合伙企业							
其他港澳台投资企业	109	24	11				
外商投资	7655	3038	14087	313	8.92	8202	278
外商投资有限责任公司	3540	1375	10178	238		4508	137
外商投资股份有限公司	4114	1662	3791	75	8.92	3686	141
外商投资合伙企业	1	1	19			8	

4-7 续表1

指标名称	专利申请数（件）	发明专利	有效发明专利数（件）	专利所有权转让及许可数（件）	专利所有权转让及许可收入(亿元)	拥有注册商标（件）	形成国家或行业标准（项）
其他外商投资企业			99				
按国民经济行业大类分组							
采矿业			17				
非金属矿采选业			17				
制造业	74764	26266	89728	2419	11.13	109752	7129
农副食品加工业	97	34	132			1390	11
食品制造业	264	64	261	2		2312	37
酒、饮料和精制茶制造业	61	25	152			2118	
烟草制品业	517	312	558			294	4
纺织业	1477	351	1738	11	0.28	2142	97
纺织服装、服饰业	851	147	585	15		7537	20
皮革、毛皮、羽毛及其制品和制鞋业	534	75	382			3766	89
木材加工和木、竹、藤、棕、草制品业	407	165	476	13		2242	223
家具制造业	2867	339	983	80		3674	83
造纸和纸制品业	464	180	619	7	0.01	1550	76
印刷和记录媒介复制业	227	33	347	1		424	4
文教、工美、体育和娱乐用品制造业	1719	141	673	27		6848	48
石油加工、炼焦和核燃料加工业	82	47	175			2	
化学原料和化学制品制造业	1533	1057	4282	357	0.36	7843	208
医药制造业	1326	889	4639	26	1.07	8352	155
化学纤维制造业	463	180	556	2		321	69
橡胶和塑料制品业	1902	502	1535	173		2209	161
非金属矿物制品业	601	216	1170			2337	34
黑色金属冶炼和压延加工业	322	133	377	101		76	11
有色金属冶炼和压延加工业	307	121	540		0.14	578	106
金属制品业	3163	506	2040	14		5518	137

4-7 续表2

指标名称	专利申请数（件）	发明专利	有效发明专利数（件）	专利所有权转让及许可数（件）	专利所有权转让及许可收入（亿元）	拥有注册商标（件）	形成国家或行业标准（项）
通用设备制造业	7868	2856	8373	556	1.24	8312	788
专用设备制造业	3996	1385	4659	178	0.02	4214	223
汽车制造业	5095	1817	4470	68		3427	115
铁路、船舶、航空航天和其他运输设备制造业	1701	438	739	32		1913	23
电气机械和器材制造业	20647	5568	14507	459	0.03	14798	939
计算机、通信和其他电子设备制造业	12118	6668	29024	223	7.91	11541	3246
仪器仪表制造业	3625	1919	5136	74	0.07	2538	195
其他制造业	442	55	424			1358	16
废弃资源综合利用业	73	39	155			117	10
金属制品、机械和设备修理业	15	4	21			1	1
电力、热力、燃气及水生产和供应业	508	242	527	13	0.07	113	9
电力、热力生产和供应业	448	224	494	13	0.07	111	4
燃气生产和供应业	25	9	24				
水的生产和供应业	35	9	9			2	5
按地区分组							
杭州市	20391	10255	33339	348	2.31	25812	3836
宁波市	17900	5598	20658	457	0.31	20069	682
温州市	5780	1313	4069	177	0.07	12405	554
嘉兴市	7083	2239	7015	62	0.49	11726	234
湖州市	3393	1101	4862	512	0.02	8080	451
绍兴市	6424	1870	6910	373	7.75	6583	490
金华市	5233	1336	4090	103		9719	261
衢州市	1247	526	1083	3	0.08	875	186
舟山市	370	119	263			111	14
台州市	5609	1523	6600	252	0.17	11137	398
丽水市	1304	295	651	145		3054	28

4-8 大中型工业企业政府相关政策落实情况（2023）

单位：亿元

指标名称	使用来自政府部门的研发资金	研究开发费用加计扣除减免税	高新技术企业减免税
总计	1562.54	203.70	187.18
按企业规模分组			
大型	811.70	108.03	94.35
中型	750.83	95.67	92.83
按登记注册类型分组			
内资企业	1222.80	151.95	143.67
国有独资公司	0.90	0.07	0.02
私营有限责任公司	358.84	48.01	36.87
其他有限责任公司	391.35	39.01	36.24
私营股份有限公司	157.80	22.86	21.84
其他股份有限公司	311.78	41.72	48.47
全民所有制企业（国有企业）	0.50	0.08	0.01
集体所有制企业（集体企业）			
股份合作企业	1.62	0.20	0.21
个人独资企业			
港澳台商投资	185.58	26.60	25.84
港澳台投资有限责任公司	99.21	14.16	12.68
港澳台投资股份有限公司	86.02	12.39	13.14
港澳台投资合伙企业			
其他港澳台投资企业	0.35	0.05	0.01
外商投资	154.15	25.16	17.67
外商投资有限责任公司	111.56	14.71	13.02
外商投资股份有限公司	42.20	10.33	4.55
外商投资合伙企业	0.39	0.12	0.10

指标名称	使用来自政府部门的研发资金	研究开发费用加计扣除减免税	高新技术企业减免税
其他外商投资企业			
按国民经济行业大类分组			
采矿业	0.38	0.06	
非金属矿采选业	0.38	0.06	
制造业	1557.63	203.01	186.90
农副食品加工业	2.79	0.32	0.42
食品制造业	5.42	0.80	1.04
酒、饮料和精制茶制造业	1.86	0.30	0.14
烟草制品业			
纺织业	60.78	7.41	5.43
纺织服装、服饰业	16.13	2.57	1.33
皮革、毛皮、羽毛及其制品和制鞋业	9.51	1.31	0.57
木材加工和木、竹、藤、棕、草制品业	4.69	0.55	1.04
家具制造业	18.10	2.38	2.11
造纸和纸制品业	18.18	2.28	3.53
印刷和记录媒介复制业	7.10	0.96	0.72
文教、工美、体育和娱乐用品制造业	14.00	2.35	2.76
石油加工、炼焦和核燃料加工业	1.73	0.34	
化学原料和化学制品制造业	166.35	16.11	22.60
医药制造业	87.32	17.83	21.12
化学纤维制造业	32.01	4.18	1.15
橡胶和塑料制品业	46.32	7.18	4.94
非金属矿物制品业	20.86	3.02	8.50
黑色金属冶炼和压延加工业	20.79	2.48	0.93
有色金属冶炼和压延加工业	13.87	2.22	0.28
金属制品业	47.22	6.00	6.07

单位：亿元

指标名称	使用来自政府部门的研发资金	研究开发费用加计扣除减免税	高新技术企业减免税
通用设备制造业	128.75	17.24	16.84
专用设备制造业	55.16	7.53	12.34
汽车制造业	130.78	17.05	12.94
铁路、船舶、航空航天和其他运输设备制造业	24.53	2.57	1.95
电气机械和器材制造业	230.59	29.36	27.28
计算机、通信和其他电子设备制造业	327.16	37.61	21.90
仪器仪表制造业	58.83	10.06	8.67
其他制造业	3.32	0.45	0.16
废弃资源综合利用业	2.36	0.35	0.16
金属制品、机械和设备修理业	1.11	0.16	
电力、热力、燃气及水生产和供应业	4.53	0.64	0.29
电力、热力生产和供应业	3.89	0.57	0.29
燃气生产和供应业	0.26	0.06	
水的生产和供应业	0.38		
按地区分组			
杭州市	446.24	64.42	54.31
宁波市	287.49	41.51	41.49
温州市	82.50	12.88	10.27
嘉兴市	165.31	17.23	19.37
湖州市	80.84	10.78	12.57
绍兴市	145.18	17.27	19.04
金华市	107.97	12.35	8.77
衢州市	28.62	4.30	3.29
舟山市	91.71	3.91	4.83
台州市	102.36	16.02	11.72
丽水市	24.21	3.02	1.52

4-9 大中型工业企业技术获取和技术改造情况（2023）

单位：亿元

指标名称	技术改造经费支出	购买境内技术经费支出	引进境外技术经费支出	引进境外技术的消化吸收经费支出
总计	**204.88**	**10.96**	**11.58**	**0.24**
按企业规模分组				
大型	110.57	7.55	7.74	0.05
中型	94.31	3.41	3.84	0.19
按登记注册类型分组				
内资企业	176.43	6.91	5.58	0.19
国有独资公司	7.89			
私营有限责任公司	47.13	2.35	4.05	
其他有限责任公司	51.51	0.43	0.03	
私营股份有限公司	16.72	1.28	0.05	
其他股份有限公司	52.44	2.72	1.45	0.19
全民所有制企业（国有企业）	0.12	0.12		
集体所有制企业（集体企业）				
股份合作企业	0.63			
个人独资企业				
港澳台商投资	15.58	3.60	0.53	
港澳台投资有限责任公司	9.03	0.56		
港澳台投资股份有限公司	6.55	3.05	0.53	
港澳台投资合伙企业				
其他港澳台投资企业				
外商投资	12.86	0.44	5.47	0.05
外商投资有限责任公司	9.11	0.01	4.10	0.05
外商投资股份有限公司	3.75	0.43	1.37	
外商投资合伙企业				

指标名称	技术改造经费支出	购买境内技术经费支出	引进境外技术经费支出	引进境外技术的消化吸收经费支出
其他外商投资企业				
按国民经济行业大类分组				
采矿业				
非金属矿采选业				
制造业	198.62	10.93	11.58	0.24
农副食品加工业	0.04			
食品制造业	0.24	0.03	0.01	
酒、饮料和精制茶制造业				
烟草制品业	7.89			
纺织业	1.90	0.05	0.03	0.05
纺织服装、服饰业	0.54	0.02		
皮革、毛皮、羽毛及其制品和制鞋业	0.37			
木材加工和木、竹、藤、棕、草制品业	0.02			
家具制造业	0.62			
造纸和纸制品业	2.07			
印刷和记录媒介复制业	0.61			
文教、工美、体育和娱乐用品制造业	1.75	0.14		
石油加工、炼焦和核燃料加工业	7.04	0.45	0.89	
化学原料和化学制品制造业	37.51	0.01	2.49	
医药制造业	17.12	2.67	4.50	0.05
化学纤维制造业	0.47		0.09	
橡胶和塑料制品业	2.74	0.07	0.14	
非金属矿物制品业	0.53	0.27		
黑色金属冶炼和压延加工业	7.17	0.01		
有色金属冶炼和压延加工业	4.15			
金属制品业	13.35	3.05	0.98	0.14

指标名称	技术改造经费支出	购买境内技术经费支出	引进境外技术经费支出	引进境外技术的消化吸收经费支出
通用设备制造业	18.78	0.82	0.28	
专用设备制造业	1.98	0.13		
汽车制造业	24.31	1.12	0.58	
铁路、船舶、航空航天和其他运输设备制造业	6.00	0.37		
电气机械和器材制造业	19.93	0.85	1.31	
计算机、通信和其他电子设备制造业	16.46	0.31	0.20	
仪器仪表制造业	4.78	0.46	0.07	
其他制造业	0.00			
废弃资源综合利用业	0.13			
金属制品、机械和设备修理业	0.12	0.12		
电力、热力、燃气及水生产和供应业	6.26	0.02		
电力、热力生产和供应业	4.98			
燃气生产和供应业				
水的生产和供应业	1.28	0.02		
按地区分组				
杭州市	30.50	1.22	5.06	
宁波市	70.48	6.01	4.55	
温州市	13.45	0.35		
嘉兴市	5.92	0.38	1.93	0.19
湖州市	8.34	0.58		
绍兴市	6.64	0.05		0.05
金华市	14.48	0.40	0.02	
衢州市	22.78	0.30	0.02	
舟山市	2.56	0.12		
台州市	14.35	1.52		
丽水市	7.49	0.03		

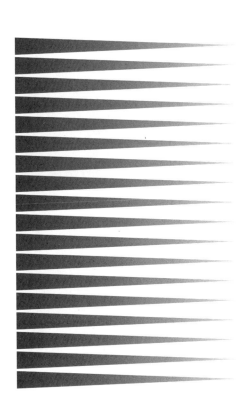

五、高等院校

5-1 高等学校基本情况（1978—2023）

年份	学校数（所）	招生数（人）		在校学生数（人）		毕业生数（人）		教职员工数（人）	#专任教师
		本专科	研究生	本专科	研究生	本专科	研究生		
1978	20	14241		24223		3743		11961	5389
1979	20	9498		32227		1013		13889	6275
1980	22	9387		37815		3710		15619	6886
1981	22	9208		41020		5852		16365	6933
1982	22	10162		36088		14968		18181	7701
1983	24	12750		39008		10411		19274	8219
1984	27	15030		44883		9002		20431	8690
1985	35	19026		52688		11044		22497	9908
1986	37	17877		57352		13027		24723	10804
1987	37	18190		60072		15017		25620	11223
1988	37	19364		60419		18712		26472	11578
1989	37	18270		61045		17323		26772	11574
1990	37	18264		60327		18417		26787	11578
1991	36	18651		59822		18175		27004	11208
1992	35	21217		62226		18267		27821	11105
1993	36	27716		73586		15971		27898	11148
1994	37	30482		87428		17895		28212	11345
1995	37	28094		92857		22443		28194	11491
1996	36	30541		96480		27133		28107	11530
1997	35	33145		102302		26386		28123	11595
1998	32	36668	2155	113543	5991	24296		28327	11816
1999	36	59300	3216	151318	7460	30561	1578	30532	13140
2000	35	93516	4130	212375	9895	32477	1600	40037	18981
2001	38	120195	5577	293078	13237	37230	1882	44347	22168
2002	60	152470	6111	393145	16297	48431	2645	48481	25993
2003	64	173519	6863	484639	19269	78685	3514	48691	29945
2004	68	195617	8029	572759	22062	103123	4858	60833	35766
2005	67	215362	9577	651307	25637	133051	5558	58924	38402
2006	68	237157	10996	719869	27125	162531	8731	69730	42143
2007	77	249749	12326	777982	31409	183863	7387	73704	45622
2008	77	265696	13691	832224	35812	203203	8944	75986	47795
2009	78	261361	16184	866496	43381	218226	7941	77852	49516
2010	80	260111	16575	884867	47991	233741	11156	79785	50969
2011	104	271285	17565	907482	51846	238448	13046	81384	52296
2012	105	280824	18748	932292	54369	247537	15112	83843	54154
2013	106	283353	19535	959629	57801	244860	15592	85381	56000
2014	108	284285	20164	978216	60511	253708	16535	87375	58076
2015	108	287809	21496	991149	63528	263981	17117	88744	59472
2016	108	288798	22246	996143	67232	273342	17801	90214	60477
2017	108	293745	27368	1002346	74404	276580	18717	92654	62357
2018	109	309687	29760	1019449	82547	280634	20676	94462	63433
2019	109	350371	31771	1074688	92368	283396	20875	99551	66734
2020	110	369410	43064	1148737	110093	286558	23743	104059	70445
2021	109	375933	47505	1210296	129860	300419	25512	109481	74227
2022	109	402464	51477	1253265	151207	346264	27470	113909	78392
2023	109	409744	54279	1291463	164293	358969	38334	118588	82525

注：2011 年起包含独立学院。2017 年起研究生含全日制和非全日制。

5-2 普通高等教育分类情况（2023）

分类	学校数（所）	本、专科学生（人）			教职员工数（人）	
		毕业生数	招生数	在校学生数		#专任教师
总计	109	358969	409744	1291463	118588	82525
普通本科	58	174640	206606	731380	84784	56635
#民办本科（含中外合作办学）	22	54856	57936	198112	14962	10616
#独立学院	15	37161	37340	125661	7862	6121
高职（高专）院校	51	184329	203138	560083	33804	25890
#民办	11	40581	52333	141463	7425	5928

5-3 高等学校科技活动情况（1986—2023）

年份	科技活动机构数（个）	科技活动人员（人）	经费拨入总额（万元）	#政府拨款	经费支出总额（万元）	#仪器设备费
1986	31	16086	2760	2061	2191	943
1987	32	15363	2954	1836	2557	823
1988	45	19874	3167	1789	2757	639
1989	44	20166	4514	2039	3926	884
1990	45	20267	5320	2773	4068	881
1991	43	20251	6442	3234	5505	1101
1992	58	20597	11083	5250	9996	2128
1993	234	20940	26974	9129	26563	4917
1994	262	20933	25766	8965	24830	3449
1995	259	21098	28731	7522	24805	3067
1996	259	22111	32341	7404	29516	3417
1997	295	22247	38327	10791	34538	4497
1998	433	23092	45677	11598	45008	4592
1999	365	23869	58749	13654	51850	3035
2000	430	28555	81153	23554	74714	8225
2001	534	34716	108576	37059	90486	11448
2002	405	19659	150651	61506	112630	17339
2003	421	21763	178362	67396	136090	19425
2004	203	29031	209249	90951	178960	27796
2005	191	25077	271011	136055	203204	37122
2006	160	25436	314684	170843	257099	53033
2007	161	26496	350014	178132	261104	41679
2008	169	28594	398755	225555	297278	51504
2009	575	53160	449992	242782	391720	72279
2010	471	56822	596839	348846	539237	61563
2011	494	60216	660167	376049	635506	108295
2012	524	62209	718381	410322	686972	98605
2013	595	64507	722863	406115	675602	96108
2014	601	65855	750889	433034	725606	88192
2015	634	74942	847205	498600	751587	86076
2016	717	87309	972426	580644	873965	94396
2017	823	89458	1091217	627515	994536	122007
2018	846	92824	1301272	724200	1208697	153233
2019	973	96977	1720699	855391	1454735	190943
2020	1027	100816	1817161	910371	1631637	205451
2021	1196	105887	1993279	1052764	1835122	207894
2022	1276	112873	1982946	1097839	2054611	216449
2023	1330	118964	2279620	1261965	2054126	226907

5-4 高等院校自然科学领域科技人力资源情况（一）（2023）

单位：人

	合计	教师						
		#女性	小计	教授	副教授	讲师	助教	其他
合　计	**75032**	**38413**	**33700**	**6706**	**9715**	**12731**	**2049**	**2499**
按学科分组								
自然科学	9268	3680	6821	1546	2050	2604	183	438
工程与技术	25983	9458	19396	3355	5810	7571	1387	1273
医药科学	34665	22540	4858	1330	1275	1502	213	538
农业科学	2620	1187	1959	417	496	731	95	220
其　他	2496	1548	666	58	84	323	171	30
按学历分组								
博士研究生	28454	10093	21112	5316	6191	7218	103	2284
硕士研究生	23562	12815	8295	631	1871	3911	1706	176
大学本科	21999	14793	4266	758	1648	1584	237	39
大学专科	897	649	23		3	17	3	
中专及以下	120	63	4	1	2	1		
按年龄分组								
29 岁及以下	10181	6786	2439	6	24	839	1002	568
30~34 岁	17532	10096	6755	74	662	4144	726	1149
35~39 岁	13989	7185	6163	396	1976	2997	215	579
40~44 岁	13234	6614	6704	1265	2782	2416	74	167
45~49 岁	8768	3806	5101	1486	2076	1490	21	28
50~54 岁	6071	2644	3155	1302	1226	610	11	6
55~59 岁	4301	1099	2699	1504	958	235		2
60 岁及以上	956	183	684	673	11			

5-5 高等院校自然科学领域科技人力资源情况（二）（2023）

指标名称	小计	其他技术职务系列人员				辅助人员
		高级	中级	初级	其他	
合　计	**41173**	**8696**	**15685**	**12706**	**4086**	**159**
按学科分组						
自然科学	2438	617	896	418	507	9
工程与技术	6548	1645	2719	1150	1034	39
医药科学	29700	5946	11061	10660	2033	107
农业科学	660	172	297	114	77	1
其　　他	1827	316	712	364	435	3
按学历分组						
博士研究生	7342	2717	2996	966	663	
硕士研究生	15267	2665	5845	4672	2085	
大学本科	17733	3256	6593	6546	1338	
大学专科	746	56	228	462		128
中专及以下	85	2	23	60		31
按年龄分组						
29 岁及以下	7645	48	465	4874	2258	97
30~34 岁	10751	236	4176	5228	1111	26
35~39 岁	7816	1017	4747	1620	432	10
40~44 岁	6517	2155	3596	591	175	13
45~49 岁	3660	1934	1460	202	64	7
50~54 岁	2915	1734	983	160	38	1
55~59 岁	1597	1300	258	31	8	5
60 岁及以上	272	272				

注：2022 年度起"辅助人员"指标为系统自动生成，口径较往年有所变化

5-6 高等院校自然科学领域科技人力资源情况（三）（2023）

单位：人

指标名称	总计	科学家和工程师				技术员	辅助人员
		小计	高级	中级	初级		
合 计	75032	58081	25117	28416	4548	4086	159
按学科分组							
自然科学	9268	8334	4213	3500	621	507	9
工程与技术	25983	23760	10810	10290	2660	1034	39
医药科学	34665	21865	8551	12563	751	2033	107
农业科学	2620	2428	1085	1028	315	77	1
其他	2496	1694	458	1035	201	435	3
按学历分组							
博士研究生	28454	26825	14224	10214	2387	663	
硕士研究生	23562	16805	5167	9756	1882	2085	
大学本科	21999	14115	5662	8177	276	1338	
大学专科	897	307	59	245	3		128
中专及以下	120	29	5	24			31
按年龄分组							
29 岁及以下	10181	2952	78	1304	1570	2258	97
30~34 岁	17532	11167	972	8320	1875	1111	26
35~39 岁	13989	11927	3389	7744	794	432	10
40~44 岁	13234	12455	6202	6012	241	175	13
45~49 岁	8768	8495	5496	2950	49	64	7
50~54 岁	6071	5872	4262	1593	17	38	1
55~59 岁	4301	4257	3762	493	2	8	5
60 岁及以上	956	956	956				

5-7 高等院校自然科学领域科技活动经费情况（2023）

单位：千元

经费名称	经费数
一、上年结转经费	17785468
二、当年拨入经费合计	22796198
其中：R&D 经费拨入合计	15381023
科研事业费	864314
其中：科研人员工资 1	7754
科研人员工资 2	718044
基本科研业务费	135180
教育部专项费	731129
其中：平台建设经费	27459
人才队伍建设经费	123898
其他学科建设经费	88774
建设世界一流大学（学科）和特色发展引导专项资金	711300
国家发改委及科技部专项费	1840671
其中：科技部专项费	1726603
国家自然科学基金项目费	1850674
国务院其他部门专项费	1560945
省、自治区、直辖市专项费	4349845
地市厅局（含县）专项费	1422076
企事业单位委托科技经费	6387886
其中：进入学校财务	6204630
其中：企业委托到校经费	4514623
当年学校科技经费	3745344
其中：为国家科技计划项目配套	322668
金融机构贷款	0
国外资金	33238

　　　　　　　　　　　　　　　　　　　　　　　　　　　　单位：千元

经费名称	经费数
其他资金	10076
三、当年经费支出合计	20541264
其中：R&D 经费支出合计	13339359
转拨给外单位经费	2254996
其中：对国内研究机构	483391
对国内高等学校	966125
对国内企业	799829
对境外机构	0
内部支出经费合计	18286268
人员劳务费	6401189
业务费	7755451
固定资产购置费	2910170
其中：仪器设备费	2269068
上缴税金	200298
管理费	1019160
其他支出	0
四、当年结余经费合计	19960968
银行存款	18653225
暂付款	1242851
其　他	64892
附表：当年科研基建投入	1020244
当年科研基建支出	1000492
其中：土建工程	693678
仪器设备	303697
在岗人员人均年工资	4919
年末在校从业人员总数（人）	120728
年末在校博士研究生数（人）	25009
上缴经费	79434

5-8　高等院校自然科学领域科技活动机构情况（一）（2023）

指标名称	机构数（个）	从业人员（人）	科技活动人员（人年）	#高级职称	#中级职称	博士毕业（人）	硕士毕业（人）	培养研究生（人）
合计	**722**	**19821**	**10624**	**6321**	**3466**	**14686**	**3987**	**29606**
R&D 机构	697	19041	10241	6126	3316	14312	3721	29301
其他机构	25	780	384	195	150	374	266	305
国家级机构	77	2916	1625	1004	496	2320	463	4675
省部级机构	605	16175	8533	5083	2782	11904	3296	24002
其他主管部门机构	40	730	465	235	189	462	228	929
单位独办	471	13480	7561	4473	2494	10194	2623	19449
与境内高校合办	53	1470	731	474	188	1052	307	2659
与境内独立研究机构	57	1281	645	411	204	953	254	1833
与境外机构合办	46	1030	529	301	190	712	165	2362
与境内注册其他企业	84	2201	997	583	317	1491	572	3052
其他	11	359	162	79	74	284	66	251

5-9　高等院校自然科学领域科技活动机构情况（二）（2023）

指标名称	内部支出（千元）	#R & D 支出	承担课题数（项）	固定资产原值（千元）	#仪器设备	进口
合计	**6219697**	**5057997**	**26730**	**19563851**	**17273012**	**8760160**
R&D 机构	6141940	5012150	25865	19171543	16931508	8663552
其他机构	77757	45847	865	392308	341504	96608
国家级机构	1470225	1293691	5112	3805076	3379699	1916346
省部级机构	4547890	3641623	20358	15114713	13353208	6573291
其他主管部门机构	201582	122683	1260	644062	540105	270523
单位独办	4311305	3664444	19352	13410913	11804317	6366706
与境内高校合办	315080	275710	1648	1187222	1107155	655841
与境内独立研究机构	307571	268549	1501	1324840	1083562	641460
与境外机构合办	137920	107040	1313	1400348	1280206	291378
与境内注册其他企业	1081361	683394	2554	2053777	1840318	762983
其他	66460	58860	362	186751	157454	41792

5-10 高等院校自然科学领域科技项目情况（一）（2023）

研究类别	课题数（项）	当年投入经费（千元）	当年支出经费（千元）	当年投入人员（人年）	#女性
合计	61762	13901038	11173911	24797	9516
按研究类型分组					
基础研究	18762	4223844	3710354	7818	3183
应用研究	26928	6040386	4579059	11148	4337
试验与发展	6171	1308046	1084758	2313	783
R&D 成果应用	5010	1441518	1144556	1850	640
其他科技服务	4891	887244	655184	1668	575
按学科分组					
自然科学	10251	2472121	1896517	4096	1411
工程与技术	35110	8332613	6913513	12529	4063
医药科学	13129	2258723	1681517	6900	3632
农业科学	3272	837581	682364	1272	410

研究类别	当年投入人员（人年）				参加项目的研究生人数（人）	博士研究生	硕士研究生
	高级职务	中级职务	初级职务	其他			
合计	11182	9537	2322	1756	62099	13574	48525
按研究类型分组							
基础研究	3473	2866	702	777	24791	5902	18889
应用研究	4901	4301	1256	690	22876	5258	17618
试验与发展	1126	980	134.9	72.3	5904	665	5239
R&D 成果应用	893	727	123	108	4695	1002	3693
其他科技服务	790	663	106	109	3833	747	3086
按学科分组							
自然科学	1932	1560	229	376	12441	2766	9675
工程与技术	5977	4908	861	783	31575	6889	24686
医药科学	2648	2575	1171	505	14173	3035	11138
农业科学	625	495	61	91	3910	884	3026

5-11 高等院校自然科学领域科技项目情况（二）（2023）

研究类别	课题数（项）	当年投入经费（千元）	当年支出经费（千元）	当年投入人员（人年）	# 女性
合计	61762	13901038	11173911	24797	9516
国家科技重大专项	42	50511	51979	41	14
国家重点研发计划	1265	1392615	1123208	673	205
国家科技部项目	288	266292	178338	208	66
国家自然科学基金项目	8470	1979070	1807819	3525	1296
教育部科技项目	14	455	685	4	2
国家部委其它科技项目	1082	1263956	938378	531	173
省、自治区、直辖市科技项目	6485	1634543	1347997	2801	1125
地市厅局（含县）项目	8899	646046	455746	4045	1833
企业单位委托科技项目	25316	4511947	3503700	9159	3227
事业单位委托科技项目	4938	1670513	1277861	1863	659
国际合作项目	65	33768	27247	25	7
自选课题	4809	450544	458983	1889	895
其他课题	89	778	1970	33	15

研究类别	当年投入人员（人年）				参加项目的研究生人数（人）	博士研究生	硕士研究生
	高级职务	中级职务	初级职务	其他			
合计	11182	9537	2322	1756	62099	13574	48525
国家科技重大专项	20	9	4	8	128	61	67
国家重点研发计划	361	165	27	120	2655	1020	1635
国家科技部项目	105	66	15	22	599	185	414
国家自然科学基金项目	1639	1248	205	434	13016	3456	9560
教育部科技项目	2	1			7	1	6
国家部委其他科技项目	253	162	34	82	2211	820	1391
省、自治区、直辖市科技项目	1285	1064	230	223	7709	1732	5977
地市厅局（含县）项目	1466	1704	739	137	6602	717	5885
企业单位委托科技项目	4353	3659	639	508	20802	3933	16869
事业单位委托科技项目	870	764	126	103	4389	964	3425
国际合作项目	14	4	1	6	103	48	55
自选课题	801	679	298	110	3826	633	3193
其他课题	13	13	5	2	52	4	48

5-12　高等院校自然科学领域交流情况（2023）

形　式	合计	国（境）内	国（境）外
合作研究｜派遣｜（人次）	1254	957	297
合作研究｜接受｜（人）	738	547	191
国际学术会议｜出席人员｜（人次）	11342	8986	2356
国际学术会议｜交流论文｜（篇）	4305	3067	1238
国际学术会议｜特邀报告｜（篇）	1268	850	418
国际学术会议｜主办｜（次）	132	132	0

5-13　高等院校自然科学领域技术转让与知识产权情况（一）（2023）

受让方类型	合同数（项）	合同金额（千元）	当年实际收入（千元）
合计	**2828**	**594288**	**246501**
其中：专利出售	2504	470458	174648
其他知识产权出售	308	121781	70704
国有企业	15	9019	881
外资企业	12	5102	3328
民营企业	2757	496440	212497
其他	44	83727	29795

5-14　高等院校自然科学领域技术转让与知识产权情况（二）（2023）

知识产权类别	申请数（项）	授权数（项）	专利拥有数（项）
合计	**23003**	**17436**	**101245**
其中：国外	624	629	1555
发明专利	17389	12080	66116
实用新型	4194	3889	30579
外观设计	1420	1467	4550
其他知识产权		2925	26140
其中：集成电路布图设计登记数		239	432
植物新品种权授予数		27	162
国家或行业标准数		51	968

5-15 高等院校自然科学领域科技成果情况（2023）

学科门类	发表学术论文（篇）	三大检索收录论文数			
		国外学术刊物发表	SCIE	EI	ISTP
合　计	**54817**	**41352**	**33886**	**13671**	**1592**
自然科学	10886	9252	8062	2518	196
工程与技术	24145	19046	13217	9179	1159
医药科学	15544	9888	9476	1118	111
农业科学	4242	3166	3131	856	126

学科门类	科技专著		国（境）外出版		大专院校教科书		编著	
	（部）	（千字）	（部）	（千字）	（部）	（千字）	（部）	（千字）
合计	**259**	**39990.5**	**18**	**3060**	**304**	**56885.3**	**117**	**20843.714**
自然科学	22	4939	1	50	30	7961	15	2535
工程与技术	97	21842.6	16	2710	155	35837.3	29	4008.714
医药科学	134	12119	1	300	102	11275	62	12025
农业科学	6	1089.9			17	1812	11	2275

指标名称	合计	国家最高科学技术奖	国家自然科学奖			国家技术发明奖		
			特等奖	一等奖	二等奖	特等奖	一等奖	二等奖
合计	321							
自然科学	33							
工程与技术	202							
医药科学	61							
农业科学	25							
其他	0							
第一承担单位	167							
第二承担单位	76							

指标名称	合计						
	国家科学技术进步奖				省部级奖		其他
	特等奖	一等奖	二等奖	特等奖	一等奖	二等奖	
合计					76	126	119
自然科学					11	15	7
工程与技术					43	82	77
医药科学					14	21	26
农业科学					8	8	9
其他							
第一承担单位					57	57	53
第二承担单位					10	29	37

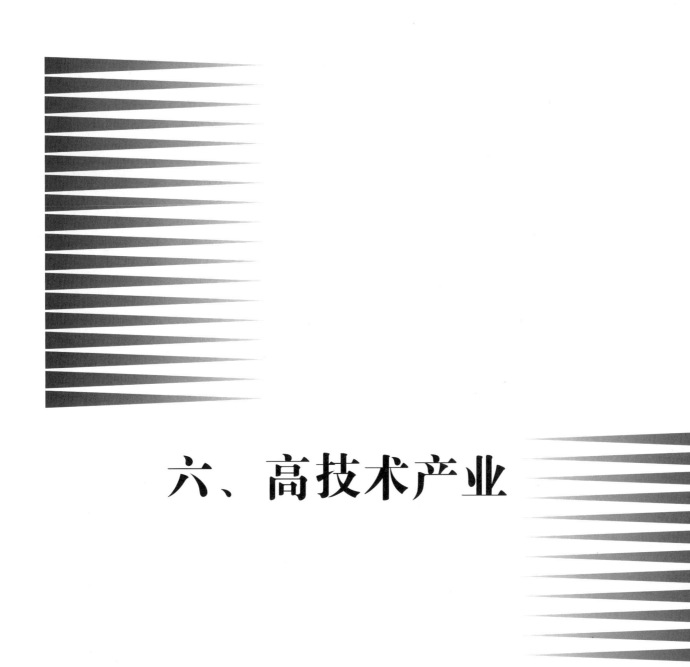

六、高技术产业

6-1　高技术产业基本情况（2023）

指标名称	企业数（个）	从业人员平均人数（人）	资产总计（亿元）	主营业务收入（亿元）	利润总额（亿元）
总计	4814	1125093	25300.0	14838.1	1157.5
按行业分组					
医药制造业	612	174374	4586.2	1952.2	242.2
化学药品制造	227	106777	3064.1	1344.0	184.9
化学药品原料药制造	149	69951	2187.2	760.3	116.7
化学药品制剂制造	78	36826	876.8	583.7	68.3
中药饮品加工	45	5319	101.3	79.2	4.5
中成药生产	45	13292	395.1	123.5	21.8
兽用药品制造	16	2628	56.4	26.2	2.1
生物药品制品制造	94	20449	547.8	183.6	18.8
生物药品制造	88	19002	489.9	174.5	24.8
基因工程药物和疫苗制造	6	1447	57.9	9.1	−6.1
卫生材料及医药用品制造	127	19969	354.1	149.5	7.9
药用辅料及包装材料	58	5940	67.4	46.2	2.3
航空、航天器及设备制造业	23	4068	86.6	28.2	0.2
飞机制造	10	1731	27.3	11.8	0.8
航天器及运载火箭制造	4	736	26.1	5.6	−2.6
航空、航天相关设备制造	8	1447	28.3	10.2	2.3
航天相关设备制造	3	1177	22.5	7.7	2.2
航空相关设备制造	5	270	5.8	2.5	0.1
其他航空航天器制造	1	154	5.0	0.8	−0.3
电子及通信设备制造业	2692	679214	16426.8	10140.5	626.2
电子工业专用设备制造	161	25514	797.4	383.2	68.4
半导体器件专用设备制造	59	11059	593.5	225.6	57.0
电子元器件与机电组件设备制造	33	4528	77.2	50.4	0.8
其他电子专用设备制造	69	9927	126.6	107.3	10.5
光纤、光缆及锂离子电池制造	151	60910	2038.4	1123.0	16.8
光纤制造	19	2281	62.4	25.6	−0.6
光缆制造	24	2651	317.5	160.1	4.8

指标名称	企业数（个）	从业人员平均人数（人）	资产总计（亿元）	主营业务收入（亿元）	利润总额（亿元）
锂离子电池制造	108	55978	1658.5	937.2	12.6
通信设备制造、雷达及配套设备制造	207	105096	3627.1	2567.4	267.5
通信系统设备制造	136	80693	3008.3	2095.1	260.4
通信终端设备制造	65	24021	611.3	469.3	6.9
雷达及配套设备制造	6	382	7.5	3.0	0.2
广播电视设备制造	63	15498	241.7	164.3	7.5
广播电视节目制作及发射设备制造	2	197	1.1	0.8	
广播电视接收设备制造	18	3566	20.1	18.7	1.6
广播电视专用配件制造	8	660	6.7	4.6	
专用音响设备制造	14	2431	17.0	12.8	1.1
应用电视设备及其他广播电视设备制造	21	8644	196.9	127.5	4.8
非专业视听设备制造	69	9586	95.0	49.9	0.4
电视机制造	4	522	43.2	4.6	−1.0
音响设备制造	57	8044	33.9	41.3	1.7
影视录放设备制造	8	1020	17.9	4.1	−0.3
电子器件制造	463	120323	3321.6	1702.1	17.0
电子真空器件制造	36	4084	41.2	28.7	0.7
半导体分立器件制造	53	12251	465.1	150.7	5.5
集成电路制造	146	36437	1622.8	497.8	−25.3
显示器件制造	68	26354	486.7	674.9	19.2
半导体照明器件制造	44	12779	256.1	114.6	0.3
光电子器件制造	66	20880	325.0	160.1	12.7
其他电子器件制造	50	7538	124.7	75.3	3.9
电子元件及电子专用设备制造	1191	235784	4714.6	2861.6	173.3
电阻电容电感元件制造	141	23820	220.3	171.5	11.4
电子电路制造	118	15656	124.7	89.1	1.9
敏感元件及传感器制造	67	19003	331.8	163.8	27.3
电声器件及零件制造	62	8263	52.5	48.5	3.5
电子专用材料制造	507	98527	3129.9	1755.6	56.8
其他电子元件制造	296	70515	855.3	633.2	72.5

指标名称	企业数 （个）	从业人员平均 人数（人）	资产总计 （亿元）	主营业务收入 （亿元）	利润总额 （亿元）
智能消费设备制造	317	94562	1281.5	1059.5	60.8
可穿戴智能设备制造	6	12203	163.5	227.3	3.7
智能车载设备制造	50	15056	367.4	180.3	9.6
智能无人飞行器制造	8	487	13.9	5.2	−0.3
其他智能消费设备制造	253	66816	736.7	646.6	47.7
其他电子设备制造	70	11941	309.5	229.5	14.4
计算机及办公设备制造业	194	42326	587.9	629.6	30.6
计算机整机制造	12	2163	54.5	240.4	1.9
计算机零部件制造	32	16368	181.5	128.8	14.7
计算机外围设备制造	69	11920	173.3	163.9	11.8
工业控制计算机及系统制造	17	1226	27.0	13.9	0.7
信息安全设备制造	7	2376	51.4	17.0	2.1
其他计算机制造	26	4646	72.2	43.6	−1.5
办公设备制造	31	3627	28.0	22.1	0.8
复印和胶印设备制造	9	985	9.5	4.8	
计算器及货币专用设备制造	22	2642	18.5	17.3	0.8
医疗仪器设备及仪器仪表制造业	1275	222740	3559.5	2054.1	255.3
医疗仪器设备及器械制造	313	54240	750.9	341.6	33.9
医疗诊断、监护及治疗设备制造	112	18464	308.9	138.8	3.8
口腔科用设备及器具制造	10	1366	11.6	10.1	2.4
医疗实验室及医用消毒设备和器具 制造	12	1133	10.9	7.9	1.2
医疗、外科及兽医用器械制造	109	24011	287.2	119.5	20.4
机械治疗及病房护理设备制造	18	2552	26.3	19.7	2.6
康复辅具制造	19	2485	40.4	23.6	1.9
其他医疗设备及器械制造	33	4229	65.5	21.9	1.6
通用仪器仪表制造	747	114759	2023.2	1284.5	168.3
工业自动控制系统装置制造	439	67888	1170.3	762.0	84.3
电工仪器仪表制造	99	17423	493.2	284.7	67.3
绘图、计算及测量仪器制造	24	3426	14.7	14.3	1.3
实验分析仪器制造	29	3606	32.8	22.9	3.2

指标名称	企业数（个）	从业人员平均人数（人）	资产总计（亿元）	主营业务收入（亿元）	利润总额（亿元）
试验机制造	17	1149	10.6	8.1	1.1
供应用仪器仪表制造	104	14873	207.6	149.7	8.3
其他通用仪器制造	35	6394	93.9	42.9	2.9
专用仪器仪表制造	156	31830	468.2	247.5	28.3
环境监测专用仪器仪表制造	29	5709	51.7	40.0	2.8
运输设备及生产用计数仪表制造	37	11735	162.6	87.8	4.6
导航、测绘、气象及海洋专用仪器制造	8	1004	11.4	6.7	1.5
农林牧渔专用仪器仪表制造	4	486	8.9	4.4	1.1
地质勘探和地震专用仪器制造	3	189	5.1	2.4	0.4
教学专用仪器制造	19	3173	30.1	19.5	2.3
核子及核辐射测量仪器制造	2	105	1.5	0.8	−0.1
电子测量仪器制造	41	8109	185.9	75.8	15.2
其他专用仪器制造	13	1320	11.1	10.0	0.5
光学仪器制造	50	20984	307.3	173.9	24.3
其他仪器仪表制造业	9	927	9.9	6.7	0.4
信息化学品制造业	18	2371	53.1	33.3	3.1
信息化学品制造	18	2371	53.1	33.3	3.1
文化用信息化学品制造	14	2187	51.7	31.7	3.1
医学生产用信息化学品制造	4	184	1.4	1.7	
按地区分组					
杭州市	1143	305482	8838.8	5317.4	496.6
宁波市	1102	231219	4203.7	2763.1	179.5
温州市	527	85003	1108.6	715.4	50.6
嘉兴市	590	147335	3097.4	2244.3	96.5
湖州市	273	51625	1049.3	492.4	26.1
绍兴市	386	100956	2621.3	1129.0	123.0
金华市	299	75281	1270.2	882.1	59.5
衢州市	107	23424	796.8	363.5	7.8
舟山市	21	1903	20.5	12.2	1.1
台州市	284	89785	2021.5	786.8	110.3
丽水市	82	13080	271.9	131.9	6.6

6-2 高技术产业 R&D 人员情况（2023）

指标名称	有 R&D 活动的企业数（个）	R&D 人员（人）	#全时人员	#研究人员	R&D 人员折合全时当量（人年）
总计	**2740**	**179179**	**126571**	**62268**	**145681**
按行业分组					
医药制造业	429	25822	17525	10200	20694
化学药品制造	189	17159	11372	7033	13613
化学药品原料药制造	122	12528	8296	5029	10016
化学药品制剂制造	67	4631	3076	2004	3596
中药饮品加工	23	565	361	182	443
中成药生产	36	1504	1143	528	1257
兽用药品制造	9	371	277	154	268
生物药品制品制造	68	3523	2399	1474	2816
生物药品制造	64	3082	2177	1328	2530
基因工程药物和疫苗制造	4	441	222	146	287
卫生材料及医药用品制造	76	2072	1505	709	1753
药用辅料及包装材料	28	628	468	120	543
航空、航天器及设备制造业	17	556	430	188	462
飞机制造	8	210	146	57	181
航天器及运载火箭制造	3	146	110	60	105
航空、航天相关设备制造	5	193	168	67	170
航天相关设备制造	3	145	129	42	131
航空相关设备制造	2	48	39	25	40
其他航空航天器制造	1	7	6	4	6
电子及通信设备制造业	1471	111283	79715	38195	90828
电子工业专用设备制造	98	5391	3769	2124	4240
半导体器件专用设备制造	40	3701	2683	1621	2917
电子元器件与机电组件设备制造	16	480	299	141	379
其他电子专用设备制造	42	1210	787	362	945
光纤、光缆及锂离子电池制造	88	9082	5537	2553	6786
光纤制造	12	274	206	72	234
光缆制造	11	438	310	92	390

指标名称	有 R&D 活动的企业数（个）	R&D 人员（人）	#全时人员	#研究人员	R&D 人员折合全时当量（人年）
锂离子电池制造	65	8370	5021	2389	6162
通信设备制造、雷达及配套设备制造	120	31621	26893	16009	28614
通信系统设备制造	78	26709	22998	14232	24284
通信终端设备制造	39	4816	3812	1730	4240
雷达及配套设备制造	3	96	83	47	91
广播电视设备制造	31	2036	1547	711	1723
广播电视节目制作及发射设备制造	1	24	12	8	11
广播电视接收设备制造	10	454	333	99	384
广播电视专用配件制造	2	35	30	6	30
专用音响设备制造	7	264	211	68	218
应用电视设备及其他广播电视设备制造	11	1259	961	530	1079
非专业视听设备制造	29	992	682	309	843
电视机制造	3	129	100	57	119
音响设备制造	21	617	412	138	512
影视录放设备制造	5	246	170	114	212
电子器件制造	278	17175	11597	5914	13467
电子真空器件制造	12	467	358	86	415
半导体分立器件制造	30	1665	1046	592	1298
集成电路制造	101	8058	5334	3420	5964
显示器件制造	34	1502	875	281	1180
半导体照明器件制造	25	1751	1229	487	1432
光电子器件制造	46	2842	2166	824	2457
其他电子器件制造	30	890	589	224	723
电子元件及电子专用设备制造	576	29441	18568	6111	22249
电阻电容电感元件制造	66	2491	1677	372	2061
电子电路制造	50	1450	897	212	1237
敏感元件及传感器制造	44	2723	1570	693	1743
电声器件及零件制造	28	678	483	113	544
电子专用材料制造	258	14455	8704	3188	10460
其他电子元件制造	130	7644	5237	1533	6205

指标名称	有 R&D 活动的企业数（个）	R&D 人员（人）	# 全时人员	# 研究人员	R&D 人员折合全时当量（人年）
智能消费设备制造	206	13043	9139	3441	10820
可穿戴智能设备制造	6	1179	1012	324	1196
智能车载设备制造	33	2971	2455	1200	2561
智能无人飞行器制造	3	118	87	54	74
其他智能消费设备制造	164	8775	5585	1863	6989
其他电子设备制造	45	2502	1983	1023	2086
计算机及办公设备制造业	103	6237	4842	1765	5379
计算机整机制造	9	448	178	187	363
计算机零部件制造	15	2365	2060	301	2195
计算机外围设备制造	38	1294	918	402	969
工业控制计算机及系统制造	6	225	187	107	195
信息安全设备制造	6	803	661	420	770
其他计算机制造	17	730	574	257	554
办公设备制造	12	372	264	91	334
复印和胶印设备制造	4	131	87	35	115
计算器及货币专用设备制造	8	241	177	56	219
医疗仪器设备及仪器仪表制造业	713	35054	23889	11856	28123
医疗仪器设备及器械制造	181	6461	4708	1973	5104
医疗诊断、监护及治疗设备制造	73	2659	1958	1040	2033
口腔科用设备及器具制造	7	181	140	46	152
医疗实验室及医用消毒设备和器具制造	7	104	81	32	87
医疗、外科及兽医用器械制造	60	2475	1756	569	1979
机械治疗及病房护理设备制造	7	245	203	85	212
康复辅具制造	12	409	284	108	333
其他医疗设备及器械制造	15	388	286	93	307
通用仪器仪表制造	403	17229	11922	5533	13922
工业自动控制系统装置制造	255	10395	7224	3440	8262
电工仪器仪表制造	50	2920	2140	1080	2414
绘图、计算及测量仪器制造	8	229	178	18	207
实验分析仪器制造	16	652	502	223	510
试验机制造	9	143	105	43	125

指标名称	有R&D活动的企业数（个）	R&D人员（人）	#全时人员	#研究人员	R&D人员折合全时当量（人年）
供应用仪器仪表制造	51	2255	1274	498	1890
其他通用仪器制造	14	635	499	231	514
专用仪器仪表制造	96	5610	3701	2145	4642
环境监测专用仪器仪表制造	24	1677	874	845	1312
运输设备及生产用计数仪表制造	22	1412	1120	427	1230
导航、测绘、气象及海洋专用仪器制造	7	194	173	73	167
农林牧渔专用仪器仪表制造	3	73	47	28	46
地质勘探和地震专用仪器制造	1	17	11	7	13
教学专用仪器制造	7	273	194	85	227
核子及核辐射测量仪器制造	2	36	25	12	32
电子测量仪器制造	24	1771	1139	620	1470
其他专用仪器制造	6	157	118	48	144
光学仪器制造	30	5665	3492	2195	4376
其他仪器仪表制造业	3	89	66	10	79
信息化学品制造业	7	227	170	64	196
信息化学品制造	7	227	170	64	196
文化用信息化学品制造	7	218	162	63	186
医学生产用信息化学品制造		9	8	1	9
按地区分组					
杭州市	720	63404	49027	29344	53409
宁波市	556	34942	25027	11213	28226
温州市	242	9906	7689	2070	8579
嘉兴市	365	21014	13516	5319	16669
湖州市	132	6261	4488	1698	5104
绍兴市	257	12494	8133	4208	9742
金华市	163	11098	6315	2731	8366
衢州市	57	4088	2081	911	2851
舟山市	14	212	144	62	185
台州市	187	14083	9200	4298	11250
丽水市	47	1677	951	414	1301

6-3 高技术产业 R&D 经费情况（2023）

指标名称	R&D 经费内部支出	#人员劳务费	#仪器和设备	#政府资金	#企业资金	R&D 经费外部支出
总计	**514.36**	**218.68**	**38.00**	**7.16**	**506.78**	**46.71**
按行业分组						
医药制造业	72.19	22.02	5.64	1.76	70.25	14.69
化学药品制造	48.06	14.33	3.86	1.20	46.69	10.57
化学药品原料药制造	27.12	9.29	2.87	0.36	26.76	5.47
化学药品制剂制造	20.94	5.04	0.99	0.83	19.93	5.10
中药饮品加工	0.88	0.24	0.01	0.01	0.87	0.05
中成药生产	3.23	1.21	0.28	0.26	2.97	1.39
兽用药品制造	0.95	0.36	0.13	0.03	0.92	0.23
生物药品制品制造	12.87	3.66	0.88	0.20	12.67	2.28
生物药品制造	8.90	3.35	0.83	0.18	8.72	2.22
基因工程药物和疫苗制造	3.97	0.31	0.04	0.02	3.94	0.06
卫生材料及医药用品制造	5.10	1.92	0.43	0.07	5.03	0.16
药用辅料及包装材料	1.11	0.31	0.06	0.01	1.10	0.01
航空、航天器及设备制造业	1.26	0.48	0.12	0.08	1.18	0.19
飞机制造	0.34	0.15	0.03	0.04	0.30	0.02
航天器及运载火箭制造	0.44	0.12	0.06		0.44	0.12
航空、航天相关设备制造	0.44	0.21	0.03	0.02	0.43	0.01
航天相关设备制造	0.39	0.18	0.03		0.39	0.01
航空相关设备制造	0.06	0.03	0.01	0.02	0.04	
其他航空航天器制造	0.03	0.01		0.02	0.01	0.04
电子及通信设备制造业	358.48	156.80	27.97	3.58	354.84	28.19
电子工业专用设备制造	18.78	8.30	0.94	0.87	17.91	0.43
半导体器件专用设备制造	15.54	7.05	0.91	0.75	14.79	0.33
电子元器件与机电组件设备制造	0.93	0.33	0.01		0.93	0.03
其他电子专用设备制造	2.31	0.93	0.03	0.12	2.19	0.07
光纤、光缆及锂离子电池制造	32.56	8.28	6.19	0.13	32.44	7.76
光纤制造	0.96	0.24	0.10		0.96	0.06

指标名称	R&D 经费内部支出	#人员劳务费	#仪器和设备	#政府资金	#企业资金	R&D 经费外部支出
光缆制造	2.69	0.27	0.05		2.69	0.09
锂离子电池制造	28.92	7.77	6.04	0.13	28.79	7.61
通信设备制造、雷达及配套设备制造	137.55	80.89	2.65	0.13	137.36	11.37
通信系统设备制造	121.72	73.35	2.30	0.08	121.58	9.64
通信终端设备制造	15.53	7.43	0.30	0.06	15.47	1.72
雷达及配套设备制造	0.30	0.11	0.04		0.30	0.01
广播电视设备制造	3.74	2.02	0.09	0.01	3.74	0.02
广播电视节目制作及发射设备制造	0.03	0.02			0.03	
广播电视接收设备制造	0.62	0.30			0.62	
广播电视专用配件制造	0.02	0.01			0.02	
专用音响设备制造	0.42	0.19	0.02		0.42	
应用电视设备及其他广播电视设备制造	2.65	1.50	0.06		2.65	0.02
非专业视听设备制造	1.38	0.77	0.01		1.38	0.02
电视机制造	0.26	0.16			0.26	
音响设备制造	0.84	0.44	0.01		0.84	0.01
影视录放设备制造	0.27	0.17			0.27	0.02
电子器件制造	55.08	20.40	6.73	0.94	54.13	2.37
电子真空器件制造	0.99	0.31	0.04	0.04	0.95	0.04
半导体分立器件制造	6.11	1.82	1.51	0.17	5.94	0.21
集成电路制造	30.57	11.96	3.41	0.37	30.20	1.70
显示器件制造	2.92	0.96	0.19	0.02	2.90	0.02
半导体照明器件制造	4.81	1.61	0.84	0.10	4.71	0.27
光电子器件制造	7.78	3.02	0.66	0.22	7.56	0.13
其他电子器件制造	1.91	0.72	0.08	0.03	1.87	
电子元件及电子专用设备制造	72.81	21.97	9.10	1.42	71.39	1.17
电阻电容电感元件制造	4.19	1.48	0.19	0.03	4.16	0.01
电子电路制造	1.68	0.70	0.02		1.67	0.02
敏感元件及传感器制造	5.84	2.53	0.28	0.01	5.83	0.08
电声器件及零件制造	0.90	0.43	0.05	0.02	0.89	
电子专用材料制造	45.56	10.74	7.62	1.27	44.29	0.63
其他电子元件制造	14.64	6.08	0.94	0.09	14.55	0.42

单位：亿元

指标名称	R&D经费内部支出	#人员劳务费	#仪器和设备	#政府资金	#企业资金	R&D经费外部支出
智能消费设备制造	26.54	10.71	1.14	0.03	26.51	1.49
可穿戴智能设备制造	4.02	1.05	0.20		4.02	0.22
智能车载设备制造	6.66	2.73	0.23	0.01	6.65	0.37
智能无人飞行器制造	0.32	0.16			0.32	
其他智能消费设备制造	15.53	6.77	0.72	0.02	15.51	0.90
其他电子设备制造	10.05	3.45	1.11	0.05	9.99	3.57
计算机及办公设备制造业	13.51	6.97	0.42	0.18	13.20	0.59
计算机整机制造	0.97	0.61	0.05		0.97	0.15
计算机零部件制造	4.98	2.40	0.01		4.98	0.03
计算机外围设备制造	2.87	1.33	0.20	0.01	2.86	0.03
工业控制计算机及系统制造	0.49	0.31	0.01		0.49	0.11
信息安全设备制造	2.24	1.36	0.11	0.04	2.20	0.09
其他计算机制造	1.46	0.78	0.03	0.04	1.29	0.17
办公设备制造	0.51	0.18	0.01	0.09	0.41	0.01
复印和胶印设备制造	0.10	0.04	0.01		0.10	0.01
计算器及货币专用设备制造	0.41	0.15		0.09	0.31	
医疗仪器设备及仪器仪表制造业	68.27	32.24	3.81	1.55	66.66	3.05
医疗仪器设备及器械制造	14.53	6.26	0.63	0.38	14.12	1.01
医疗诊断、监护及治疗设备制造	6.67	3.08	0.30	0.25	6.42	0.57
口腔科用设备及器具制造	0.37	0.16	0.02	0.01	0.36	0.04
医疗实验室及医用消毒设备和器具制造	0.12	0.06			0.12	
医疗、外科及兽医用器械制造	4.92	1.94	0.24	0.07	4.83	0.28
机械治疗及病房护理设备制造	0.44	0.21	0.01		0.43	0.02
康复辅具制造	1.09	0.47	0.01	0.05	1.04	0.09
其他医疗设备及器械制造	0.92	0.36	0.04		0.91	0.01
通用仪器仪表制造	32.73	15.84	1.48	0.67	32.05	1.32
工业自动控制系统装置制造	19.85	9.63	0.87	0.56	19.29	0.66
电工仪器仪表制造	6.68	3.12	0.27	0.06	6.62	0.36
绘图、计算及测量仪器制造	0.20	0.11			0.20	0.01
实验分析仪器制造	1.25	0.59	0.15	0.02	1.23	0.12
试验机制造	0.16	0.07	0.01		0.16	0.02

指标名称	R&D经费内部支出	#人员劳务费	#仪器和设备	#政府资金	#企业资金	R&D经费外部支出
供应用仪器仪表制造	3.14	1.52	0.12	0.02	3.12	0.14
其他通用仪器制造	1.45	0.80	0.06	0.02	1.43	0.02
专用仪器仪表制造	9.69	4.97	0.48	0.22	9.47	0.38
环境监测专用仪器仪表制造	3.32	1.79	0.22	0.10	3.22	0.01
运输设备及生产用计数仪表制造	2.22	1.00	0.17	0.01	2.20	0.20
导航、测绘、气象及海洋专用仪器制造	0.40	0.25			0.40	
农林牧渔专用仪器仪表制造	0.12	0.07		0.03	0.09	
地质勘探和地震专用仪器制造	0.04	0.02			0.04	
教学专用仪器制造	0.29	0.15		0.01	0.29	0.01
核子及核辐射测量仪器制造	0.06	0.03			0.06	0.02
电子测量仪器制造	3.06	1.61	0.08	0.07	2.99	0.11
其他专用仪器制造	0.19	0.06	0.01		0.19	0.01
光学仪器制造	11.27	5.13	1.21	0.28	10.96	0.34
其他仪器仪表制造业	0.06	0.04			0.06	
信息化学品制造业	0.64	0.17	0.04		0.64	
信息化学品制造	0.64	0.17	0.04		0.64	
文化用信息化学品制造	0.64	0.17	0.04		0.64	
医学生产用信息化学品制造						
按地区分组						
杭州市	231.60	121.01	8.57	3.34	228.00	19.18
宁波市	91.99	33.73	7.39	1.37	90.48	9.58
温州市	19.62	7.33	1.67	0.27	19.35	0.56
嘉兴市	53.74	19.13	5.21	0.36	53.36	3.02
湖州市	13.98	4.58	1.87	0.18	13.80	1.30
绍兴市	39.20	11.08	5.73	0.51	38.70	4.08
金华市	22.97	6.75	2.54	0.62	22.35	2.15
衢州市	9.98	3.06	2.27	0.10	9.88	1.40
舟山市	0.36	0.12	0.01	0.02	0.34	0.03
台州市	27.75	10.84	2.39	0.33	27.43	5.16
丽水市	3.17	1.05	0.35	0.07	3.10	0.25

6-4　高技术产业企业办研发机构情况（2023）

指标名称	有研发机构的企业数（个）	机构数（个）	机构人员（人）	机构经费支出（亿元）	机构仪器设备（亿元）
总计	**3105**	**3316**	**191208**	**804.86**	**466.06**
按行业分组					
医药制造业	423	492	26664	122.12	84.96
化学药品制造	174	222	16936	83.29	61.64
化学药品原料药制造	111	139	11697	43.85	40.70
化学药品制剂制造	63	83	5239	39.44	20.94
中药饮品加工	23	24	610	1.51	1.05
中成药生产	35	41	1718	6.76	5.11
兽用药品制造	7	7	299	1.51	1.02
生物药品制品制造	69	71	3878	18.54	10.17
生物药品制造	66	68	3501	12.86	9.11
基因工程药物和疫苗制造	3	3	377	5.68	1.06
卫生材料及医药用品制造	78	90	2565	8.74	4.65
药用辅料及包装材料	37	37	658	1.77	1.30
航空、航天器及设备制造业	15	16	713	2.31	1.60
飞机制造	6	6	244	0.55	0.83
航天器及运载火箭制造	4	4	249	1.12	0.27
航空、航天相关设备制造	5	6	220	0.64	0.50
航天相关设备制造	2	3	166	0.52	0.46
航空相关设备制造	3	3	54	0.12	0.04
其他航空航天器制造					
电子及通信设备制造业	1717	1803	116344	535.58	298.99
电子工业专用设备制造	112	116	5735	25.73	8.01
半导体器件专用设备制造	42	43	3668	19.67	5.63
电子元器件与机电组件设备制造	19	19	509	1.66	0.51
其他电子专用设备制造	51	54	1558	4.41	1.88
光纤、光缆及锂离子电池制造	99	104	9614	41.13	22.44
光纤制造	14	14	257	1.25	1.41
光缆制造	18	22	527	4.34	2.86

指标名称	有研发机构的企业数（个）	机构数（个）	机构人员（人）	机构经费支出（亿元）	机构仪器设备（亿元）
锂离子电池制造	67	68	8830	35.55	18.16
通信设备制造、雷达及配套设备制造	134	148	33811	201.40	52.28
通信系统设备制造	91	105	28939	175.88	38.88
通信终端设备制造	41	41	4835	25.37	13.24
雷达及配套设备制造	2	2	37	0.15	0.15
广播电视设备制造	39	42	2113	5.00	2.39
广播电视节目制作及发射设备制造	1	1	23	0.03	0.13
广播电视接收设备制造	12	12	462	0.85	0.33
广播电视专用配件制造	5	5	74	0.14	0.12
专用音响设备制造	9	9	269	0.61	0.34
应用电视设备及其他广播电视设备制造	12	15	1285	3.36	1.46
非专业视听设备制造	35	36	1185	2.26	1.12
电视机制造	2	3	104	0.23	0.04
音响设备制造	29	29	708	1.47	0.87
影视录放设备制造	4	4	373	0.56	0.22
电子器件制造	301	320	18212	88.56	102.17
电子真空器件制造	21	23	463	1.47	0.62
半导体分立器件制造	32	35	1570	9.59	6.77
集成电路制造	103	111	9042	51.72	75.97
显示器件制造	37	37	1862	6.52	2.81
半导体照明器件制造	34	36	1951	7.32	5.58
光电子器件制造	42	46	2541	9.50	9.27
其他电子器件制造	32	32	783	2.45	1.15
电子元件及电子专用设备制造	726	759	28504	107.83	85.50
电阻电容电感元件制造	94	95	2486	6.18	4.85
电子电路制造	73	77	1806	3.99	3.47
敏感元件及传感器制造	52	55	3004	8.73	4.67
电声器件及零件制造	32	32	770	1.66	0.84
电子专用材料制造	282	306	11555	62.00	54.48
其他电子元件制造	193	194	8883	25.28	17.19

指标名称	有研发机构的企业数（个）	机构数（个）	机构人员（人）	机构经费支出（亿元）	机构仪器设备（亿元）
智能消费设备制造	226	233	14906	48.07	21.18
可穿戴智能设备制造	4	4	1406	10.17	3.43
智能车载设备制造	36	38	3676	12.35	6.41
智能无人飞行器制造	2	2	38	0.15	0.01
其他智能消费设备制造	184	189	9786	25.40	11.32
其他电子设备制造	45	45	2264	15.60	3.90
计算机及办公设备制造业	122	129	7889	26.21	7.25
计算机整机制造	6	6	164	0.40	0.05
计算机零部件制造	21	21	2323	6.96	1.96
计算机外围设备制造	44	45	1799	6.12	1.51
工业控制计算机及系统制造	9	11	496	1.98	0.31
信息安全设备制造	6	8	881	3.29	1.78
其他计算机制造	20	22	1714	5.94	0.78
办公设备制造	16	16	512	1.51	0.86
复印和胶印设备制造	5	5	168	0.55	0.25
计算器及货币专用设备制造	11	11	344	0.96	0.61
医疗仪器设备及仪器仪表制造业	816	864	39309	117.65	71.13
医疗仪器设备及器械制造	193	204	7382	23.98	10.72
医疗诊断、监护及治疗设备制造	74	78	3356	11.87	4.16
口腔科用设备及器具制造	6	6	152	0.53	0.25
医疗实验室及医用消毒设备和器具制造	7	7	102	0.23	0.10
医疗、外科及兽医用器械制造	66	69	2658	7.77	4.62
机械治疗及病房护理设备制造	11	11	287	0.74	0.16
康复辅具制造	8	10	264	0.95	0.42
其他医疗设备及器械制造	21	23	563	1.90	1.02
通用仪器仪表制造	482	500	20168	59.43	37.11
工业自动控制系统装置制造	292	300	11489	34.48	26.48
电工仪器仪表制造	71	81	3900	12.86	4.43
绘图、计算及测量仪器制造	14	14	385	0.67	0.32
实验分析仪器制造	23	23	931	2.30	1.25

指标名称	有研发机构的企业数（个）	机构数（个）	机构人员（人）	机构经费支出（亿元）	机构仪器设备（亿元）
试验机制造	10	10	198	0.52	0.23
供应用仪器仪表制造	53	53	2143	5.35	2.65
其他通用仪器制造	19	19	1122	3.27	1.75
专用仪器仪表制造	103	120	6742	16.59	6.65
环境监测专用仪器仪表制造	24	27	1901	5.11	2.13
运输设备及生产用计数仪表制造	20	23	1367	2.93	2.34
导航、测绘、气象及海洋专用仪器制造	5	5	192	0.58	0.13
农林牧渔专用仪器仪表制造	3	8	164	0.37	0.08
地质勘探和地震专用仪器制造	3	3	105	0.32	0.12
教学专用仪器制造	11	13	614	1.15	0.46
核子及核辐射测量仪器制造	1	1	17	0.03	0.09
电子测量仪器制造	27	31	2159	5.55	1.08
其他专用仪器制造	9	9	223	0.55	0.21
光学仪器制造	32	34	4897	17.45	16.60
其他仪器仪表制造业	6	6	120	0.20	0.05
信息化学品制造业	12	12	289	1.00	2.15
信息化学品制造	12	12	289	1.00	2.15
文化用信息化学品制造	10	10	272	0.97	2.14
医学生产用信息化学品制造	2	2	17	0.03	
按地区分组					
杭州市	725	813	72343	361.72	126.78
宁波市	666	675	34768	137.95	90.44
温州市	385	392	12817	33.49	20.44
嘉兴市	507	525	26221	96.39	61.71
湖州市	158	164	6092	19.94	17.36
绍兴市	212	228	12856	67.49	75.94
金华市	187	205	9227	34.28	24.49
衢州市	46	58	2469	10.07	11.24
舟山市	15	15	213	0.69	0.83
台州市	165	200	12863	38.72	33.54
丽水市	39	41	1339	4.11	3.29

6-5 高技术产业企业专利情况（2023）

单位：件

指标名称	专利申请数	#发明专利	有效发明专利
总计	37227	16717	59609
按行业分组			
医药制造业	2418	1305	6897
化学药品制造	988	738	3803
化学药品原料药制造	588	449	2806
化学药品制剂制造	400	289	997
中药饮品加工	97	35	248
中成药生产	124	59	460
兽用药品制造	48	31	148
生物药品制品制造	502	243	1330
生物药品制造	470	221	1280
基因工程药物和疫苗制造	32	22	50
卫生材料及医药用品制造	513	168	709
药用辅料及包装材料	146	31	199
航空、航天器及设备制造业	182	61	225
飞机制造	66	19	97
航天器及运载火箭制造	54	23	58
航空、航天相关设备制造	52	12	62
航天相关设备制造	16	1	46
航空相关设备制造	36	11	16
其他航空航天器制造	10	7	8
电子及通信设备制造业	23879	10665	37988
电子工业专用设备制造	1904	582	1236
半导体器件专用设备制造	1239	436	642
电子元器件与机电组件设备制造	247	42	169
其他电子专用设备制造	418	104	425
光纤、光缆及锂离子电池制造	2597	771	1439
光纤制造	34	18	89

指标名称	专利申请数	#发明专利	有效发明专利
光缆制造	95	46	286
锂离子电池制造	2468	707	1064
通信设备制造、雷达及配套设备制造	4988	3517	17214
通信系统设备制造	4317	3175	15502
通信终端设备制造	664	338	1694
雷达及配套设备制造	7	4	18
广播电视设备制造	579	148	644
广播电视节目制作及发射设备制造	7	1	3
广播电视接收设备制造	105	9	116
广播电视专用配件制造	10	7	20
专用音响设备制造	45	3	45
应用电视设备及其他广播电视设备制造	412	128	460
非专业视听设备制造	156	28	198
电视机制造	45	11	74
音响设备制造	100	10	88
影视录放设备制造	11	7	36
电子器件制造	4319	2272	8007
电子真空器件制造	89	9	90
半导体分立器件制造	394	231	392
集成电路制造	2133	1450	5100
显示器件制造	504	130	407
半导体照明器件制造	533	174	833
光电子器件制造	517	230	1020
其他电子器件制造	149	48	165
电子元件及电子专用设备制造	5442	2318	6766
电阻电容电感元件制造	389	78	473
电子电路制造	293	44	244
敏感元件及传感器制造	459	195	635
电声器件及零件制造	183	41	92
电子专用材料制造	2662	1606	4186

指标名称	专利申请数	＃发明专利	有效发明专利
其他电子元件制造	1456	354	1136
智能消费设备制造	3495	812	1943
可穿戴智能设备制造	142	70	114
智能车载设备制造	492	132	418
智能无人飞行器制造	43	26	28
其他智能消费设备制造	2818	584	1383
其他电子设备制造	399	217	541
计算机及办公设备制造业	1315	575	3026
计算机整机制造	23	6	15
计算机零部件制造	207	60	381
计算机外围设备制造	404	103	339
工业控制计算机及系统制造	125	89	143
信息安全设备制造	163	125	1337
其他计算机制造	252	165	598
办公设备制造	141	27	213
复印和胶印设备制造	52	13	81
计算器及货币专用设备制造	89	14	132
医疗仪器设备及仪器仪表制造业	9394	4094	11387
医疗仪器设备及器械制造	2131	949	2604
医疗诊断、监护及治疗设备制造	980	452	1190
口腔科用设备及器具制造	64	34	79
医疗实验室及医用消毒设备和器具制造	38	9	28
医疗、外科及兽医用器械制造	694	332	868
机械治疗及病房护理设备制造	87	6	91
康复辅具制造	165	73	184
其他医疗设备及器械制造	103	43	164
通用仪器仪表制造	5150	2164	5986
工业自动控制系统装置制造	3161	1491	3564
电工仪器仪表制造	846	322	1346
绘图、计算及测量仪器制造	104	19	75

单位：件

指标名称	专利申请数	# 发明专利	有效发明专利
实验分析仪器制造	173	48	132
试验机制造	100	30	66
供应用仪器仪表制造	600	182	341
其他通用仪器制造	166	72	462
专用仪器仪表制造	1123	410	1252
环境监测专用仪器仪表制造	247	157	250
运输设备及生产用计数仪表制造	152	20	226
导航、测绘、气象及海洋专用仪器制造	131	62	88
农林牧渔专用仪器仪表制造	67	18	55
地质勘探和地震专用仪器制造	12	5	9
教学专用仪器制造	187	7	85
核子及核辐射测量仪器制造	5	4	12
电子测量仪器制造	273	117	473
其他专用仪器制造	49	20	54
光学仪器制造	963	566	1524
其他仪器仪表制造业	27	5	21
信息化学品制造业	39	17	86
信息化学品制造	39	17	86
文化用信息化学品制造	21	11	67
医学生产用信息化学品制造	18	6	19
按地区分组			
杭州市	14083	8583	31306
宁波市	6837	2712	9752
温州市	2903	676	1950
嘉兴市	4483	1290	4242
湖州市	1351	516	2252
绍兴市	2689	994	3757
金华市	2280	881	2594
衢州市	432	182	407
舟山市	37	21	96
台州市	1447	597	2859
丽水市	685	265	394

6-6 高技术产业企业新产品开发、生产及销售情况（2023）

指标名称	新产品开发项目数（项）	新产品开发经费（亿元）	新产品销售收入（亿元）	#出口（亿元）
总计	32621	795.00	8336.43	2360.72
按行业分组				
医药制造业	6558	102.67	828.91	199.23
化学药品制造	3267	61.61	637.22	159.42
化学药品原料药制造	1727	30.75	421.71	153.28
化学药品制剂制造	1540	30.86	215.50	6.15
中药饮品加工	186	1.37	13.54	0.38
中成药生产	494	5.31	46.17	1.38
兽用药品制造	198	1.52	6.28	0.91
生物药品制品制造	1188	21.04	45.48	7.68
生物药品制造	1139	15.29	45.17	7.68
基因工程药物和疫苗制造	49	5.75	0.31	
卫生材料及医药用品制造	951	9.85	59.27	24.21
药用辅料及包装材料	274	1.97	20.94	5.26
航空、航天器及设备制造业	225	3.59	15.19	1.71
飞机制造	97	0.75	6.81	1.58
航天器及运载火箭制造	46	2.16	4.09	
航空、航天相关设备制造	79	0.65	4.30	0.13
航天相关设备制造	58	0.50	3.07	
航空相关设备制造	21	0.15	1.23	0.13
其他航空航天器制造	3	0.02		
电子及通信设备制造业	16232	539.60	6182.86	1907.43
电子工业专用设备制造	1084	25.97	260.45	8.58
半导体器件专用设备制造	476	19.87	164.82	0.56
电子元器件与机电组件设备制造	169	1.85	31.06	0.22
其他电子专用设备制造	439	4.25	64.56	7.80
光纤、光缆及锂离子电池制造	991	43.85	612.42	55.53
光纤制造	74	1.26	16.35	2.31

指标名称	新产品开发项目数（项）	新产品开发经费（亿元）	新产品销售收入（亿元）	#出口（亿元）
光缆制造	152	3.59	80.13	1.70
锂离子电池制造	765	39.00	515.93	51.52
通信设备制造、雷达及配套设备制造	1516	183.98	1938.79	639.09
通信系统设备制造	990	161.80	1600.45	574.44
通信终端设备制造	494	21.76	337.98	64.65
雷达及配套设备制造	32	0.41	0.36	
广播电视设备制造	348	5.29	102.59	24.41
广播电视节目制作及发射设备制造	11	0.04	0.20	0.19
广播电视接收设备制造	95	0.85	11.50	6.40
广播电视专用配件制造	32	0.13	1.69	0.26
专用音响设备制造	70	0.72	7.15	5.64
应用电视设备及其他广播电视设备制造	140	3.55	82.05	11.92
非专业视听设备制造	242	2.67	15.80	6.61
电视机制造	23	0.34	0.98	
音响设备制造	187	1.62	12.61	6.55
影视录放设备制造	32	0.71	2.22	0.06
电子器件制造	3154	101.04	1030.03	540.75
电子真空器件制造	140	1.53	12.46	1.05
半导体分立器件制造	301	11.49	81.42	5.37
集成电路制造	1331	59.95	258.11	29.72
显示器件制造	340	7.08	482.22	428.09
半导体照明器件制造	332	7.49	80.81	20.30
光电子器件制造	434	10.41	94.19	51.42
其他电子器件制造	276	3.09	20.82	4.80
电子元件及电子专用设备制造	6266	115.03	1435.22	296.74
电阻电容电感元件制造	661	7.09	93.04	15.74
电子电路制造	522	4.00	38.50	3.64
敏感元件及传感器制造	597	9.24	92.50	36.49
电声器件及零件制造	227	1.84	17.75	3.67
电子专用材料制造	2785	67.02	827.14	145.79

指标名称	新产品开发项目数（项）	新产品开发经费（亿元）	新产品销售收入（亿元）	#出口（亿元）
其他电子元件制造	1474	25.84	366.29	91.41
智能消费设备制造	2231	46.20	665.46	329.87
可穿戴智能设备制造	63	9.70	221.75	187.54
智能车载设备制造	339	10.94	80.19	6.15
智能无人飞行器制造	28	0.43	1.20	
其他智能消费设备制造	1801	25.12	362.33	136.17
其他电子设备制造	400	15.58	122.11	5.86
计算机及办公设备制造业	1097	23.66	220.64	53.79
计算机整机制造	80	1.46	21.93	18.09
计算机零部件制造	140	3.25	87.76	3.62
计算机外围设备制造	288	6.32	71.56	25.54
工业控制计算机及系统制造	85	1.63	3.40	
信息安全设备制造	73	3.07	7.79	0.12
其他计算机制造	250	6.25	16.58	0.78
办公设备制造	181	1.68	11.62	5.64
复印和胶印设备制造	85	0.54	3.34	1.26
计算器及货币专用设备制造	96	1.15	8.28	4.37
医疗仪器设备及仪器仪表制造业	8397	124.13	1075.43	191.74
医疗仪器设备及器械制造	2624	29.17	152.30	37.25
医疗诊断、监护及治疗设备制造	1094	13.98	73.41	10.60
口腔科用设备及器具制造	80	0.67	6.26	2.30
医疗实验室及医用消毒设备和器具制造	68	0.32	1.29	0.04
医疗、外科及兽医用器械制造	931	9.06	46.21	14.54
机械治疗及病房护理设备制造	128	0.92	5.35	1.78
康复辅具制造	99	1.56	10.65	4.61
其他医疗设备及器械制造	224	2.66	9.12	3.38
通用仪器仪表制造	4341	60.46	740.59	121.18
工业自动控制系统装置制造	2655	35.66	434.25	59.74
电工仪器仪表制造	652	11.72	197.73	34.84
绘图、计算及测量仪器制造	86	0.61	6.24	3.63
实验分析仪器制造	187	2.24	11.16	1.81

指标名称	新产品开发项目数（项）	新产品开发经费（亿元）	新产品销售收入（亿元）	#出口（亿元）
试验机制造	87	0.61	1.97	0.05
供应用仪器仪表制造	502	6.23	63.15	19.45
其他通用仪器制造	172	3.38	26.08	1.64
专用仪器仪表制造	1083	18.20	126.15	16.68
环境监测专用仪器仪表制造	240	5.25	10.06	0.38
运输设备及生产用计数仪表制造	259	3.00	46.70	2.15
导航、测绘、气象及海洋专用仪器制造	65	0.71	3.59	1.01
农林牧渔专用仪器仪表制造	29	0.37	1.89	0.35
地质勘探和地震专用仪器制造	22	0.31	0.64	
教学专用仪器制造	106	1.30	8.38	0.62
核子及核辐射测量仪器制造	8	0.08	0.20	0.10
电子测量仪器制造	279	6.50	48.96	10.86
其他专用仪器制造	75	0.69	5.73	1.19
光学仪器制造	311	16.02	54.32	16.18
其他仪器仪表制造业	38	0.28	2.09	0.45
信息化学品制造业	112	1.36	13.39	6.81
信息化学品制造	112	1.36	13.39	6.81
文化用信息化学品制造	97	1.31	12.95	6.81
医学生产用信息化学品制造	15	0.05	0.44	
按地区分组				
杭州市	9113	366.58	2889.67	798.39
宁波市	7319	135.91	1207.80	287.10
温州市	2682	33.29	429.52	62.10
嘉兴市	3849	84.36	1594.55	751.15
湖州市	1760	24.27	323.33	60.82
绍兴市	2579	65.03	844.92	133.46
金华市	2015	32.32	393.91	95.84
衢州市	539	13.65	203.35	31.98
舟山市	83	0.70	4.40	0.07
台州市	2264	33.84	393.51	136.07
丽水市	418	5.05	51.46	3.75

6-7 高技术产业企业技术获取和技术改造情况（2023）

单位：亿元

指标名称	技术改造经费支出	购买境内技术经费支出	引进境外技术经费支出	引进境外技术的消化吸收经费支出
总计	**55.45**	**7.61**	**4.91**	**0.12**
按行业分组				
医药制造业	18.56	2.97	4.54	0.05
化学药品制造	17.45	2.70	4.50	0.05
化学药品原料药制造	12.89	1.43		
化学药品制剂制造	4.56	1.28	4.50	0.05
中药饮品加工	0.02	0.01		
中成药生产	0.36			
兽用药品制造	0.01	0.01		
生物药品制品制造	0.44	0.18		
生物药品制造	0.44	0.18		
基因工程药物和疫苗制造				
卫生材料及医药用品制造	0.23	0.05		
药用辅料及包装材料	0.04	0.01	0.04	
航空、航天器及设备制造业	0.01			
飞机制造	0.01			
航天器及运载火箭制造				
航空、航天相关设备制造				
航天相关设备制造				
航空相关设备制造				
其他航空航天器制造				
电子及通信设备制造业	29.18	3.94	0.25	0.07
电子工业专用设备制造	0.42			
半导体器件专用设备制造	0.06			
电子元器件与机电组件设备制造	0.32			
其他电子专用设备制造	0.04			
光纤、光缆及锂离子电池制造	6.14	0.68		
光纤制造	0.01			

指标名称	技术改造经费支出	购买境内技术经费支出	引进境外技术经费支出	引进境外技术的消化吸收经费支出
光缆制造				
锂离子电池制造	6.13	0.68		
通信设备制造、雷达及配套设备制造	2.10	0.08		
通信系统设备制造	1.59	0.08		
通信终端设备制造	0.50			
雷达及配套设备制造	0.01			
广播电视设备制造	0.16			
广播电视节目制作及发射设备制造				
广播电视接收设备制造	0.01			
广播电视专用配件制造				
专用音响设备制造	0.15			
应用电视设备及其他广播电视设备制造				
非专业视听设备制造	0.05			
电视机制造				
音响设备制造	0.05			
影视录放设备制造				
电子器件制造	3.26	3.01	0.03	
电子真空器件制造	0.02			
半导体分立器件制造	1.83			
集成电路制造	0.73	2.94	0.01	
显示器件制造	0.13			
半导体照明器件制造	0.29	0.01		
光电子器件制造	0.15	0.06		
其他电子器件制造	0.11		0.02	
电子元件及电子专用设备制造	15.65	0.08	0.22	0.07
电阻电容电感元件制造	0.51	0.04		
电子电路制造	0.20			
敏感元件及传感器制造	0.28			0.07
电声器件及零件制造	0.06			
电子专用材料制造	6.27		0.05	
其他电子元件制造	8.33	0.03	0.17	

单位: 亿元

指标名称	技术改造经费支出	购买境内技术经费支出	引进境外技术经费支出	引进境外技术的消化吸收经费支出
智能消费设备制造	1.41	0.08		
可穿戴智能设备制造				
智能车载设备制造	0.15			
智能无人飞行器制造				
其他智能消费设备制造	1.26	0.08		
其他电子设备制造		0.01		
计算机及办公设备制造业	0.53	0.19		
计算机整机制造				
计算机零部件制造				
计算机外围设备制造	0.52	0.14		
工业控制计算机及系统制造				
信息安全设备制造		0.03		
其他计算机制造		0.02		
办公设备制造				
复印和胶印设备制造				
计算器及货币专用设备制造				
医疗仪器设备及仪器仪表制造业	7.14	0.52	0.12	
医疗仪器设备及器械制造	1.09	0.03		
医疗诊断、监护及治疗设备制造	0.06	0.02		
口腔科用设备及器具制造				
医疗实验室及医用消毒设备和器具制造				
医疗、外科及兽医用器械制造	0.98	0.01		
机械治疗及病房护理设备制造				
康复辅具制造				
其他医疗设备及器械制造	0.06			
通用仪器仪表制造	4.10	0.44	0.12	
工业自动控制系统装置制造	3.05	0.17	0.12	
电工仪器仪表制造	0.65			
绘图、计算及测量仪器制造				
实验分析仪器制造	0.14			

指标名称	技术改造经费支出	购买境内技术经费支出	引进境外技术经费支出	引进境外技术的消化吸收经费支出
试验机制造				
供应用仪器仪表制造	0.24	0.25		
其他通用仪器制造	0.01	0.01		
专用仪器仪表制造	0.96	0.02		
环境监测专用仪器仪表制造				
运输设备及生产用计数仪表制造	0.47	0.02		
导航、测绘、气象及海洋专用仪器制造				
农林牧渔专用仪器仪表制造				
地质勘探和地震专用仪器制造				
教学专用仪器制造	0.03			
核子及核辐射测量仪器制造				
电子测量仪器制造	0.46			
其他专用仪器制造				
光学仪器制造	0.99	0.04		
其他仪器仪表制造业				
信息化学品制造业	0.03			
信息化学品制造	0.03			
文化用信息化学品制造	0.03			
医学生产用信息化学品制造				
按地区分组				
杭州市	7.92	4.08	4.67	
宁波市	12.39	1.43	0.07	0.07
温州市	2.56	0.07		
嘉兴市	0.92	0.35	0.06	
湖州市	6.02	0.01		
绍兴市	0.86	0.17		0.05
金华市	9.61	0.02	0.02	
衢州市	5.97			
舟山市	0.07	0.07		
台州市	8.82	1.42	0.05	
丽水市	0.30	0.01	0.04	

6-8 医药制造业产业基本情况（2023）

指标名称	企业数（个）	从业人员平均人数（人）	资产总计（亿元）	营业收入（亿元）	利润总额（亿元）
总计	612	174374	4586.2	1952.2	242.2
按行业分组					
医药制造业	612	174374	4586.2	1952.2	242.2
化学药品制造	227	106777	3064.1	1344.0	184.9
化学药品原料药制造	149	69951	2187.2	760.3	116.7
化学药品制剂制造	78	36826	876.8	583.7	68.3
中药饮品加工	45	5319	101.3	79.2	4.5
中成药生产	45	13292	395.1	123.5	21.8
兽用药品制造	16	2628	56.4	26.2	2.1
生物药品制品制造	94	20449	547.8	183.6	18.8
生物药品制造	88	19002	489.9	174.5	24.8
基因工程药物和疫苗制造	6	1447	57.9	9.1	-6.1
卫生材料及医药用品制造	127	19969	354.1	149.5	7.9
药用辅料及包装材料	58	5940	67.4	46.2	2.3
按地区分组					
杭州市	161	49730	1233.9	709.3	66.0
宁波市	57	9116	202.2	81.4	9.3
温州市	29	3674	60.4	31.3	5.3
嘉兴市	31	6738	147.6	54.8	4.9
湖州市	56	13021	293.8	99.7	12.8
绍兴市	111	31073	809.1	313.7	43.1
金华市	56	14709	356.9	159.1	21.1
衢州市	16	2029	28.0	25.1	2.7
舟山市	3	478	3.6	3.4	0.6
台州市	73	40565	1383.5	448.1	72.4
丽水市	19	3241	67.0	26.3	3.9

6-9　医药制造业产业 R&D 人员情况（2023）

指标名称	有 R&D 活动的企业数（个）	R&D 人员（人）	#全时人员	#研究人员	R&D 人员折合全时当量（人年）
总计	429	25822	17525	10200	20693.6
按行业分组					
医药制造业	429	25822	17525	10200	20693.6
化学药品制造	189	17159	11372	7033	13612.6
化学药品原料药制造	122	12528	8296	5029	10016.3
化学药品制剂制造	67	4631	3076	2004	3596.2
中药饮品加工	23	565	361	182	442.9
中成药生产	36	1504	1143	528	1257.4
兽用药品制造	9	371	277	154	268.1
生物药品制品制造	68	3523	2399	1474	2816.4
生物药品制造	64	3082	2177	1328	2529.6
基因工程药物和疫苗制造	4	441	222	146	286.8
卫生材料及医药用品制造	76	2072	1505	709	1753.1
药用辅料及包装材料	28	628	468	120	543.0
按地区分组					
杭州市	109	5948	4156	2706	4902.4
宁波市	38	1829	1140	649	1341.3
温州市	17	466	324	140	361.7
嘉兴市	23	949	708	339	774.0
湖州市	32	1594	1325	542	1380.0
绍兴市	81	3617	2635	1529	3210.3
金华市	40	3139	1789	1126	2316.2
衢州市	9	240	149	53	195.1
舟山市	3	47	18	21	43.5
台州市	64	7554	4984	2972	5823.4
丽水市	13	439	297	123	345.8

6-10 医药制造业产业 R&D 经费情况（2023）

单位：亿元

指标名称	R&D 经费内部支出	#人员劳务费	#仪器和设备	#政府资金	#企业资金	R&D 经费外部支出
总计	**72.19**	**22.02**	**5.64**	**1.76**	**70.25**	**14.69**
按行业分组						
医药制造业	72.19	22.02	5.64	1.76	70.25	14.69
化学药品制造	48.06	14.33	3.86	1.20	46.69	10.57
化学药品原料药制造	27.12	9.29	2.87	0.36	26.76	5.47
化学药品制剂制造	20.94	5.04	0.99	0.83	19.93	5.10
中药饮品加工	0.88	0.24	0.01	0.01	0.87	0.05
中成药生产	3.23	1.21	0.28	0.26	2.97	1.39
兽用药品制造	0.95	0.36	0.13	0.03	0.92	0.23
生物药品制品制造	12.87	3.66	0.88	0.20	12.67	2.28
生物药品制造	8.90	3.35	0.83	0.18	8.72	2.22
基因工程药物和疫苗制造	3.97	0.31	0.04	0.02	3.94	0.06
卫生材料及医药用品制造	5.10	1.92	0.43	0.07	5.03	0.16
药用辅料及包装材料	1.11	0.31	0.06	0.01	1.10	0.01
按地区分组						
杭州市	24.22	7.28	1.37	0.96	23.09	3.60
宁波市	6.72	1.47	0.42	0.07	6.65	1.61
温州市	0.91	0.28	0.12	0.03	0.88	0.22
嘉兴市	1.96	0.76	0.17	0.03	1.94	0.38
湖州市	3.84	1.30	0.41	0.07	3.77	1.07
绍兴市	10.82	2.65	0.86	0.25	10.57	1.05
金华市	6.09	1.76	0.92	0.10	5.99	1.82
衢州市	0.53	0.14	0.04		0.53	0.14
舟山市	0.03	0.01			0.03	0.02
台州市	16.28	6.10	1.28	0.25	16.03	4.53
丽水市	0.78	0.25	0.06	0.01	0.78	0.24

6-11 医药制造业企业办研发机构情况（2023）

指标名称	有研发机构的企业数（个）	机构数（个）	机构人员（人）	机构经费支出（亿元）	机构仪器设备（亿元）
总计	423	492	26664	122.12	84.96
按行业分组					
医药制造业	423	492	26664	122.12	84.96
化学药品制造	174	222	16936	83.29	61.64
化学药品原料药制造	111	139	11697	43.85	40.70
化学药品制剂制造	63	83	5239	39.44	20.94
中药饮品加工	23	24	610	1.51	1.05
中成药生产	35	41	1718	6.76	5.11
兽用药品制造	7	7	299	1.51	1.02
生物药品制品制造	69	71	3878	18.54	10.17
生物药品制造	66	68	3501	12.86	9.11
基因工程药物和疫苗制造	3	3	377	5.68	1.06
卫生材料及医药用品制造	78	90	2565	8.74	4.65
药用辅料及包装材料	37	37	658	1.77	1.30
按地区分组					
杭州市	108	126	7475	44.30	22.54
宁波市	46	49	2014	11.18	4.37
温州市	24	24	480	1.56	2.46
嘉兴市	30	35	1284	3.84	3.14
湖州市	29	29	1347	4.79	3.20
绍兴市	70	79	3401	19.02	13.30
金华市	40	45	2953	10.85	9.74
衢州市	7	7	156	0.64	0.74
舟山市	3	3	37	0.14	0.14
台州市	55	83	7057	24.46	24.25
丽水市	11	12	460	1.33	1.08

6-12 医药制造业企业专利情况（2023）

单位：件

指标名称	专利申请数	＃发明专利	有效发明专利
总计	**2418**	**1305**	**6897**
按行业分组			
医药制造业	2418	1305	6897
化学药品制造	988	738	3803
化学药品原料药制造	588	449	2806
化学药品制剂制造	400	289	997
中药饮品加工	97	35	248
中成药生产	124	59	460
兽用药品制造	48	31	148
生物药品制品制造	502	243	1330
生物药品制造	470	221	1280
基因工程药物和疫苗制造	32	22	50
卫生材料及医药用品制造	513	168	709
药用辅料及包装材料	146	31	199
按地区分组			
杭州市	865	521	1478
宁波市	155	78	397
温州市	70	24	100
嘉兴市	128	48	293
湖州市	294	115	911
绍兴市	369	151	1215
金华市	121	69	424
衢州市	21	10	57
舟山市			17
台州市	322	273	1906
丽水市	73	16	99

6-13 医药制造业企业新产品开发、生产及销售情况（2023）

指标名称	新产品开发项目数（项）	新产品开发经费（亿元）	新产品销售收入（亿元）	# 出口（亿元）
总计	**6558**	**102.67**	**828.91**	**199.2**
按行业分组				
医药制造业	6558	102.67	828.91	199.2
化学药品制造	3267	61.61	637.22	159.4
化学药品原料药制造	1727	30.75	421.71	153.3
化学药品制剂制造	1540	30.86	215.50	6.1
中药饮品加工	186	1.37	13.54	0.4
中成药生产	494	5.31	46.17	1.4
兽用药品制造	198	1.52	6.28	0.9
生物药品制品制造	1188	21.04	45.48	7.7
生物药品制造	1139	15.29	45.17	7.7
基因工程药物和疫苗制造	49	5.75	0.31	
卫生材料及医药用品制造	951	9.85	59.27	24.2
药用辅料及包装材料	274	1.97	20.94	5.3
按地区分组				
杭州市	1954	39.76	202.86	20.9
宁波市	641	9.88	20.93	3.2
温州市	154	1.31	11.52	0.7
嘉兴市	347	3.10	33.07	5.2
湖州市	636	6.03	62.78	11.4
绍兴市	930	18.28	232.67	71.7
金华市	655	5.68	46.31	4.3
衢州市	125	0.91	5.57	0.1
舟山市	8	0.11		
台州市	967	16.54	209.07	81.6
丽水市	141	1.06	4.13	0.11

6-14 医药制造业企业技术获取和技术改造情况（2023）

单位：亿元

指标名称	技术改造经费支出	购买境内技术经费支出	引进境外技术经费支出
总计	**18.56**	**2.97**	**4.54**
按行业分组			
医药制造业	18.56	2.97	4.54
化学药品制造	17.45	2.70	4.50
化学药品原料药制造	12.89	1.43	
化学药品制剂制造	4.56	1.28	4.50
中药饮品加工	0.02	0.01	
中成药生产	0.36		
兽用药品制造	0.01	0.01	
生物药品制品制造	0.44	0.18	
生物药品制造	0.44	0.18	
基因工程药物和疫苗制造			
卫生材料及医药用品制造	0.23	0.05	
药用辅料及包装材料	0.04	0.01	0.04
按地区分组			
杭州市	1.69	1.00	4.50
宁波市	0.42	0.06	
温州市	0.05		
嘉兴市	0.42	0.34	
湖州市	0.29		
绍兴市	0.40	0.17	
金华市	8.21	0.01	
衢州市	0.07		
舟山市			
台州市	6.89	1.39	
丽水市	0.12		0.04

6-15 电子及通信设备制造业基本情况（2023）

指标名称	企业数（个）	从业人员平均人数（人）	资产总计（亿元）	营业收入（亿元）	利润总额（亿元）
总计	**2692**	**679214**	**16426.8**	**10140.5**	**626.2**
按行业分组					
电子及通信设备制造业	2692	679214	16426.8	10140.5	626.2
电子工业专用设备制造	161	25514	797.4	383.2	68.4
半导体器件专用设备制造	59	11059	593.5	225.6	57.0
电子元器件与机电组件设备制造	33	4528	77.2	50.4	0.8
其他电子专用设备制造	69	9927	126.6	107.3	10.5
光纤、光缆及锂离子电池制造	151	60910	2038.4	1123.0	16.8
光纤制造	19	2281	62.4	25.6	-0.6
光缆制造	24	2651	317.5	160.1	4.8
锂离子电池制造	108	55978	1658.5	937.2	12.6
通信设备制造、雷达及配套设备制造	207	105096	3627.1	2567.4	267.5
通信系统设备制造	136	80693	3008.3	2095.1	260.4
通信终端设备制造	65	24021	611.3	469.3	6.9
雷达及配套设备制造	6	382	7.5	3.0	0.2
广播电视设备制造	63	15498	241.7	164.3	7.5
广播电视节目制作及发射设备制造	2	197	1.1	0.8	
广播电视接收设备制造	18	3566	20.1	18.7	1.6
广播电视专用配件制造	8	660	6.7	4.6	
专用音响设备制造	14	2431	17.0	12.8	1.1
应用电视设备及其他广播电视设备制造	21	8644	196.9	127.5	4.8
非专业视听设备制造	69	9586	95.0	49.9	0.4
电视机制造	4	522	43.2	4.6	-1.0
音响设备制造	57	8044	33.9	41.3	1.7
影视录放设备制造	8	1020	17.9	4.1	-0.3
电子器件制造	463	120323	3321.6	1702.1	17.0
电子真空器件制造	36	4084	41.2	28.7	0.7
半导体分立器件制造	53	12251	465.1	150.7	5.5

指标名称	企业数（个）	从业人员平均人数（人）	资产总计（亿元）	营业收入（亿元）	利润总额（亿元）
集成电路制造	146	36437	1622.8	497.8	-25.3
显示器件制造	68	26354	486.7	674.9	19.2
半导体照明器件制造	44	12779	256.1	114.6	0.3
光电子器件制造	66	20880	325.0	160.1	12.7
其他电子器件制造	50	7538	124.7	75.3	3.9
电子元件及电子专用设备制造	1191	235784	4714.6	2861.6	173.3
电阻电容电感元件制造	141	23820	220.3	171.5	11.4
电子电路制造	118	15656	124.7	89.1	1.9
敏感元件及传感器制造	67	19003	331.8	163.8	27.3
电声器件及零件制造	62	8263	52.5	48.5	3.5
电子专用材料制造	507	98527	3129.9	1755.6	56.8
其他电子元件制造	296	70515	855.3	633.2	72.5
智能消费设备制造	317	94562	1281.5	1059.5	60.8
可穿戴智能设备制造	6	12203	163.5	227.3	3.7
智能车载设备制造	50	15056	367.4	180.3	9.6
智能无人飞行器制造	8	487	13.9	5.2	-0.3
其他智能消费设备制造	253	66816	736.7	646.6	47.7
其他电子设备制造	70	11941	309.5	229.5	14.4
按地区分组					
杭州市	526	164209	5683.8	3434.1	313.9
宁波市	701	158637	3073.5	2112.4	99.6
温州市	280	47298	660.2	416.4	18.2
嘉兴市	420	111746	2545.0	1888.4	63.5
湖州市	158	31412	674.4	331.9	6.0
绍兴市	198	55716	1593.3	680.1	64.5
金华市	181	52980	817.7	649.6	31.5
衢州市	85	19156	741.7	322.0	3.5
舟山市	9	575	11.0	4.1	0.2
台州市	84	28732	433.5	206.7	23.5
丽水市	50	8753	192.8	94.8	1.7

6-16 电子及通信设备制造业产业 R&D 人员情况（2023）

指标名称	有 R&D 活动的企业数（个）	R&D 人员（人）	# 全时人员	# 研究人员	R&D 人员折合全时当量（人年）
总计	**1471**	**111283**	**79715**	**38195**	**90828.2**
按行业分组					
电子及通信设备制造业	1471	111283	79715	38195	90828.2
电子工业专用设备制造	98	5391	3769	2124	4240.3
半导体器件专用设备制造	40	3701	2683	1621	2916.5
电子元器件与机电组件设备制造	16	480	299	141	378.7
其他电子专用设备制造	42	1210	787	362	945.1
光纤、光缆及锂离子电池制造	88	9082	5537	2553	6786.2
光纤制造	12	274	206	72	233.9
光缆制造	11	438	310	92	390.0
锂离子电池制造	65	8370	5021	2389	6162.3
通信设备制造、雷达及配套设备制造	120	31621	26893	16009	28614.4
通信系统设备制造	78	26709	22998	14232	24283.7
通信终端设备制造	39	4816	3812	1730	4240.0
雷达及配套设备制造	3	96	83	47	90.6
广播电视设备制造	31	2036	1547	711	1722.7
广播电视节目制作及发射设备制造	1	24	12	8	11.3
广播电视接收设备制造	10	454	333	99	384.1
广播电视专用配件制造	2	35	30	6	29.8
专用音响设备制造	7	264	211	68	218.1
应用电视设备及其他广播电视设备制造	11	1259	961	530	1079.4
非专业视听设备制造	29	992	682	309	843.0
电视机制造	3	129	100	57	119.1
音响设备制造	21	617	412	138	511.5
影视录放设备制造	5	246	170	114	212.4
电子器件制造	278	17175	11597	5914	13467.2
电子真空器件制造	12	467	358	86	414.9
半导体分立器件制造	30	1665	1046	592	1297.6

指标名称	有R&D活动的企业数（个）	R&D人员（人）	#全时人员	#研究人员	R&D人员折合全时当量（人年）
集成电路制造	101	8058	5334	3420	5963.6
显示器件制造	34	1502	875	281	1179.9
半导体照明器件制造	25	1751	1229	487	1431.9
光电子器件制造	46	2842	2166	824	2456.7
其他电子器件制造	30	890	589	224	722.6
电子元件及电子专用设备制造	576	29441	18568	6111	22249.1
电阻电容电感元件制造	66	2491	1677	372	2061.0
电子电路制造	50	1450	897	212	1236.7
敏感元件及传感器制造	44	2723	1570	693	1742.9
电声器件及零件制造	28	678	483	113	544.3
电子专用材料制造	258	14455	8704	3188	10459.7
其他电子元件制造	130	7644	5237	1533	6204.6
智能消费设备制造	206	13043	9139	3441	10819.9
可穿戴智能设备制造	6	1179	1012	324	1196.2
智能车载设备制造	33	2971	2455	1200	2560.7
智能无人飞行器制造	3	118	87	54	73.7
其他智能消费设备制造	164	8775	5585	1863	6989.2
其他电子设备制造	45	2502	1983	1023	2085.5
按地区分组					
杭州市	317	43310	34664	20782	37067.2
宁波市	351	21463	16169	6483	17646.0
温州市	127	5667	4282	1105	4975.6
嘉兴市	254	15496	9328	3946	11925.8
湖州市	72	3906	2551	963	3059.4
绍兴市	131	6481	4117	1856	4795.7
金华市	90	6995	3934	1386	5297.2
衢州市	43	3234	1396	627	2108.7
舟山市	6	91	67	31	74.2
台州市	51	3486	2617	750	2990.0
丽水市	29	1154	590	266	888.5

6-17 电子及通信设备制造业 R&D 经费情况（2023）

单位：亿元

指标名称	R&D 经费内部支出	#人员劳务费	#仪器和设备	#政府资金	#企业资金	R&D 经费外部支出
总计	**358.48**	**156.80**	**27.97**	**3.58**	**354.84**	**28.19**
按行业分组						
电子及通信设备制造业	358.48	156.80	27.97	3.58	354.84	28.19
电子工业专用设备制造	18.78	8.30	0.94	0.87	17.91	0.43
半导体器件专用设备制造	15.54	7.05	0.91	0.75	14.79	0.33
电子元器件与机电组件设备制造	0.93	0.33	0.01		0.93	0.03
其他电子专用设备制造	2.31	0.93	0.03	0.12	2.19	0.07
光纤、光缆及锂离子电池制造	32.56	8.28	6.19	0.13	32.44	7.76
光纤制造	0.96	0.24	0.10		0.96	0.06
光缆制造	2.69	0.27	0.05		2.69	0.09
锂离子电池制造	28.92	7.77	6.04	0.13	28.79	7.61
通信设备制造、雷达及配套设备制造	137.55	80.89	2.65	0.13	137.36	11.37
通信系统设备制造	121.72	73.35	2.30	0.08	121.58	9.64
通信终端设备制造	15.53	7.43	0.30	0.06	15.47	1.72
雷达及配套设备制造	0.30	0.11	0.04		0.30	0.01
广播电视设备制造	3.74	2.02	0.09	0.01	3.74	0.02
广播电视节目制作及发射设备制造	0.03	0.02			0.03	
广播电视接收设备制造	0.62	0.30			0.62	
广播电视专用配件制造	0.02	0.01			0.02	
专用音响设备制造	0.42	0.19	0.02		0.42	
应用电视设备及其他广播电视设备制造	2.65	1.50	0.06		2.65	0.02
非专业视听设备制造	1.38	0.77	0.01		1.38	0.02
电视机制造	0.26	0.16			0.26	
音响设备制造	0.84	0.44	0.01		0.84	0.01
影视录放设备制造	0.27	0.17			0.27	0.02
电子器件制造	55.08	20.40	6.73	0.94	54.13	2.37
电子真空器件制造	0.99	0.31	0.04	0.04	0.95	0.04
半导体分立器件制造	6.11	1.82	1.51	0.17	5.94	0.21

指标名称	R&D经费 内部支出	#人员 劳务费	#仪器 和设备	#政府 资金	#企业 资金	R&D经费 外部支出
集成电路制造	30.57	11.96	3.41	0.37	30.20	1.70
显示器件制造	2.92	0.96	0.19	0.02	2.90	0.02
半导体照明器件制造	4.81	1.61	0.84	0.10	4.71	0.27
光电子器件制造	7.78	3.02	0.66	0.22	7.56	0.13
其他电子器件制造	1.91	0.72	0.08	0.03	1.87	
电子元件及电子专用设备制造	72.81	21.97	9.10	1.42	71.39	1.17
电阻电容电感元件制造	4.19	1.48	0.19	0.03	4.16	0.01
电子电路制造	1.68	0.70	0.02		1.67	0.02
敏感元件及传感器制造	5.84	2.53	0.28	0.01	5.83	0.08
电声器件及零件制造	0.90	0.43	0.05	0.02	0.89	
电子专用材料制造	45.56	10.74	7.62	1.27	44.29	0.63
其他电子元件制造	14.64	6.08	0.94	0.09	14.55	0.42
智能消费设备制造	26.54	10.71	1.14	0.03	26.51	1.49
可穿戴智能设备制造	4.02	1.05	0.20		4.02	0.22
智能车载设备制造	6.66	2.73	0.23	0.01	6.65	0.37
智能无人飞行器制造	0.32	0.16			0.32	
其他智能消费设备制造	15.53	6.77	0.72	0.02	15.51	0.90
其他电子设备制造	10.05	3.45	1.11	0.05	9.99	3.57
按地区分组						
杭州市	176.85	97.81	5.51	1.39	175.41	14.26
宁波市	61.63	21.58	5.23	0.86	60.77	6.54
温州市	12.79	4.47	1.24	0.21	12.58	0.21
嘉兴市	42.23	13.88	4.91	0.21	42.02	2.42
湖州市	8.14	2.57	1.34	0.07	8.07	0.17
绍兴市	23.95	6.45	4.75	0.17	23.78	2.84
金华市	15.21	4.26	1.59	0.49	14.73	0.30
衢州市	8.22	2.21	2.18	0.08	8.14	1.24
舟山市	0.18	0.06	0.01	0.02	0.16	0.01
台州市	7.12	2.76	0.92	0.05	7.08	0.19
丽水市	2.17	0.74	0.28	0.06	2.11	0.01

6-18　电子及通信设备制造业企业办研发机构情况（2023）

指标名称	有研发机构的企业数（个）	机构数（个）	机构人员（人）	机构经费支出（亿元）	机构仪器设备（亿元）
总计	**1717**	**1803**	**116344**	**535.58**	**298.99**
按行业分组					
电子及通信设备制造业	1717	1803	116344	535.58	298.99
电子工业专用设备制造	112	116	5735	25.73	8.01
半导体器件专用设备制造	42	43	3668	19.67	5.63
电子元器件与机电组件设备制造	19	19	509	1.66	0.51
其他电子专用设备制造	51	54	1558	4.41	1.88
光纤、光缆及锂离子电池制造	99	104	9614	41.13	22.44
光纤制造	14	14	257	1.25	1.41
光缆制造	18	22	527	4.34	2.86
锂离子电池制造	67	68	8830	35.55	18.16
通信设备制造、雷达及配套设备制造	134	148	33811	201.40	52.28
通信系统设备制造	91	105	28939	175.88	38.88
通信终端设备制造	41	41	4835	25.37	13.24
雷达及配套设备制造	2	2	37	0.15	0.15
广播电视设备制造	39	42	2113	5.00	2.39
广播电视节目制作及发射设备制造	1	1	23	0.03	0.13
广播电视接收设备制造	12	12	462	0.85	0.33
广播电视专用配件制造	5	5	74	0.14	0.12
专用音响设备制造	9	9	269	0.61	0.34
应用电视设备及其他广播电视设备制造	12	15	1285	3.36	1.46
非专业视听设备制造	35	36	1185	2.26	1.12
电视机制造	2	3	104	0.23	0.04
音响设备制造	29	29	708	1.47	0.87
影视录放设备制造	4	4	373	0.56	0.22
电子器件制造	301	320	18212	88.56	102.17
电子真空器件制造	21	23	463	1.47	0.62
半导体分立器件制造	32	35	1570	9.59	6.77

指标名称	有研发机构的企业数（个）	机构数（个）	机构人员（人）	机构经费支出（亿元）	机构仪器设备（亿元）
集成电路制造	103	111	9042	51.72	75.97
显示器件制造	37	37	1862	6.52	2.81
半导体照明器件制造	34	36	1951	7.32	5.58
光电子器件制造	42	46	2541	9.50	9.27
其他电子器件制造	32	32	783	2.45	1.15
电子元件及电子专用设备制造	726	759	28504	107.83	85.50
电阻电容电感元件制造	94	95	2486	6.18	4.85
电子电路制造	73	77	1806	3.99	3.47
敏感元件及传感器制造	52	55	3004	8.73	4.67
电声器件及零件制造	32	32	770	1.66	0.84
电子专用材料制造	282	306	11555	62.00	54.48
其他电子元件制造	193	194	8883	25.28	17.19
智能消费设备制造	226	233	14906	48.07	21.18
可穿戴智能设备制造	4	4	1406	10.17	3.43
智能车载设备制造	36	38	3676	12.35	6.41
智能无人飞行器制造	2	2	38	0.15	0.01
其他智能消费设备制造	184	189	9786	25.40	11.32
其他电子设备制造	45	45	2264	15.60	3.90
按地区分组					
杭州市	328	360	45834	255.84	82.97
宁波市	400	403	21393	89.54	48.55
温州市	199	201	7178	19.40	10.84
嘉兴市	363	373	19714	76.54	51.07
湖州市	96	102	3946	12.25	12.53
绍兴市	102	108	6985	41.97	60.93
金华市	107	117	5200	20.74	13.03
衢州市	36	46	1813	7.86	9.86
舟山市	8	8	94	0.32	0.47
台州市	52	58	3346	8.54	6.63
丽水市	26	27	841	2.59	2.11

6-19　电子及通信设备制造业企业专利情况（2023）

单位：件

指标名称	专利申请数	# 发明专利	有效发明专利
总计	**23879**	**10665**	**37988**
按行业分组			
电子及通信设备制造业	23879	10665	37988
电子工业专用设备制造	1904	582	1236
半导体器件专用设备制造	1239	436	642
电子元器件与机电组件设备制造	247	42	169
其他电子专用设备制造	418	104	425
光纤、光缆及锂离子电池制造	2597	771	1439
光纤制造	34	18	89
光缆制造	95	46	286
锂离子电池制造	2468	707	1064
通信设备制造、雷达及配套设备制造	4988	3517	17214
通信系统设备制造	4317	3175	15502
通信终端设备制造	664	338	1694
雷达及配套设备制造	7	4	18
广播电视设备制造	579	148	644
广播电视节目制作及发射设备制造	7	1	3
广播电视接收设备制造	105	9	116
广播电视专用配件制造	10	7	20
专用音响设备制造	45	3	45
应用电视设备及其他广播电视设备制造	412	128	460
非专业视听设备制造	156	28	198
电视机制造	45	11	74
音响设备制造	100	10	88
影视录放设备制造	11	7	36
电子器件制造	4319	2272	8007
电子真空器件制造	89	9	90
半导体分立器件制造	394	231	392

指标名称	专利申请数	# 发明专利	有效发明专利
集成电路制造	2133	1450	5100
显示器件制造	504	130	407
半导体照明器件制造	533	174	833
光电子器件制造	517	230	1020
其他电子器件制造	149	48	165
电子元件及电子专用设备制造	5442	2318	6766
电阻电容电感元件制造	389	78	473
电子电路制造	293	44	244
敏感元件及传感器制造	459	195	635
电声器件及零件制造	183	41	92
电子专用材料制造	2662	1606	4186
其他电子元件制造	1456	354	1136
智能消费设备制造	3495	812	1943
可穿戴智能设备制造	142	70	114
智能车载设备制造	492	132	418
智能无人飞行器制造	43	26	28
其他智能消费设备制造	2818	584	1383
其他电子设备制造	399	217	541
按地区分组			
杭州市	8664	5521	22249
宁波市	4198	1582	5892
温州市	1685	337	885
嘉兴市	3583	999	2917
湖州市	779	328	1095
绍兴市	1724	647	2117
金华市	1778	709	1872
衢州市	341	146	304
舟山市	25	18	71
台州市	509	141	310
丽水市	593	237	276

6-20 电子及通信设备制造业企业新产品开发、生产及销售情况（2023）

指标名称	新产品开发项目数（项）	新产品开发经费（亿元）	新产品销售收入（亿元）	#出口（亿元）
总计	16232	539.60	6182.86	1907.43
按行业分组				
电子及通信设备制造业	16232	539.60	6182.86	1907.43
电子工业专用设备制造	1084	25.97	260.45	8.58
半导体器件专用设备制造	476	19.87	164.82	0.56
电子元器件与机电组件设备制造	169	1.85	31.06	0.22
其他电子专用设备制造	439	4.25	64.56	7.80
光纤、光缆及锂离子电池制造	991	43.85	612.42	55.53
光纤制造	74	1.26	16.35	2.31
光缆制造	152	3.59	80.13	1.70
锂离子电池制造	765	39.00	515.93	51.52
通信设备制造、雷达及配套设备制造	1516	183.98	1938.79	639.09
通信系统设备制造	990	161.80	1600.45	574.44
通信终端设备制造	494	21.76	337.98	64.65
雷达及配套设备制造	32	0.41	0.36	
广播电视设备制造	348	5.29	102.59	24.41
广播电视节目制作及发射设备制造	11	0.04	0.20	0.19
广播电视接收设备制造	95	0.85	11.50	6.40
广播电视专用配件制造	32	0.13	1.69	0.26
专用音响设备制造	70	0.72	7.15	5.64
应用电视设备及其他广播电视设备制造	140	3.55	82.05	11.92
非专业视听设备制造	242	2.67	15.80	6.61
电视机制造	23	0.34	0.98	
音响设备制造	187	1.62	12.61	6.55
影视录放设备制造	32	0.71	2.22	0.06
电子器件制造	3154	101.04	1030.03	540.75
电子真空器件制造	140	1.53	12.46	1.05
半导体分立器件制造	301	11.49	81.42	5.37

指标名称	新产品开发项目数 （项）	新产品开发经费 （亿元）	新产品销售收入 （亿元）	#出口 （亿元）
集成电路制造	1331	59.95	258.11	29.72
显示器件制造	340	7.08	482.22	428.09
半导体照明器件制造	332	7.49	80.81	20.30
光电子器件制造	434	10.41	94.19	51.42
其他电子器件制造	276	3.09	20.82	4.80
电子元件及电子专用设备制造	6266	115.03	1435.22	296.74
电阻电容电感元件制造	661	7.09	93.04	15.74
电子电路制造	522	4.00	38.50	3.64
敏感元件及传感器制造	597	9.24	92.50	36.49
电声器件及零件制造	227	1.84	17.75	3.67
电子专用材料制造	2785	67.02	827.14	145.79
其他电子元件制造	1474	25.84	366.29	91.41
智能消费设备制造	2231	46.20	665.46	329.87
可穿戴智能设备制造	63	9.70	221.75	187.54
智能车载设备制造	339	10.94	80.19	6.15
智能无人飞行器制造	28	0.43	1.20	
其他智能消费设备制造	1801	25.12	362.33	136.17
其他电子设备制造	400	15.58	122.11	5.86
按地区分组				
杭州市	3668	257.47	2210.85	669.46
宁波市	4370	90.04	946.70	244.49
温州市	1265	19.47	243.18	38.07
嘉兴市	2721	68.62	1387.09	717.64
湖州市	847	14.99	226.35	47.24
绍兴市	1153	39.84	512.64	36.54
金华市	1027	23.49	314.31	84.28
衢州市	365	11.23	186.32	31.90
舟山市	43	0.34	1.26	
台州市	535	10.54	113.16	35.14
丽水市	238	3.57	41.00	2.67

6-21　电子及通信设备制造业企业技术获取和技术改造情况（2023）

单位：亿元

指标名称	技术改造经费支出	购买境内技术经费支出	引进境外技术经费支出	引进境外技术的消化吸收经费支出
总计	**29.18**	**3.94**	**0.25**	**0.07**
按行业分组				
电子及通信设备制造业	29.18	3.94	0.25	0.07
电子工业专用设备制造	0.42			
半导体器件专用设备制造	0.06			
电子元器件与机电组件设备制造	0.32			
其他电子专用设备制造	0.04			
光纤、光缆及锂离子电池制造	6.14	0.68		
光纤制造	0.01			
光缆制造				
锂离子电池制造	6.13	0.68		
通信设备制造、雷达及配套设备制造	2.10	0.08		
通信系统设备制造	1.59	0.08		
通信终端设备制造	0.50			
雷达及配套设备制造	0.01			
广播电视设备制造	0.16			
广播电视节目制作及发射设备制造				
广播电视接收设备制造	0.01			
广播电视专用配件制造				
专用音响设备制造	0.15			
应用电视设备及其他广播电视设备制造				
非专业视听设备制造	0.05			
电视机制造				
音响设备制造	0.05			
影视录放设备制造				
电子器件制造	3.26	3.01	0.03	
电子真空器件制造	0.02			
半导体分立器件制造	1.83			

单元：亿元

指标名称	技术改造经费支出	购买境内技术经费支出	引进境外技术经费支出	引进境外技术的消化吸收经费支出
集成电路制造	0.73	2.94	0.01	
显示器件制造	0.13			
半导体照明器件制造	0.29	0.01		
光电子器件制造	0.15	0.06		
其他电子器件制造	0.11		0.02	
电子元件及电子专用设备制造	15.65	0.08	0.22	0.07
电阻电容电感元件制造	0.51	0.04		
电子电路制造	0.20			
敏感元件及传感器制造	0.28			0.07
电声器件及零件制造	0.06			
电子专用材料制造	6.27		0.05	
其他电子元件制造	8.33	0.03	0.17	
智能消费设备制造	1.41	0.08		
可穿戴智能设备制造				
智能车载设备制造	0.15			
智能无人飞行器制造				
其他智能消费设备制造	1.26	0.08		
其他电子设备制造		0.01		
按地区分组				
杭州市	4.78	3.01	0.18	
宁波市	9.28	0.78		0.07
温州市	1.26	0.06		
嘉兴市	0.48			
湖州市	5.71	0.01		
绍兴市	0.37			
金华市	1.21		0.02	
衢州市	4.42			
舟山市	0.07	0.07		
台州市	1.53		0.05	
丽水市	0.08	0.01		

6-22 计算机及办公设备制造业基本情况（2023）

指标名称	企业数（个）	从业人员平均人数（人）	资产总计（亿元）	营业收入（亿元）	利润总额（亿元）
总计	194	42326	587.9	629.6	30.6
按行业分组					
计算机及办公设备制造业	194	42326	587.9	629.6	30.6
计算机整机制造	12	2163	54.5	240.4	1.9
计算机零部件制造	32	16368	181.5	128.8	14.7
计算机外围设备制造	69	11920	173.3	163.9	11.8
工业控制计算机及系统制造	17	1226	27.0	13.9	0.7
信息安全设备制造	7	2376	51.4	17.0	2.1
其他计算机制造	26	4646	72.2	43.6	-1.5
办公设备制造	31	3627	28.0	22.1	0.8
复印和胶印设备制造	9	985	9.5	4.8	0.8
计算器及货币专用设备制造	22	2642	18.5	17.3	0.8
按地区分组					
杭州市	63	14312	292.2	351.7	13.2
宁波市	40	8155	55.8	73.4	3.2
温州市	25	3075	25.1	23.1	1.2
嘉兴市	40	13879	185.4	143.2	10.1
湖州市	9	1601	13.2	15.7	3.0
绍兴市	7	472	8.3	4.4	-0.3
金华市	6	477	4.6	15.0	0.3
衢州市	1	80	0.5	0.7	
台州市	2	271	2.5	2.1	-0.3

6-23 计算机及办公设备制造业R&D人员情况（2023）

指标名称	有R&D活动的企业数（个）	R&D人员（人）	#全时人员（人）	#研究人员（人）	R&D人员折合全时当量（人年）
总计	103	6237	4842	1765	5378.7
按行业分组					
计算机及办公设备制造业	103	6237	4842	1765	5378.7
计算机整机制造	9	448	178	187	362.6
计算机零部件制造	15	2365	2060	301	2194.6
计算机外围设备制造	38	1294	918	402	968.8
工业控制计算机及系统制造	6	225	187	107	194.7
信息安全设备制造	6	803	661	420	770.3
其他计算机制造	17	730	574	257	554.2
办公设备制造	12	372	264	91	333.6
复印和胶印设备制造	4	131	87	35	114.9
计算器及货币专用设备制造	8	241	177	56	218.7
按地区分组					
杭州市	39	2379	1742	1053	1965.6
宁波市	19	892	648	251	708.3
温州市	10	289	225	62	233.4
嘉兴市	19	2343	1993	316	2181.9
湖州市	6	123	102	33	105.2
绍兴市	5	100	73	40	86.2
金华市	3	73	53	7	66.6
衢州市	1	6	1	1	2.0
台州市	1	32	5	2	29.5

6-24　计算机及办公设备制造业 R&D 经费情况（2023）

单位：亿元

指标名称	R&D 经费内部支出	#人员劳务费	#仪器和设备	#政府资金	#企业资金	R&D 经费外部支出
总计	**13.51**	**6.97**	**0.42**	**0.18**	**13.20**	**0.59**
按行业分组						
计算机及办公设备制造业	13.51	6.97	0.42	0.18	13.20	0.59
计算机整机制造	0.97	0.61	0.05		0.97	0.15
计算机零部件制造	4.98	2.40	0.01		4.98	0.03
计算机外围设备制造	2.87	1.33	0.20	0.01	2.86	0.03
工业控制计算机及系统制造	0.49	0.31	0.01		0.49	0.11
信息安全设备制造	2.24	1.36	0.11	0.04	2.20	0.09
其他计算机制造	1.46	0.78	0.03	0.04	1.29	0.17
办公设备制造	0.51	0.18	0.01	0.09	0.41	0.01
复印和胶印设备制造	0.10	0.04	0.01		0.10	0.01
计算器及货币专用设备制造	0.41	0.15		0.09	0.31	
按地区分组						
杭州市	5.95	3.48	0.38	0.04	5.91	0.34
宁波市	1.66	0.79	0.04	0.05	1.48	0.21
温州市	0.31	0.17			0.31	0.02
嘉兴市	4.56	2.26		0.09	4.47	0.01
湖州市	0.75	0.19			0.75	
绍兴市	0.15	0.03			0.15	0.01
金华市	0.10	0.03			0.10	
衢州市	0.01				0.01	
台州市	0.03	0.01			0.03	

6-25 计算机及办公设备制造业企业办研发机构情况（2023）

指标名称	有研发机构的企业数（个）	机构数（个）	机构人员（人）	机构经费支出（亿元）	机构仪器设备（亿元）
总计	122	129	7889	26.21	7.25
按行业分组					
计算机及办公设备制造业	122	129	7889	26.21	7.25
计算机整机制造	6	6	164	0.40	0.05
计算机零部件制造	21	21	2323	6.96	1.96
计算机外围设备制造	44	45	1799	6.12	1.51
工业控制计算机及系统制造	9	11	496	1.98	0.31
信息安全设备制造	6	8	881	3.29	1.78
其他计算机制造	20	22	1714	5.94	0.78
办公设备制造	16	16	512	1.51	0.86
复印和胶印设备制造	5	5	168	0.55	0.25
计算器及货币专用设备制造	11	11	344	0.96	0.61
按地区分组					
杭州市	44	50	3782	14.08	3.50
宁波市	22	23	910	2.56	0.67
温州市	15	15	451	0.89	0.47
嘉兴市	30	30	2441	7.15	2.28
湖州市	4	4	102	0.89	0.18
绍兴市	2	2	112	0.44	0.10
金华市	4	4	80	0.15	0.05
衢州市	1	1	11	0.05	
台州市					
丽水市					

6-26 计算机及办公设备制造业企业专利情况（2023）

单位：件

指标名称	专利申请数	# 发明专利	有效发明专利
总计	1315	575	3026
按行业分组			
计算机及办公设备制造业	1315	575	3026
计算机整机制造	23	6	15
计算机零部件制造	207	60	381
计算机外围设备制造	404	103	339
工业控制计算机及系统制造	125	89	143
信息安全设备制造	163	125	1337
其他计算机制造	252	165	598
办公设备制造	141	27	213
复印和胶印设备制造	52	13	81
计算器及货币专用设备制造	89	14	132
按地区分组			
杭州市	711	410	2198
宁波市	155	44	170
温州市	113	16	132
嘉兴市	217	75	401
湖州市	38	5	50
绍兴市	48	18	62
金华市	21	3	12
衢州市	2	2	
台州市	10	2	1

6-27 计算机及办公设备制造业企业新产品开发、生产及销售情况（2023）

指标名称	新产品开发项目数（项）	新产品开发经费（亿元）	新产品销售收入（亿元）	＃出口（亿元）
总计	1097	23.66	220.64	53.79
按行业分组				
计算机及办公设备制造业	1097	23.66	220.64	53.79
计算机整机制造	80	1.46	21.93	18.09
计算机零部件制造	140	3.25	87.76	3.62
计算机外围设备制造	288	6.32	71.56	25.54
工业控制计算机及系统制造	85	1.63	3.40	
信息安全设备制造	73	3.07	7.79	0.12
其他计算机制造	250	6.25	16.58	0.78
办公设备制造	181	1.68	11.62	5.64
复印和胶印设备制造	85	0.54	3.34	1.26
计算器及货币专用设备制造	96	1.15	8.28	4.37
按地区分组				
杭州市	439	15.71	85.61	36.25
宁波市	204	2.33	18.77	3.16
温州市	132	0.84	7.97	4.28
嘉兴市	152	2.90	90.14	7.96
湖州市	35	0.98	12.99	0.36
绍兴市	74	0.53	2.00	0.78
金华市	25	0.18	1.44	1.00
衢州市	4	0.05		
台州市	32	0.15	1.72	

6-28 计算机及办公设备制造业企业技术获取和技术改造情况（2023）

单位：亿元

指标名称	技术改造经费支出	购买境内技术经费支出	引进境外技术经费支出	引进境外技术的消化吸收经费支出
总计	**0.53**	**0.19**	**0**	**0**
按行业分组				
计算机及办公设备制造业	0.53	0.19		
计算机整机制造				
计算机零部件制造				
计算机外围设备制造	0.52	0.14		
工业控制计算机及系统制造				
信息安全设备制造		0.03		
其他计算机制造		0.02		
办公设备制造				
复印和胶印设备制造				
计算器及货币专用设备制造				
按地区分组				
杭州市	0.22	0.03		
宁波市	0.30	0.16		
温州市				
嘉兴市				
湖州市				
绍兴市				
金华市				
衢州市				
台州市				
丽水市				

6–29 医疗仪器设备及仪器仪表制造业基本情况（2023）

指标名称	企业数（个）	从业人员平均人数（人）	资产总计（亿元）	营业收入（亿元）	利润总额（亿元）
总计	**1275**	**222740**	**3559.5**	**2054.1**	**255.3**
按行业分组					
医疗仪器设备及仪器仪表制造业	1275	222740	3559.5	2054.1	255.3
医疗仪器设备及器械制造	313	54240	750.9	341.6	33.9
医疗诊断、监护及治疗设备制造	112	18464	308.9	138.8	3.8
口腔科用设备及器具制造	10	1366	11.6	10.1	2.4
医疗实验室及医用消毒设备和器具制造	12	1133	10.9	7.9	1.2
医疗、外科及兽医用器械制造	109	24011	287.2	119.5	20.4
机械治疗及病房护理设备制造	18	2552	26.3	19.7	2.6
康复辅具制造	19	2485	40.4	23.6	1.9
其他医疗设备及器械制造	33	4229	65.5	21.9	1.6
通用仪器仪表制造	747	114759	2023.2	1284.5	168.3
工业自动控制系统装置制造	439	67888	1170.3	762.0	84.3
电工仪器仪表制造	99	17423	493.2	284.7	67.3
绘图、计算及测量仪器制造	24	3426	14.7	14.3	1.3
实验分析仪器制造	29	3606	32.8	22.9	3.2
试验机制造	17	1149	10.6	8.1	1.1
供应用仪器仪表制造	104	14873	207.6	149.7	8.3
其他通用仪器制造	35	6394	93.9	42.9	2.9
专用仪器仪表制造	156	31830	468.2	247.5	28.3
环境监测专用仪器仪表制造	29	5709	51.7	40.0	2.8

指标名称	企业数（个）	从业人员平均人数（人）	资产总计（亿元）	营业收入（亿元）	利润总额（亿元）
运输设备及生产用计数仪表制造	37	11735	162.6	87.8	4.6
导航、测绘、气象及海洋专用仪器制造	8	1004	11.4	6.7	1.5
农林牧渔专用仪器仪表制造	4	486	8.9	4.4	1.1
地质勘探和地震专用仪器制造	3	189	5.1	2.4	0.4
教学专用仪器制造	19	3173	30.1	19.5	2.3
核子及核辐射测量仪器制造	2	105	1.5	0.8	-0.1
电子测量仪器制造	41	8109	185.9	75.8	15.2
其他专用仪器制造	13	1320	11.1	10.0	0.5
光学仪器制造	50	20984	307.3	173.9	24.3
其他仪器仪表制造业	9	927	9.9	6.7	0.4
按地区分组					
杭州市	386	76307	1612.7	813.8	103.4
宁波市	299	53989	848.2	485.9	65.9
温州市	188	30491	356.6	242.3	26.0
嘉兴市	93	13960	189.3	143.7	19.8
湖州市	49	5203	63.8	42.1	4.2
绍兴市	65	12581	184.2	117.3	13.0
金华市	53	6929	89.2	56.4	6.6
衢州市	4	2148	26.0	15.1	1.6
舟山市	9	850	5.9	4.6	0.3
台州市	117	19200	171.6	122.7	13.7
丽水市	12	1082	11.9	10.3	0.9

6-30 医疗仪器设备及仪器仪表制造业 R&D 人员情况（2023）

指标名称	有 R&D 活动的企业数（个）	R&D 人员（人）	#全时人员（人）	#研究人员（人）	R&D 人员折合全时当量（人年）
总计	713	35054	23889	11856	28123.0
按行业分组					
医疗仪器设备及仪器仪表制造业	713	35054	23889	11856	28123.0
医疗仪器设备及器械制造	181	6461	4708	1973	5103.9
医疗诊断、监护及治疗设备制造	73	2659	1958	1040	2033.0
口腔科用设备及器具制造	7	181	140	46	152.2
医疗实验室及医用消毒设备和器具制造	7	104	81	32	87.1
医疗、外科及兽医用器械制造	60	2475	1756	569	1979.2
机械治疗及病房护理设备制造	7	245	203	85	211.8
康复辅具制造	12	409	284	108	333.2
其他医疗设备及器械制造	15	388	286	93	307.3
通用仪器仪表制造	403	17229	11922	5533	13921.6
工业自动控制系统装置制造	255	10395	7224	3440	8262.3
电工仪器仪表制造	50	2920	2140	1080	2413.5
绘图、计算及测量仪器制造	8	229	178	18	206.7
实验分析仪器制造	16	652	502	223	510.1
试验机制造	9	143	105	43	125.0
供应用仪器仪表制造	51	2255	1274	498	1890.3
其他通用仪器制造	14	635	499	231	513.5
专用仪器仪表制造	96	5610	3701	2145	4642.2
环境监测专用仪器仪表制造	24	1677	874	845	1311.9

指标名称	有R&D活动的企业数（个）	R&D人员（人）	#全时人员（人）	#研究人员（人）	R&D人员折合全时当量（人年）
运输设备及生产用计数仪表制造	22	1412	1120	427	1230.2
导航、测绘、气象及海洋专用仪器制造	7	194	173	73	167.1
农林牧渔专用仪器仪表制造	3	73	47	28	46.2
地质勘探和地震专用仪器制造	1	17	11	7	13.4
教学专用仪器制造	7	273	194	85	227.0
核子及核辐射测量仪器制造	2	36	25	12	32.1
电子测量仪器制造	24	1771	1139	620	1469.9
其他专用仪器制造	6	157	118	48	144.3
光学仪器制造	30	5665	3492	2195	4376.1
其他仪器仪表制造业	3	89	66	10	79.3
按地区分组					
杭州市	252	11706	8424	4786	9427.6
宁波市	144	10548	6898	3740	8363.9
温州市	87	3466	2845	761	2991.8
嘉兴市	66	2121	1407	685	1693.8
湖州市	21	589	468	153	516.5
绍兴市	35	2160	1217	726	1537.2
金华市	29	876	528	209	670.7
衢州市	4	608	535	230	545.1
舟山市	5	74	59	10	67.8
台州市	65	2822	1444	531	2242.1
丽水市	5	84	64	25	66.6

6-31 医疗仪器设备及仪器仪表制造业 R&D 经费情况（2023）

单位：亿元

指标名称	R&D 经费内部支出	#人员劳务费	#仪器和设备	#政府资金	#企业资金	R&D 经费外部支出
总计	68.27	32.24	3.81	1.55	66.66	3.05
按行业分组						
医疗仪器设备及仪器仪表制造业	68.27	32.24	3.81	1.55	66.66	3.05
医疗仪器设备及器械制造	14.53	6.26	0.63	0.38	14.12	1.01
医疗诊断、监护及治疗设备制造	6.67	3.08	0.30	0.25	6.42	0.57
口腔科用设备及器具制造	0.37	0.16	0.02	0.01	0.36	0.04
医疗实验室及医用消毒设备和器具制造	0.12	0.06			0.12	
医疗、外科及兽医用器械制造	4.92	1.94	0.24	0.07	4.83	0.28
机械治疗及病房护理设备制造	0.44	0.21	0.01		0.43	0.02
康复辅具制造	1.09	0.47	0.01	0.05	1.04	0.09
其他医疗设备及器械制造	0.92	0.36	0.04		0.91	0.01
通用仪器仪表制造	32.73	15.84	1.48	0.67	32.05	1.32
工业自动控制系统装置制造	19.85	9.63	0.87	0.56	19.29	0.66
电工仪器仪表制造	6.68	3.12	0.27	0.06	6.62	0.36
绘图、计算及测量仪器制造	0.20	0.11			0.20	0.01
实验分析仪器制造	1.25	0.59	0.15	0.02	1.23	0.12
试验机制造	0.16	0.07	0.01		0.16	0.02
供应用仪器仪表制造	3.14	1.52	0.12	0.02	3.12	0.14
其他通用仪器制造	1.45	0.80	0.06	0.02	1.43	0.02
专用仪器仪表制造	9.69	4.97	0.48	0.22	9.47	0.38

指标名称	R&D 经费内部支出	#人员劳务费	#仪器和设备	#政府资金	#企业资金	R&D 经费外部支出
环境监测专用仪器仪表制造	3.32	1.79	0.22	0.10	3.22	0.01
运输设备及生产用计数仪表制造	2.22	1.00	0.17	0.01	2.20	0.20
导航、测绘、气象及海洋专用仪器制造	0.40	0.25			0.40	
农林牧渔专用仪器仪表制造	0.12	0.07		0.03	0.09	
地质勘探和地震专用仪器制造	0.04	0.02			0.04	
教学专用仪器制造	0.29	0.15		0.01	0.29	0.01
核子及核辐射测量仪器制造	0.06	0.03			0.06	0.02
电子测量仪器制造	3.06	1.61	0.08	0.07	2.99	0.11
其他专用仪器制造	0.19	0.06	0.01		0.19	0.01
光学仪器制造	11.27	5.13	1.21	0.28	10.96	0.34
其他仪器仪表制造业	0.06	0.04			0.06	
按地区分组						
杭州市	24.48	12.38	1.31	0.92	23.54	0.95
宁波市	21.26	9.65	1.60	0.40	20.85	1.22
温州市	5.60	2.40	0.32	0.04	5.56	0.12
嘉兴市	4.84	2.16	0.12	0.03	4.78	0.22
湖州市	1.18	0.48	0.12	0.04	1.14	0.05
绍兴市	3.77	1.83	0.09	0.05	3.72	0.13
金华市	1.53	0.69	0.03	0.03	1.51	0.03
衢州市	1.22	0.71	0.05	0.02	1.20	0.02
舟山市	0.15	0.05			0.15	
台州市	4.02	1.86	0.16	0.03	3.99	0.32
丽水市	0.22	0.06	0.01		0.22	

6-32 医疗仪器设备及仪器仪表制造业企业办研发机构情况（2023）

指标名称	有研发机构的企业数（个）	机构数（个）	机构人员（人）	机构经费支出（亿元）	机构仪器设备（亿元）
总计	**816**	**864**	**39309**	**117.65**	**71.13**
按行业分组					
医疗仪器设备及仪器仪表制造业	816	864	39309	117.65	71.13
医疗仪器设备及器械制造	193	204	7382	23.98	10.72
医疗诊断、监护及治疗设备制造	74	78	3356	11.87	4.16
口腔科用设备及器具制造	6	6	152	0.53	0.25
医疗实验室及医用消毒设备和器具制造	7	7	102	0.23	0.10
医疗、外科及兽医用器械制造	66	69	2658	7.77	4.62
机械治疗及病房护理设备制造	11	11	287	0.74	0.16
康复辅具制造	8	10	264	0.95	0.42
其他医疗设备及器械制造	21	23	563	1.90	1.02
通用仪器仪表制造	482	500	20168	59.43	37.11
工业自动控制系统装置制造	292	300	11489	34.48	26.48
电工仪器仪表制造	71	81	3900	12.86	4.43
绘图、计算及测量仪器制造	14	14	385	0.67	0.32
实验分析仪器制造	23	23	931	2.30	1.25
试验机制造	10	10	198	0.52	0.23
供应用仪器仪表制造	53	53	2143	5.35	2.65
其他通用仪器制造	19	19	1122	3.27	1.75
专用仪器仪表制造	103	120	6742	16.59	6.65
环境监测专用仪器仪表制造	24	27	1901	5.11	2.13

指标名称	有研发机构的企业数（个）	机构数（个）	机构人员（人）	机构经费支出（亿元）	机构仪器设备（亿元）
运输设备及生产用计数仪表制造	20	23	1367	2.93	2.34
导航、测绘、气象及海洋专用仪器制造	5	5	192	0.58	0.13
农林牧渔专用仪器仪表制造	3	8	164	0.37	0.08
地质勘探和地震专用仪器制造	3	3	105	0.32	0.12
教学专用仪器制造	11	13	614	1.15	0.46
核子及核辐射测量仪器制造	1	1	17	0.03	0.09
电子测量仪器制造	27	31	2159	5.55	1.08
其他专用仪器制造	9	9	223	0.55	0.21
光学仪器制造	32	34	4897	17.45	16.60
其他仪器仪表制造业	6	6	120	0.20	0.05
按地区分组					
杭州市	243	275	15138	47.19	17.37
宁波市	194	196	10182	33.67	36.44
温州市	143	148	4642	11.48	6.47
嘉兴市	78	81	2533	7.82	3.38
湖州市	28	28	630	1.84	1.30
绍兴市	35	36	2268	5.88	1.49
金华市	35	38	981	2.49	1.54
衢州市	2	4	489	1.53	0.64
舟山市	4	4	82	0.23	0.22
台州市	52	52	2326	5.33	2.17
丽水市	2	2	38	0.18	0.11

6-33 医疗仪器设备及仪器仪表制造业企业专利情况（2023）

单位：件

指标名称	专利申请数	#发明专利	有效发明专利
总计	**9394**	**4094**	**11387**
按行业分组			
医疗仪器设备及仪器仪表制造业	9394	4094	11387
医疗仪器设备及器械制造	2131	949	2604
医疗诊断、监护及治疗设备制造	980	452	1190
口腔科用设备及器具制造	64	34	79
医疗实验室及医用消毒设备和器具制造	38	9	28
医疗、外科及兽医用器械制造	694	332	868
机械治疗及病房护理设备制造	87	6	91
康复辅具制造	165	73	184
其他医疗设备及器械制造	103	43	164
通用仪器仪表制造	5150	2164	5986
工业自动控制系统装置制造	3161	1491	3564
电工仪器仪表制造	846	322	1346
绘图、计算及测量仪器制造	104	19	75
实验分析仪器制造	173	48	132
试验机制造	100	30	66
供应用仪器仪表制造	600	182	341
其他通用仪器制造	166	72	462
专用仪器仪表制造	1123	410	1252
环境监测专用仪器仪表制造	247	157	250

指标名称	专利申请数	# 发明专利	有效发明专利
运输设备及生产用计数仪表制造	152	20	226
导航、测绘、气象及海洋专用仪器制造	131	62	88
农林牧渔专用仪器仪表制造	67	18	55
地质勘探和地震专用仪器制造	12	5	9
教学专用仪器制造	187	7	85
核子及核辐射测量仪器制造	5	4	12
电子测量仪器制造	273	117	473
其他专用仪器制造	49	20	54
光学仪器制造	963	566	1524
其他仪器仪表制造业	27	5	21
按地区分组			
杭州市	3815	2123	5303
宁波市	2284	986	3220
温州市	1032	296	816
嘉兴市	527	161	578
湖州市	240	68	193
绍兴市	498	162	334
金华市	342	99	272
衢州市	68	24	46
舟山市	12	3	8
台州市	557	160	598
丽水市	19	12	19

6-34 医疗仪器设备及仪器仪表制造业企业新产品开发、生产及销售情况（2023）

指标名称	新产品开发项目数（项）	新产品开发经费（亿元）	新产品销售收入（亿元）	#出口（亿元）
总计	8397	124.13	1075.43	191.74
按行业分组				
医疗仪器设备及仪器仪表制造业	8397	124.13	1075.43	191.74
医疗仪器设备及器械制造	2624	29.17	152.30	37.25
医疗诊断、监护及治疗设备制造	1094	13.98	73.41	10.60
口腔科用设备及器具制造	80	0.67	6.26	2.30
医疗实验室及医用消毒设备和器具制造	68	0.32	1.29	0.04
医疗、外科及兽医用器械制造	931	9.06	46.21	14.54
机械治疗及病房护理设备制造	128	0.92	5.35	1.78
康复辅具制造	99	1.56	10.65	4.61
其他医疗设备及器械制造	224	2.66	9.12	3.38
通用仪器仪表制造	4341	60.46	740.59	121.18
工业自动控制系统装置制造	2655	35.66	434.25	59.74
电工仪器仪表制造	652	11.72	197.73	34.84
绘图、计算及测量仪器制造	86	0.61	6.24	3.63
实验分析仪器制造	187	2.24	11.16	1.81
试验机制造	87	0.61	1.97	0.05
供应用仪器仪表制造	502	6.23	63.15	19.45
其他通用仪器制造	172	3.38	26.08	1.64
专用仪器仪表制造	1083	18.20	126.15	16.68

指标名称	新产品开发项目数 （项）	新产品开发经费 （亿元）	新产品销售收入 （亿元）	＃出口 （亿元）
环境监测专用仪器仪表制造	240	5.25	10.06	0.38
运输设备及生产用计数仪表制造	259	3.00	46.70	2.15
导航、测绘、气象及海洋专用仪器制造	65	0.71	3.59	1.01
农林牧渔专用仪器仪表制造	29	0.37	1.89	0.35
地质勘探和地震专用仪器制造	22	0.31	0.64	
教学专用仪器制造	106	1.30	8.38	0.62
核子及核辐射测量仪器制造	8	0.08	0.20	0.10
电子测量仪器制造	279	6.50	48.96	10.86
其他专用仪器制造	75	0.69	5.73	1.19
光学仪器制造	311	16.02	54.32	16.18
其他仪器仪表制造业	38	0.28	2.09	0.45
按地区分组				
杭州市	2989	53.23	387.45	71.34
宁波市	1994	32.62	217.69	36.24
温州市	1106	11.50	165.27	18.69
嘉兴市	588	7.61	80.51	19.60
湖州市	235	2.15	21.20	1.82
绍兴市	387	5.74	85.91	17.42
金华市	299	2.90	30.78	6.25
衢州市	45	1.46	11.47	
舟山市	32	0.26	3.14	0.07
台州市	683	6.22	65.67	19.35
丽水市	39	0.43	6.34	0.96

6–35 医疗仪器设备及仪器仪表制造业企业技术获取和技术改造情况（2023）

单位：亿元

指标名称	技术改造经费支出	购买境内技术经费支出	引进境外技术经费支出	引进境外技术的消化吸收经费支出
总计	**7.14**	**0.52**	**0.12**	**0**
按行业分组				
医疗仪器设备及仪器仪表制造业	7.14	0.52	0.12	
医疗仪器设备及器械制造	1.09	0.03		
医疗诊断、监护及治疗设备制造	0.06	0.02		
口腔科用设备及器具制造				
医疗实验室及医用消毒设备和器具制造				
医疗、外科及兽医用器械制造	0.98	0.01		
机械治疗及病房护理设备制造				
康复辅具制造				
其他医疗设备及器械制造	0.06			
通用仪器仪表制造	4.10	0.44	0.12	
工业自动控制系统装置制造	3.05	0.17	0.12	
电工仪器仪表制造	0.65			
绘图、计算及测量仪器制造				
实验分析仪器制造	0.14			
试验机制造				
供应用仪器仪表制造	0.24	0.25		
其他通用仪器制造	0.01	0.01		
专用仪器仪表制造	0.96	0.02		

指标名称	技术改造经费支出	购买境内技术经费支出	引进境外技术经费支出	引进境外技术的消化吸收经费支出
环境监测专用仪器仪表制造				
运输设备及生产用计数仪表制造	0.47	0.02		
导航、测绘、气象及海洋专用仪器制造				
农林牧渔专用仪器仪表制造				
地质勘探和地震专用仪器制造				
教学专用仪器制造	0.03			
核子及核辐射测量仪器制造				
电子测量仪器制造	0.46			
其他专用仪器制造				
光学仪器制造	0.99	0.04		
其他仪器仪表制造业				
按地区分组				
杭州市	1.23	0.04		
宁波市	2.39	0.44	0.07	
温州市	1.22	0.01		
嘉兴市	0.01		0.06	
湖州市	0.02			
绍兴市	0.10			
金华市	0.19			
衢州市	1.47			
舟山市	0.00			
台州市	0.40	0.03		
丽水市	0.10			

主 要 指 标 解 释

科技活动：指在自然科学、农业科学、医药科学、工程与技术科学、人文与社会科学领域（以下简称科学技术领域）中与科技知识的产生、发展、传播和应用密切相关的有组织的活动。为核算科技投入的需要，科技活动可分为科学研究与试验发展（R&D）、科学研究与试验发展成果应用及相关的科技服务三类活动。

科学研究与试验发展：指在科学技术领域，为增加知识总量以及运用这些知识去创造新的应用而进行的系统的创造性的活动，包括基础研究、应用研究、试验发展三类活动。

基础研究：指为了获得关于现象和可观察事实的基本原理的新知识（揭示客观事物的本质、运动规律，获得新发现、新学说）而进行的实验性或理论性研究，它不以任何专门或特定的应用或使用为目的。其成果以科学论文和科学著作为主要形式。

应用研究：指为获得新知识而进行的创造性研究，主要针对某一特定的目的或目标。应用研究是为了确定基础研究成果可能的用途，或是为达到预定的目标探索应采取的新方法（原理性）或新途径。其成果形式以科学论文、专著、原理性模型或发明专利为主。

试验发展：指利用从基础研究、应用研究和实际经验中所获得的现有知识，为产生新的产品、材料和装置，建立新的工艺、系统和服务，以及为了对已产生和建立的上述各项做实质性的改进而进行的系统性工作。其成果形式主要是专利、专有技术、新产品原型或样机样件等。

科学研究与试验发展成果应用：指为使试验发展阶段产生的新产品、材料和装置，建立的新工艺、系统和服务以及做实质性改进后的上述各项能够投入生产或实际应用，为了解决所存在的技术问题而进行的系统性的工作。这类活动的成果形式大多是可供生产和实际操作的带有技术和工艺参数的图纸、技术标准和操作规范。

科技服务：指与科学研究与实验发展有关，并有助于科学技术知识的产生、传播和应用的活动。

从业人员年平均人数：从业人员是指在从事劳动并取得劳动报酬或经营收入的全部劳动力。从业人员年平均人数是指在报告期内平均每天拥有的从业人员数。

科学家和工程师：指具有高、中级技术职称（职务）的人员和无高、中级技术职称（职务）的大学本科及以上学历的人员。

专业技术人员：指从事专业技术工作的人员以及从事专业技术管理工作且在1983年以前审定了专业技术职称或在1984年以后聘任了专业技术职务的人员。

工程技术人员：指负担工程技术和工程技术管理工作并具有工程技术能力的人员。

从业人员劳动报酬：指工业企业在报告期内直接支付给本企业全部从业人员的劳动报酬总额，包括职工工资总额和企业其他从业人员劳动报酬两部分。

工业总产值：指以货币表现的工业企业在报告期内生产的工业产品总量，包括本年生产成品价值，对外加工费收入，自制半成品、在制品期末期初差额价值。

产品销售收入：指工业企业销售产成品、自制半成品的收入和提供工业性劳务等取得的收入总额。

产品销售利润：指企业销售收入扣除其成本、费用、税金后的余额。

利润总额：指企业在生产经营过程中各种收入扣除各种消耗后的盈余，反映企业在报告期内实现的盈亏总额（亏损以"－"表示），包括企业的营业利润、补贴收入、各种投资净收益和营业外收支净额。

年末固定资产原价：指企业在建造、购置、安装、改建、扩建、技术改造固定资产时实际支出的全部货币总额。

生产经营用机器设备原价：指企业在年末拥有的直接服务于企业生产、经营过程的各种机器设备的原价。

微电子控制机器设备原价：指企业在年末拥有的、利用微电子技术（包括电子计算机、集成电路等）对生产过程进行控制、观察测量、测试等生产机器设备的原价。

科技活动人员：指企业在报告年度直接从事（或参与）科技活动以及专门从事科技活动管理和为科技活动提供直接服务的人员。累计从事科技活动的时间占制度工作时间 10%（不含）以下的人员不统计。

科技活动全时人员：指企业科技活动人员中在报告年度实际从事科技活动的时间占制度工作时间 90%（含）以上的人员。

科技活动非全时人员：指企业科技活动人员中在报告年度实际从事科技活动的时间占制度工作时间在 10%（含）～ 90%（不含）的人员。

研究与试验发展人员：指企业科技活动人员中从事基础研究、应用研究和试验发展三类活动的人员。

科技活动经费筹集总额：指企业在报告年度从各种渠道筹集到的计划用于科技活动的经费，包括企业资金、金融机构贷款、政府资金、事业单位资金、国外资金、其他资金等。

企业资金：指报告年度本企业从自有资金中提取或接受在国内注册的其他企业委托获得的计划用于科研和技术开发活动的经费，不包括来自政府有关部门、金融机构以及国外的计划用于科技活动的经费。

金融机构贷款：指企业从各类金融机构获得的用于科技活动的贷款。

政府资金：指企业从各级政府部门获得的计划用于科技活动的经费，包括科技专项费、科研基建费和贷款等。

国外资金：指本企业从中国以外的企业、大学、国际组织、民间组织、金融机构及外国政府获得的计划用于科技活动的经费，不包括从在国内注册的外资企业获得的计划用于科技活动的经费。

其他资金：指科技活动执行单位从上述渠道以外获得的计划用于科技活动的经费，如来自民间非营利机构的资助和个人捐赠等。

科技活动经费支出总额：指企业在报告年度实际支出的全部科技活动费用，包括列入技术开发的经费支出以及技措技改等资金实际用于科技活动的支出，不包括生产性支出和归还贷款支出。科技活动经费支出总额分为内部支出和外部支出。

科技活动经费内部支出：指企业在报告年度用于内部开展科技活动实际支出的费用，包括外协加工费，不包括委托研制或合作研制而支付外单位的经费。

科技活动人员劳务费：指以货币或实物形式直接或间接支付给科技活动人员的劳动报酬及各种费用，包括各种形式的工资、补助工资、津贴、价格补贴、奖金、福利、失业保险、养老保险、医疗保险、工伤保险、人民助学金等。为科技活动提供间接服务人员的劳务费计入其他支出。

固定资产购建：指企业在报告年度为开展科技活动，使用非基本建设资金进行固定资产购置，以及使用基本建设费进行新建、改建、扩建、购置、安装科研用固定资产以及进行科研设备改造及大修理等的实际支出。

设备购置：指在报告期内为进行科技活动而购置的科研仪器设备、图书资料、实验材料和标本以及其他设备的支出。

研究与试验发展经费支出：指报告年度在企业科技活动经费内部支出中用于基础研究、应用研究和试验发展三类项目以及这三类项目的管理和服务费用的支出。

基础研究支出：指报告年度在企业科技活动经费内部支出中用于基础研究项目以及这类项目的管理和服务费用的支出。

应用研究支出：指报告年度在企业科技活动经费内部支出中用于应用研究项目以及这类项目的管理和服务费用的支出。

试验发展支出：指报告年度在企业科技活动经费内部支出中用于试验发展项目以及这类项目的管理和服务费用的支出。

科技活动经费外部支出：指企业在报告年度委托其他单位或与其他单位合作开展科技活动而支付给其他单位的经费，不包括外协加工费。

新产品：指采用新技术原理、新设计构思研制、生产的全新产品，或在结构、材质、工艺等某一方面比原有产品有明显改进，从而显著提高了产品性能或扩大了使用功能的产品。

新产品产值：指报告年度本企业生产的新产品的价值。

新产品销售收入：指报告年度本企业销售新产品实现的销售收入。

新产品出口收入：指报告年度本企业将新产品出售给外贸部门和直接出售给外商所实现的销售收入。

全部科技项目数：指企业在报告年度当年立项并开展研制工作和以前年份立项仍继续进行研制的科技项目数，包括当年完成和年内研制工作已告失败的科技项目，但不包括委托外单位进行研制的科技项目。

研究与试验发展项目数：指企业在报告年度进行的全部科技项目中属于研究与试验发展的项目数。

专利申请数：指企业在报告年度内向专利行政部门提出专利申请并被受理的件数。

发明专利申请数：指企业在报告年度内向专利行政部门提出发明专利申请并被受理的件数。

拥有发明专利数：指企业作为专利权人在报告年度拥有的、经国内外专利行政部门授权且在有效期内的发明专利件数。

技术改造经费支出：指本企业在报告年度进行技术改造而发生的费用支出。在技术改造经费支出中，属于研究与试验发展的经费支出，除了包含在技术改造经费支出中，还要计入企业研究与试验发展经费支出中。

技术引进经费支出：指企业在报告年度用于购买国外技术，包括产品设计、工艺流程、图纸、配方、专利等技术资料的费用支出，以及购买关键设备、仪器、样机和样件等的费用支出。

引进设计、图纸、工艺、配方、专利的支出：指企业在报告年度内用于购买国外产品设计、工艺流程、配方、专利、技术诀窍等的费用支出。

消化吸收的经费支出：指本企业在报告年度对国外引进项目进行消化吸收所支付的经费总额。

购买国内技术经费支出：指本企业在报告年度购买国内其他单位科技成果的经费支出。

享受各级政府对科技的减免税：指各级政府为了鼓励增加科技投入、促进高新技术产品开发、发展高新技术产业等而减负的各种税金总额。